# 中国海洋统计年鉴

# CHINA MARINE
# STATISTICAL
# YEARBOOK
# 2017

## 自 然 资 源 部

Edited by
Ministry of Natural Resources of the
People's Republic of China

**China Ocean Press**

**图书在版编目（CIP）数据**

中国海洋统计年鉴. 2017：汉、英/自然资源部编. —北京：海洋出版社，2018. 5
ISBN 978-7-5210-0105-1

Ⅰ. ①中…　Ⅱ. ①自…　Ⅲ. ①海洋-统计资料-中国-2017-年鉴-汉、英　Ⅳ. ①P7-66

中国版本图书馆 CIP 数据核字（2018）第 285151 号

责任编辑：王　溪
责任印制：赵麟苏

海洋出版社　出版发行

http://www.oceanpress.com.cn

北京市海淀区大慧寺路 8 号　邮编：100081
北京朝阳印刷厂有限责任公司印刷　新华书店北京发行所经销
2018 年 12 月第 1 版　2018 年 12 月第 1 次印刷
开本：889mm×1194mm　1/16　印张：19.75
字数：495 千字　定价：168.00 元
发行部：62132549　邮购部：68038093　总编室：62114335
海洋版图书印、装错误可随时退换

# 编 者 说 明

一、《中国海洋统计年鉴》2017 年版是一部全面反映 2016 年中华人民共和国海洋经济发展和海洋管理服务情况的资料性年鉴，全书为中英文对照。

二、本年鉴的统计资料范围为人们在海洋和沿海地区开发、管理、利用海洋资源和空间，发展海洋经济的生产和活动以及沿海地区的社会经济概况。地域范围为沿海地区、沿海城市和沿海地带，其排列顺序按《沿海行政区域分类与代码》(HY/T 094—2006) 的顺序排列。

三、本年鉴内容包括综合资料、海洋经济核算、主要海洋产业活动、主要海洋产业生产能力、涉海就业、海洋科学技术、海洋教育、海洋环境保护、海洋行政管理及公益服务、全国及沿海社会经济、部分世界海洋经济统计资料等十一部分。

四、本年鉴根据《海洋统计报表制度》（国统制 [2016] 7 号）和《海洋生产总值核算制度》（国统制 [2016] 17 号），资料主要来源于沿海省、自治区、直辖市统计局、海洋厅（局）以及 20 个有关涉海部、局、总公司。

五、本年鉴中除特殊说明外，所有价值量指标均为当年价，除注明年份外，其他均为 2016 年数据，年鉴中每部分后附有主要海洋统计指标解释，对主要海洋统计指标的含义、统计范围和统计方法做了简要说明。统计数据中的其他说明置于表的下面。有续表的资料，如有注释均置于最后一张表的下面。

六、本年鉴中涉及到的历史数据，均以本年鉴出版最新数据为准；本年鉴中部分数据合计数或相对数由于单位取舍不同而产生的计算误差，均未做机械调整。

七、本年鉴表格中符号使用说明："空格"表示该项统计指标数据不详或无该项数据；"#"表示其中的主要项；其他符号如"*"或"①"等表示本表后面有注释。

八、本年鉴资料国内部分未包括香港特别行政区、澳门特别行政区和台湾省数据。

九、《中国海洋统计年鉴》在编撰过程中，得到了各有关单位的大力支持，我们在此表示衷心的感谢。本年鉴中如有疏漏和不妥之处，敬请读者批评指正。

《中国海洋统计年鉴》编辑部

# Introduction

I. *China Marine Statistical Yearbook* (2017) is a data almanac which reflects in an all-round way the development of marine economy, marine management and service in the People's Republic of China in 2016, and it is a Chinese-English bilingual edition.

II. The Yearbook's statistics cover the production and activities in the marine and coastal areas in relation to the development, management and utilization of marine resources and space, and the development of marine socioeconomy. The regions covered are the coastal regions, coastal cities and coastal zones with coastlines, which are arranged in order according to the *Coastal Administrative Areas Classification and Codes* (HY/T 094-2006).

III. The data in the yearbook consist of 11 sections, namely, integrated data, marine economic accounting, major marine industrial activities, production capacity of major marine industries, ocean-related employment, marine science and technology, marine education, marine environmental protection, marine administration and public-good service, national and coastal socioeconomy, part of the world's marine economic statistics data.

IV. The Yearbook is based on the *Marine Statistics Report System* (Guotongzhi [2016] No. 7) and the *Ocean Gross Product Accounting System* (Guotongzhi [2016] No. 17), its data mainly come from the statistical bureaus and the oceanic administrations of the coastal provinces, autonomous regions, and municipalities directly under the Central Government as well as the 20 ocean-related ministries, bureaus and general corporations concerned.

V. Unless otherwise specified in the Yearbook, all the value indicators are given at the current price. Except for those noted in years, all the others are the data of 2016. Each section is attached by explanatory notes to the major marine statistical indicators, giving a brief explanation for the meaning, statistical range and statistical methods of the major marine statistical indicators. Other notes to the statistical data are listed below the tables. For the data with continued tables, annotations, if any, are put below the last table.

VI. Please refer to the newly published version of the Yearbook for updated historical data. Statistical discrepancies on totals and relative figures due to rounding are not adjusted in the Yearbook.

VII. The usage of symbols in the tables: "Blank" indicates that the data of the statistical index is unknown for the time being or that there is not such data available; "#" indicates the major items of the table; Other symbols, such as "*" or "①", indicate "see footnotes below".

VIII. The domestic part of the Yearbook does not include that of Hong Kong Special Administrative Region, Macau Special Administrative Region and Taiwan Province.

IX. In the course of editing *China Marine Statistical Yearbook*, we enjoyed energetic support from the various departments concerned and we hereby extend our heartfelt thanks to them. Criticisms and comments are welcome from readers on any of the oversights and inappropriateness as the time for editing is too short.

Editorial Department of
China Marine Statistical Yearbook

# 目 次
# CONTENTS

# 3 主要海洋产业活动

## Major Marine Industrial Activities

# 4 主要海洋产业生产能力
**Production Capacity of Major Marine Industries**

# 7 海洋教育

**Marine Education**

## 8 海洋环境保护与防灾减灾
**Marine Environmental Protection and Disaster Mitigation**

9　海洋行政管理及公益服务

**Marine Administration and Public-Good Service**

## 10 全国及沿海社会经济

**National and Coastal Socioeconomy**

# 2016 年我国海洋经济发展综述

2016 年是"十三五"开局之年，也是海洋经济深度调整进入提质增效的关键之年。面对经济进入新常态、改革发展任务艰巨的国内形势，在党中央、国务院关心下，在国家有关部门的配合下，全国各级海洋行政主管部门，紧紧围绕党中央、国务院建设海洋强国的战略部署，积极推进海洋领域供给侧结构性改革，加快拓展蓝色经济空间，促进海洋经济发展方式转变，海洋经济实现缓中趋稳的发展，在"十三五"取得了良好开局。

## 一、全国海洋经济发展概况

2016 年，全国海洋生产总值 69 693.7 亿元，比上年增长 6.7%（除特殊注明外，增长率均按可比价计算），海洋生产总值占国内生产总值的 9.4%，占沿海地区生产总值的 16.4%。全国涉海就业人员 3 622.5 万人，比上年增加 34.0 万人。

## 二、主要海洋产业发展情况

2016 年，我国海洋产业继续保持稳步增长。其中，主要海洋产业实现增加值 28 391.9 亿元，比上年增长 7.1%，占海洋生产总值的 40.7%，滨海旅游业和海洋交通运输业仍占主导地位。

**海洋第一产业** 2016 年，海洋渔业总体保持平稳增长，全年实现增加值 4 615.4 亿元，比上年增长 3.2%。在海洋渔业"转方式，调结构"背景下，海洋水产品产量 3 490.1 万吨，比上年增长 2.4%。其中，海水养殖产量持续增加，达到 1 963.1 万吨，比上年增长 4.7%；海洋捕捞产量增速有所放缓，为1 328.3万吨，比上年增长1.0%；远洋捕捞产量为198.8万吨，比上年减少9.3%。海水养殖面积明显减少，为216.7万公顷，比上年减少6.5%。远洋渔船数量达到2 571艘，比上年增长2.3%；总功率达到240.4万千瓦，比上年增长11.5%。

**海洋第二产业** 2016年，海洋油气业发展形势有所回暖，全年实现增加值868.8亿元，比上年增加4.5%；海洋原油、天然气产量均出现下降，其中海洋原油产量5 161.9万吨，比上年下降4.7%，海洋天然气产量128.9亿立方米，比上年下降12.5%。海洋矿业平稳发展，全年实现增加值67.3亿元，比上年增长5.3%。海洋盐业基本稳定，全年实现增加值38.9亿元，比上年减少0.2%。海洋化工业稳步发展，全年实现增加值961.8亿元，比上年增长2.6%。海洋生物医药业较快增长，全年实现增加值341.3亿元，比上年增长15.0%。海洋电力业保持良好的发展势头，海上风电场项目稳步推进，全年实现增加值128.5亿元，比上年增长13.3%。海水利用业稳步发展，海水利用项目有序推进，全年实现增加值13.7亿元，比上年增长0.2%。海洋船舶工业产品结构持续优化，产业集中度进一步提高，全年实现增加值1 492.4亿元，比上年增长2.9%。海洋工程建筑业稳步发展，多项重大海洋工程顺利完工，全年实现增加值1 731.3亿元，比上年增长0.6%。

**海洋第三产业** 2016年，海洋交通运输业总体稳定，沿海港口生产呈现平稳增长态势，航运市场逐步复苏，全年海洋交通运输业实现增加值5 699.8亿元，比上年增长2.3%。沿海港口货物吞吐量84.6亿吨，比上年增长3.8%；国际标准集装箱吞吐量2.0亿标准箱，比上年增长3.6%。滨海旅游业发展规模稳步扩大，邮轮游艇旅游、海岛旅游、休闲旅游等新业态成长步伐逐步加快，成为海洋旅游的新热点，全年滨海旅游业实现增加值12 432.8亿元，比上年增长13.4%。主要沿海城市接待入境旅游者人数4 437.5万人次，比上年增长9.2%，其中港澳台入境游客占53.8%，是主要的客源市场。

## 三、区域海洋经济发展情况

2016年，环渤海、长江三角洲和珠江三角洲地区海洋经济继续保持平稳增长态势，三个地区占全国海洋生产总值的比重分别为32.5%、29.7%和22.9%。

环渤海地区海洋生产总值22 657.0亿元，占地区生产总值比重16.2%。海洋产业增加值14 006.3亿元，海洋相关产业增加值为8 650.7亿元。滨海旅游业、海洋交通运输业、海洋渔业、海洋工程建筑业四个产业位居前列，其增加值之和占该地区主要海洋产业增加值的87.7%。

长江三角洲地区海洋生产总值20 667.8亿元，占地区生产总值比重13.5%。海洋产业增加值12 513.7亿元，海洋相关产业增加值8 154.2亿元。滨海旅游业、海洋交通运输业、海洋船舶工业和海洋渔业四个产业位居前列，其增加值之和占该地区主要海洋产业增加值的92.4%。

珠江三角洲地区海洋生产总值15 968.4亿元，占地区生产总值比重达19.8%。海洋产业增加值为10 225.3亿元，海洋相关产业增加值为5 743.1亿元。滨海旅游业、海洋交通运输业、海洋化工业和海洋工程建筑业四个产业位居前列，其增加值之和占该地区主要海洋产业增加值的83.4%。

## 四、科技教育

2016年，海洋科研教育继续保持稳步发展，统计的海洋科研机构共160个，从业人员29 258人，海洋科研机构承担课题18 139项，发表海洋科技论文16 016篇，出版海洋科技著作369种，专利授权数2 851件，其中发明专利1 876件。开设海洋专业的高等院校达537个，专任教师数388 477人。高等教育和中等职业教育海洋专业毕业生数分别为92 524人和16 003人；招生人数分别为81 141人和17 804人；在校人数分别为278 783人和38 756人。

## 五、海洋环境保护与防灾减灾

2016年，我国近岸局部海域污染依然严重，近岸以外海域海水质量良好。春季和夏季，我国管辖海域劣于第四类海水水质标准的海域面积分别为 42 430 平方千米和 37 420 平方千米，与上年同期相比减少了9 310 平方千米和2 600 平方千米。实施监测的河口、海湾、滩涂湿地、珊瑚礁、红树林和海草床等海洋生态系统中，处于健康、亚健康和不健康状态的海洋生态系统分别占 24%、66% 和 10%。我国各类海洋灾害共造成直接经济损失 50.0 亿元。其中，风暴潮灾害造成直接经济损失45.9 亿元，占总直接经济损失的 92%。最大面积超过 100 平方千米(含)的赤潮过程共 15 次。

## 六、海洋行政管理

2016 年，行政管理工作扎实推进，各项海洋工作取得明显成效。全年颁发海域使用权证书 3 413 本，比上年下降 5.4%；确权海域面积291 308.2 公顷，比上年增长 14.9%；全年共签发疏浚物海洋倾倒许可证 412 份，实施各项海洋执法检查共 16 039 次，发现违法行为 86 起；提供海洋数值预报服务共 43 711 次，开展海洋调查项目 705 个，获得数据共 85.0 万个，各项海洋观测数据获得量共 13 785.3 MB，全年接收存档卫星遥感数据量共计 109 223.7 GB；本年接收纸质档案 19 397 卷（册），电子档案 5 376 GB；共有 12 项国家标准和 56 项行业标准通过立项审查，出版国家标准 12 项，行业标准 20 项。

# Summary of China's Marine Economic Development in 2016

The year of 2016 was the first year of China's 13th Five-Year Plan and also the key year when the marine economy was adjusted in depth and entered the stage of improving quality and performance. In the face of the domestic situation where the economy had entered the new normal and the task of reform was arduous, under the care of the Party Central Committee and the State Council and, in cooperation with the state departments concerned, the competent marine administration departments at all levels throughout the nation, closely centring around the strategic plan of the Party Central Committee and the State Council for building a sea power, actively carried forward the supply-side structural reform in the marine realm, speeded up expanding the blue economic space and promoted the development mode of marine economy so that marine economy had developed slowly but more stably and made a good start in the 13th Five Year-Plan period.

## I. Survey of the National Marine Economic Development

In 2016, the national Gross Ocean Product amounted to 6 969.37 billion yuan, 6.7% up from the previous year (Unless otherwise specified, the growth rate is calculated at the comparable price), accounting for 9.4% of the national GDP and 16.4% of the Gross Coastal Product. The number of people employed by the marine-related sectors in the country reached 36.225 million, 0.34 million more than that in the previous year.

## II. Development of Major Marine Industries

In 2016, China's marine industry continued to keep a steady growth. Among others, the major marine industries effected a value added of 2 839.19 billion yuan, 7.1% up from the previous year, accounting for 40.7% of the Gross Ocean Product, in which coastal tourism and marine communications and transport still occupied the leading position.

### Primary marine industry

In 2016, the marine fishery maintained a stable growth on the whole, and effected a full-year value added of 461.54 billion yuan, registering an increase of 3.2% over the previous year. Against the background of the marine fishery's "transferring mode and adjusting structure", the yield of marine aquatic products amounted to 34.901 million tons, 2.4% up from the previous year, among which, the output of mariculture continued to grow, reaching 19.631 million tons, 4.7% up from the previous year; the growth rate of the yield from marine fishing somewhat slowed down, amounting to 13.283 million tons, 1.0% up from the previous year; the output of the ocean-going fishing was 1.988 million tons, 9.3% down from the previous year. The area of mariculture obviously reduced, amounting to 2.167 million hm$^2$, decreasing by 6.5% as compared with that in the previous year. The number of ocean-going fishing vessels reached 2 571, 2.3% up from the previous year; and the total power amounted to 2.404 million kW, 11.5% up from the previous year.

**Secondary marine industry**

In 2016, the development situation of the offshore oil and gas industry somewhat showed an upturn, effecting a full-year added value of 86.88 billion yuan, 4.5% up from the previous year; the output of both marine crude oil and natural gas dropped, among which, that of marine crude oil was 51.619 million tons, 4.7% down from the previous year, and natural gas was 12.89 billion m$^3$, 12.5% down from the previous year. The marine minerals mining industry developed steadily, effecting a full-year value added of 6.73 billion yuan, 5.3% up from the previous year. The marine salt industry was basically stable, effecting a value added of 3.89 billion yuan for the whole year, 0.2% down from the previous year. The marine chemical industry experienced a steady development, effecting a full-year value added of 96.18 billion yuan, 2.6% up from the previous year. The marine biomedicine industry saw a rapid growth, accomplishing a full-year value added of 34.13 billion yuan, 15.0% up from the previous year. The marine electric power industry kept a good momentum of development and the offshore wind farm projects were carried forward steadily, effecting a full-year value added of 12.85 billion yuan, 13.3% up from the previous year. The seawater utilization industry developed steadily and the seawater utilization projects were carried forward orderly, effecting a full-year value added of 1.37 billion yuan, 0.2% up from the previous year. The structure of the product of marine shipbuilding industry was persistently optimized and the degree of industrial concentration was further raised, and a full-year value added of 149.24 billion yuan was accomplished, 2.9% up from the previous year. The marine engineering construction industry developed steadily, and many key marine engineering projects were completed smoothly, realizing a value added of 173.13 billion yuan for the whole year, 0.6% up from the previous year.

**Tertiary marine industry**

In 2016, the marine communications and transport industry was on the whole stable, the production of coastal ports showed a posture of steady growth, and the shipping market was recovered gradually, effecting a full-year value added of 569.98 billion yuan, 2.3% up from the previous year. The cargo handling capacity of coastal ports was 8.46 billion tons, 3.8% up from the previous year; and the handling capacity of international standardized containers 200 million TEU, 3.6% up from the previous year. The development scale of coastal tourism was expanded steadily. The growth steps of new formats of tourism such as cruise and yatch tourism, sea-island tourism, leisure tourism etc. were gradually quickened, and became the new hotspots of marine tourism. The marine tourism industry effected a full-year value added of 1 243.28 billion yuan, 13.4% up from the previous year, and the number of inbound tourists received by major coastal cities was 44.375 million person-times, 9.2% up from the previous year, among which, the inbound tourists from Hongkong, Macao and Taiwan accounted for 53.8%, constituting the major tourist source market.

### III. Development of Regional Marine Economy

In 2016, the marine economy in the Round-the-Bohai, Changjiang River Delta and Zhujiang River Delta regions continued to maintain a posture of steady growth, the proportions of the three major economic zones in the national Gross Ocean Product were 32.5%, 29.7% and 22.9% respectively.

The Gross Ocean Product of the Round-the-Bohai region was 2 265.70 billion yuan, accounting for 16.2% of the Gross Regional Product. The value added of marine industries was 1 400.63 billion yuan and that of the marine-related industries 865.07 billion yuan. The four industries of coastal tourism, marine communications and transport industry, marine fishery and marine engineering construction industry were among the front-runners, the sum of their values added accounting for 87.7% of the value added of the major marine industries in the region.

The Gross Ocean Product of the Changjiang River Delta region was 2 066.78 billion yuan, accounting for 13.5% of the Gross Regional Product. The value added of the marine industries was 1 251.37 billion yuan and that of the marine-related industries 815.42 billion yuan. The four industries of coastal tourism, marine communications and transport, marine shipbuilding and marine fishery ranked in the forefront of all industries, the sum of their values added accounting for 92.4% of the value added of the major marine industries in the region.

The Gross Ocean Product of the Zhujiang River Delta region was 596.84 billion yuan, accounting for 19.8% of the Gross Regional Product. The value added of the marine industries was 1 022.53 billion yuan and that of the marine related industries 574.31 billion yuan. The four industries of coastal tourism, marine communications and transport, marine chemical industry and marine engineering construction were among the front-runners, the sum of their values added accounting for 83.4% of the value added of the major marine industries in the region.

## IV. Science, Technology and Education

In 2016, the marine scientific research and education continued to develop steadily. The statistics number of marine scientific research institutions totaled 160 with 29 258 employees; the number of marine scientific and technological projects undertaken by the marine scientific research institutions was 18 139; 16 016 marine scientific and technological papers and 369 kinds of marine scientific and technological works were published; and the number of patents authorized was 2 851, of which 1 876 were the ones for discovery; the number of the institutions of higher learning which offer marine specialties amounted to 537, with 388 477 full-time teachers in this regard; the number of graduates from marine specialties of the higher learning and the secondary vocational education was 92 524 and 16 003 respectively; the number of students enrolled was 81 141 and 178 04 respectively; and that in school was 278 783 and 38 756 respectively.

## V. Marine Environmental Protection, and Disaster Prevention and Mitigation

In 2016, pollution was still serious in the local nearshore sea area of China, but the seawater quality beyond the nearshore sea area was good. In spring and summer, the sea areas under China's jurisdiction with the seawater quality inferior to Class 4 were 42 430 km$^2$ and 37 420 km$^2$

separately, reducing by 9 310 km$^2$ and 2 600 km$^2$ as compared to those in the corresponding periods in the previous year. Among the marine ecosystems monitored such as estuaries, bays, tidal flat wetland, coral reef, mangrove and sea grass bed etc., those in the healthy, subhealthy and unhealthy state accounted for 24%, 66% and 10% respectively. The direct economic loss caused by various marine disasters in China reached 5.0 billion yuan, of which, that caused by storm surge disasters amounted to 4.59 billion yuan, accounting for 92% of the total direct economic loss. There were 15 times of red tide process each with the largest area exceeding (including) 100 km$^2$.

## VI. Marine Administration

In 2016, marine administration was carried forward soundly and various marine efforts obtained obvious results. A total of 3 413 certificates for the sea area use right were issued for the whole year, 5.4% down from the previous year; the sea area with the ownership of patent rights reached 291 308.2 hm$^2$, 14.9 % up from the previous year; a total of 412 permits for oceanic dumping of dredged material were signed and issued throughout the year, and marine inspections for law enforcement were carried out for 16 039 times, during which, 86 cases of unlawful practice were discovered; marine numerical forecast service was provided on 43 771 occasions, and

705 marine survey projects were carried out, acquiring 0.85 million data and the data quantity from various marine observations totaled 13 785.3 MB and the quantity of satellite remote-sensing data received and placed on file was 109 223.7 GB for the whole year; the paper archives received this year totaled 19 397 volumes (copies), and the electronic archives 5 376 GB; and a total of 12 items of national standard and 56 items of professional standard had been authorized and examined, and 12 items of national standard and 20 items of professional standard published.

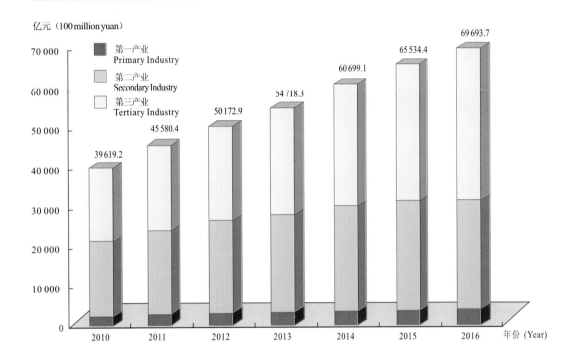

图 1 全国海洋生产总值及三次产业构成
China's Gross Ocean Product and Three Industries Composition

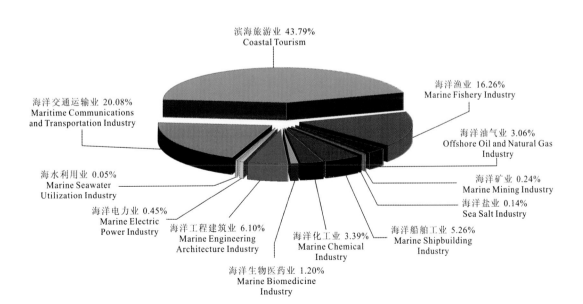

图 2 2016 年全国主要海洋产业增加值构成
Composition of Added Values of the Major Marine Industries in China in 2016

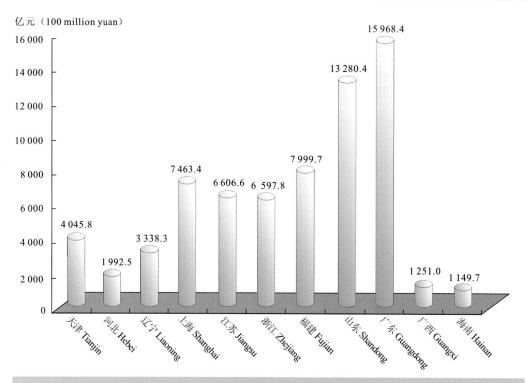

图3 2016年沿海地区海洋生产总值
Gross Ocean Product by Coastal Regions in 2016

图4 全国海水养殖和海洋捕捞产量
National Mariculture Production and Marine Catches

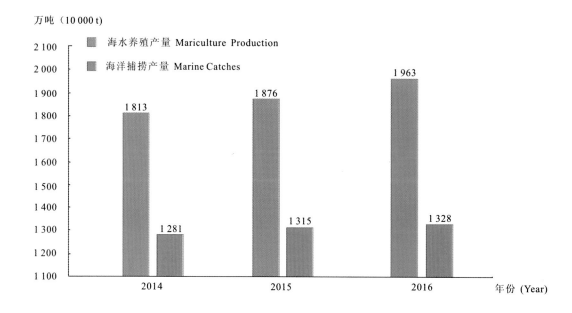

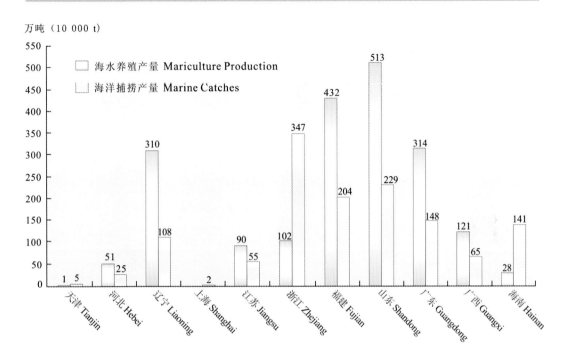

图5　2016年沿海地区海水养殖和海洋捕捞产量
Mariculture Production and Marine Catches by Coastal Regions in 2016

图6　全国海洋原油和天然气产量
National Output of Offshore Crude Oil and Natural Gas

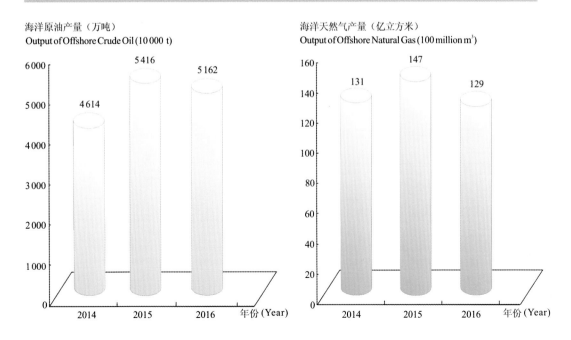

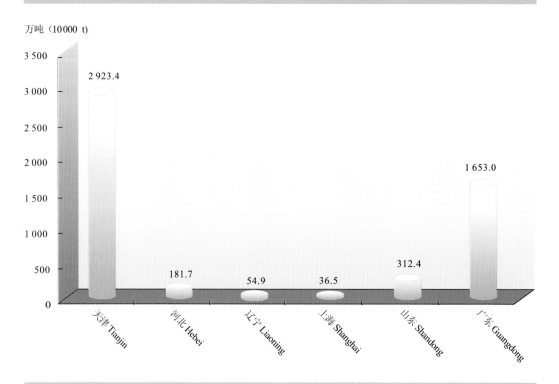

图 7　2016 年沿海地区海洋原油产量
Offshore Crude Oil Production by Coastal Regions in 2016

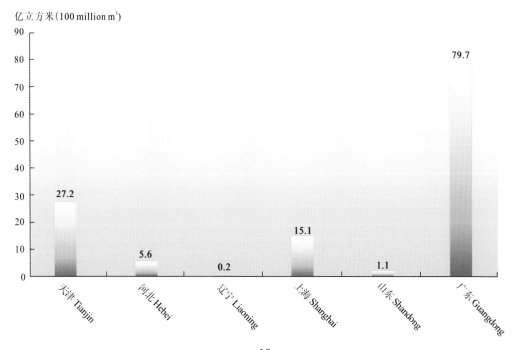

图 8　2016 年沿海地区海洋天然气产量
Offshore Natural Gas Production by Coastal Regions in 2016

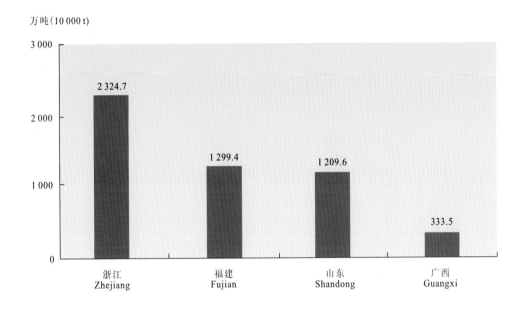

图 9 2016 年海洋矿业产量
Production of Marine Mining Industry in 2016

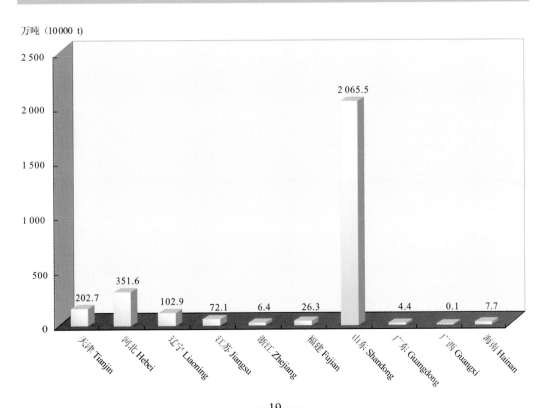

图 10 2016 年沿海地区海盐产量
Sea Salt Production by Coastal Regions in 2016

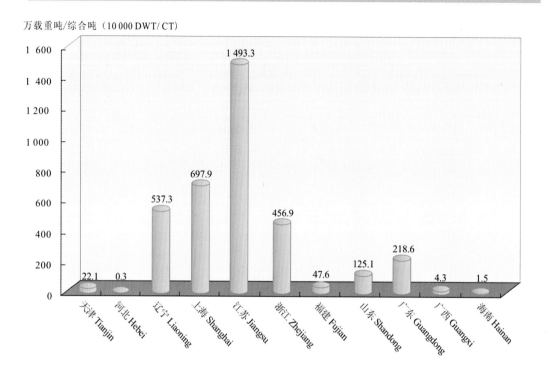

图 11　2016 年沿海地区海洋造船完工量
Completed Quantity of Marine Shipbuilding by Coastal Regions in 2016

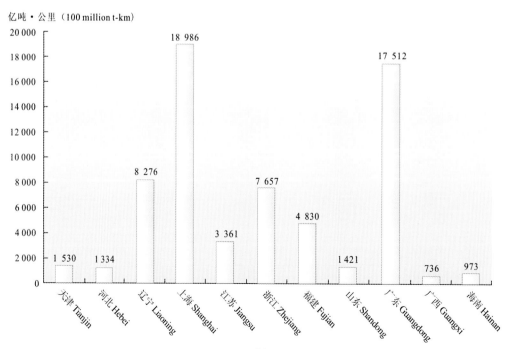

图 12　2016 年沿海地区海洋货物周转量
Maritime Goods Turnover Volume by Coastal Regions in 2016

万标准箱（10 000 TEU）

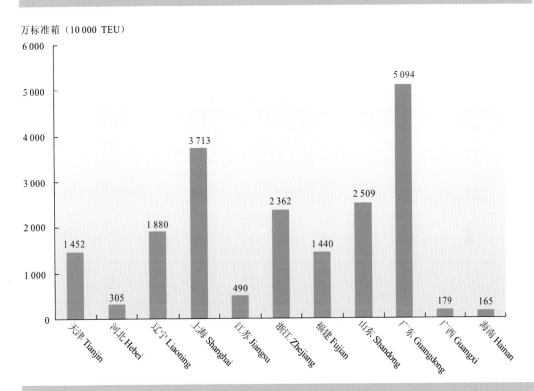

万人·次（10 000 person-times）

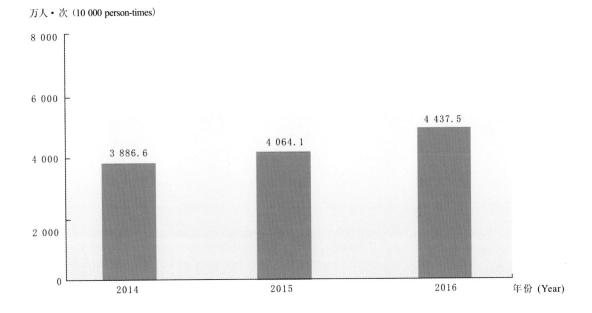

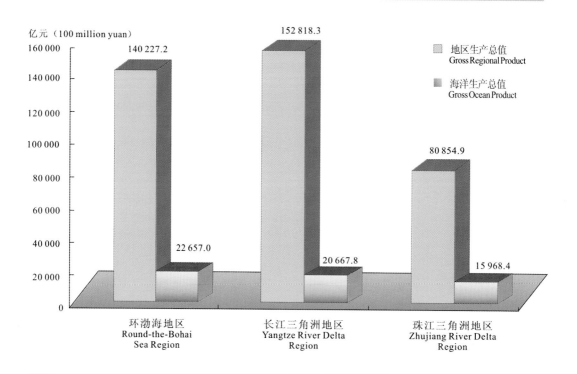

图 15  2016 年环渤海、长江三角洲、珠江三角洲地区生产总值与海洋生产总值
GDP and GOP in the Round-the-Bohai Sea, Yangtze River Delta,
Zhujiang River Delta Regions in 2016

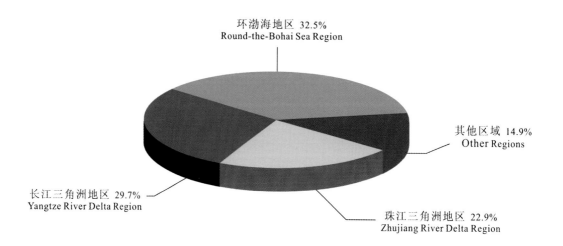

图 16  2016 年环渤海、长江三角洲、珠江三角洲地区海洋生产总值
占全国海洋生产总值比重
Proportion of the GOP of the Round-the-Bohai Sea, Yangtze River Delta,
Zhujiang River Delta Regions in the National GOP in 2016

## 图 17　2016 年沿海地区海洋生产总值
### Gross Ocean Product by Coastal Regions in 2016

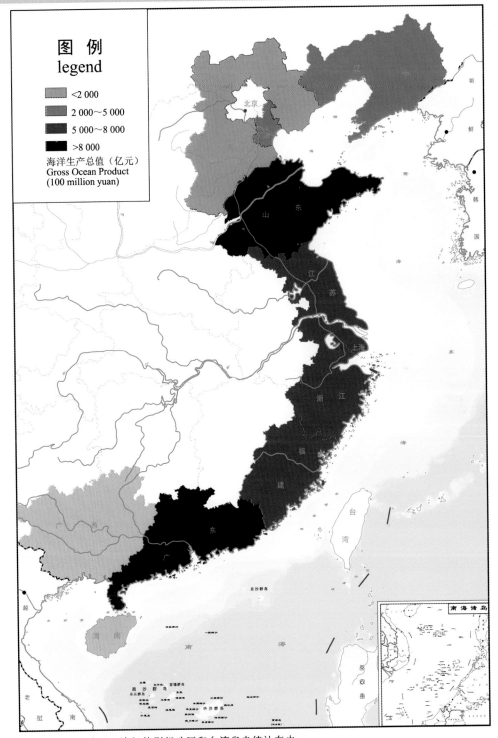

注：香港特别行政区、澳门特别行政区和台湾省未统计在内。
Note: The data of the Hong Kong Special Administrative Region, the Macao Special Administrative Region, and Taiwan Province are not included.

## 图 18　2016 年沿海地区海洋经济贡献
## Marine Economic Contributions by Coastal Regions in 2016

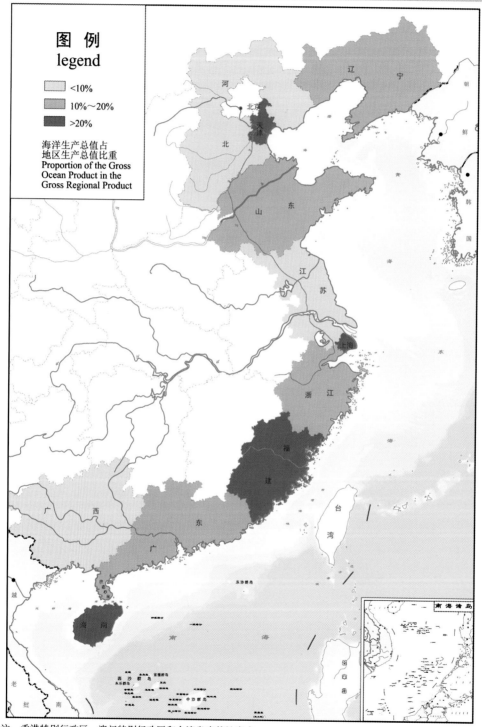

注：香港特别行政区、澳门特别行政区和台湾省未统计在内。
Note: The data of the Hong Kong Special Administrative Region, the Macao Special Administrative Region, and Taiwan Province are not included.

# 1

# 综 合 资 料

Integrated Data

# 1-1 沿海地区行政区划
## Administrative Division of Coastal Regions

单位：个 (number)

| 沿海地区<br>Coastal Region | 沿海城市<br>Coastal City | 沿海地带<br>Coastal County (District) | | | |
|---|---|---|---|---|---|
| | | 合 计<br>Total | 县<br>County | 县级市<br>County-level City | 区<br>District |
| 合 计<br>**Total** | 55 | 224 | 53 | 48 | 123 |
| 天 津<br>Tianjin | 1 | 1 | 0 | 0 | 1 |
| 河 北<br>Hebei | 3 | 11 | 4 | 1 | 6 |
| 辽 宁<br>Liaoning | 6 | 22 | 3 | 6 | 13 |
| 上 海<br>Shanghai | 1 | 5 | 0 | 0 | 5 |
| 江 苏<br>Jiangsu | 3 | 15 | 7 | 3 | 5 |
| 浙 江<br>Zhejiang | 7 | 32 | 10 | 8 | 14 |
| 福 建<br>Fujian | 6 | 33 | 11 | 7 | 15 |
| 山 东<br>Shandong | 7 | 35 | 4 | 12 | 19 |
| 广 东<br>Guangdong | 14 | 46 | 8 | 6 | 32 |
| 广 西<br>Guangxi | 3 | 8 | 1 | 1 | 6 |
| 海 南<br>Hainan | 4 | 16 | 5 | 4 | 7 |

# 1-2 沿海行政区划一览表
# Table of Administrative Division of Coastal Regions

| 沿海地区<br>Coastal Region | 地区代码<br>Zip Code | 沿海城市<br>Coastal City | 地区代码<br>Zip Code | 沿海地带<br>Coastal County<br>(District) | 地区代码<br>Zip Code |
|---|---|---|---|---|---|
| 天 津<br>Tianjin | 120000 | | | 滨海新区Binhai Xinqu | 120116 |
| 河 北<br>Hebei | 130000 | 唐山 Tangshan | 130200 | 丰南区Fengnan Qu | 130207 |
| | | | | 曹妃甸区Caofeidian Qu | 130209 |
| | | | | 滦南县Luannan Xian | 130224 |
| | | | | 乐亭县Laoting Xian | 130225 |
| | | 秦皇岛 Qinhuangdao | 130300 | 海港区Haigang Qu | 130302 |
| | | | | 山海关区Shanhaiguan Qu | 130303 |
| | | | | 北戴河区Beidaihe Qu | 130304 |
| | | | | 抚宁区Funing Qu | 130306 |
| | | | | 昌黎县Changli Xian | 130322 |
| | | 沧州 Cangzhou | 130900 | 海兴县Haixing Xian | 130924 |
| | | | | 黄骅市Huanghua Shi | 130983 |
| 辽 宁<br>Liaoning | 210000 | 大连 Dalian | 210200 | 中山区Zhongshan Qu | 210202 |
| | | | | 西岗区Xigang Qu | 210203 |
| | | | | 沙河口区Shahekou Qu | 210204 |
| | | | | 甘井子区Ganjingzi Qu | 210211 |
| | | | | 旅顺口区Lüshunkou Qu | 210212 |
| | | | | 金州区Jinzhou Qu | 210213 |
| | | | | 普兰店区Pulandian Qu | 210214 |
| | | | | 长海县Changhai Xian | 210224 |
| | | | | 瓦房店市Wafangdian Shi | 210281 |
| | | | | 庄河市Zhuanghe Shi | 210283 |
| | | 丹东 Dandong | 210600 | 振兴区Zhenxing Qu | 210603 |
| | | | | 东港市Donggang Shi | 210681 |
| | | 锦州 Jinzhou | 210700 | 凌海市Linghai Shi | 210781 |
| | | 营口 Yingkou | 210800 | 鲅鱼圈区Bayuquan Qu | 210804 |
| | | | | 老边区Laobian Qu | 210811 |
| | | | | 盖州市Gaizhou Shi | 210881 |
| | | 盘锦 Panjin | 211100 | 大洼区Dawa Qu | 211104 |
| | | | | 盘山县Panshan Xian | 211122 |

| 沿海地区<br>Coastal<br>Region | 地区代码<br>Zip Code | 沿海城市<br>Coastal City | 地区代码<br>Zip Code | 沿海地带<br>Coastal County<br>(District) | 地区代码<br>Zip Code |
|---|---|---|---|---|---|
| | | 葫芦岛 Huludao | 211400 | 连山区Lianshan Qu | 211402 |
| | | | | 龙港区Longgang Qu | 211403 |
| | | | | 绥中县Suizhong Xian | 211421 |
| | | | | 兴城市Xingcheng Shi | 211481 |
| 上海<br>Shanghai | 310000 | | | 宝山区Baoshan Qu | 310113 |
| | | | | 浦东新区Pudong Xinqu | 310115 |
| | | | | 金山区Jinshan Qu | 310116 |
| | | | | 奉贤区Fengxian Qu | 310120 |
| | | | | 崇明区Chongming Qu | 310151 |
| 江 苏<br>Jiangsu | 320000 | 南通 Nantong | 320600 | 通州区Tongzhou Qu | 320612 |
| | | | | 海安县Hai'an Xian | 320621 |
| | | | | 如东县Rudong Xian | 320623 |
| | | | | 启东市Qidong Shi | 320681 |
| | | | | 海门市Haimen Shi | 320684 |
| | | 连云港 Lianyungang | 320700 | 连云区Lianyun Qu | 320703 |
| | | | | 赣榆区Ganyu Qu | 320707 |
| | | | | 灌云县Guanyun Xian | 320723 |
| | | | | 灌南县Guannan Xian | 320724 |
| | | 盐城 Yancheng | 320900 | 亭湖区Tinghu Qu | 320902 |
| | | | | 大丰区Dafeng Qu | 320904 |
| | | | | 响水县Xiangshui Xian | 320921 |
| | | | | 滨海县Binhai Xian | 320922 |
| | | | | 射阳县Sheyang Xian | 320924 |
| | | | | 东台市Dongtai Shi | 320981 |
| 浙 江<br>Zhejiang | 330000 | 杭州 Hangzhou | 330100 | 滨江区Binjiang Qu | 330108 |
| | | | | 萧山区Xiaoshan Qu | 330109 |
| | | 宁波 Ningbo | 330200 | 北仑区Beilun Qu | 330206 |
| | | | | 镇海区Zhenhai Qu | 330211 |
| | | | | 鄞州区Yinzhou Qu | 330212 |
| | | | | 奉化区Fenghua Qu | 330213 |
| | | | | 象山县Xiangshan Xian | 330225 |
| | | | | 宁海县Ninghai Xian | 330226 |
| | | | | 余姚市Yuyao Shi | 330281 |
| | | | | 慈溪市Cixi Shi | 330282 |

| 沿海地区<br>Coastal<br>Region | 地区代码<br>Zip Code | 沿海城市<br>Coastal City | 地区代码<br>Zip Code | 沿海地带<br>Coastal County<br>(District) | 地区代码<br>Zip Code |
|---|---|---|---|---|---|
| | | 温州 Wenzhou | 330300 | 龙湾区 Longwan Qu | 330303 |
| | | | | 瓯海区 Ouhai Qu | 330304 |
| | | | | 洞头县 Dongtou Xian | 330322 |
| | | | | 平阳县 Pingyang Xian | 330326 |
| | | | | 苍南县 Cangnan Xian | 330327 |
| | | | | 瑞安市 Rui'an Shi | 330381 |
| | | | | 乐清市 Yueqing Shi | 330382 |
| | | 嘉兴 Jiaxing | 330400 | 海盐县 Haiyan Xian | 330424 |
| | | | | 海宁市 Haining Shi | 330481 |
| | | | | 平湖市 Pinghu Shi | 330482 |
| | | 绍兴 Shaoxing | 330600 | 柯桥区 Keqiao Qu | 330603 |
| | | | | 上虞区 Shangyu Qu | 330604 |
| | | 舟山 Zhoushan | 330900 | 定海区 Dinghai Qu | 330902 |
| | | | | 普陀区 Putuo Qu | 330903 |
| | | | | 岱山县 Daishan Xian | 330921 |
| | | | | 嵊泗县 Shengsi Xian | 330922 |
| | | 台州 Taizhou | 331000 | 椒江区 Jiaojiang Qu | 331002 |
| | | | | 路桥区 Luqiao Qu | 331004 |
| | | | | 玉环县 Yuhuan Xian | 331021 |
| | | | | 三门县 Sanmen Xian | 331022 |
| | | | | 温岭市 Wenling Shi | 331081 |
| | | | | 临海市 Linhai Shi | 331082 |
| 福建<br>Fujian | 350000 | 福州 Fuzhou | 350100 | 马尾区 Mawei Qu | 350105 |
| | | | | 长乐区 Changle Qu | 350112 |
| | | | | 连江县 Lianjiang Xian | 350122 |
| | | | | 罗源县 Luoyuan Xian | 350123 |
| | | | | 平潭县 Pingtan Xian | 350128 |
| | | | | 福清市 Fuqing Shi | 350181 |
| | | 厦门 Xiamen | 350200 | 思明区 Siming Qu | 350203 |
| | | | | 海沧区 Haicang Qu | 350205 |

| 沿海地区<br>Coastal<br>Region | 地区代码<br>Zip Code | 沿海城市<br>Coastal City | 地区代码<br>Zip Code | 沿海地带<br>Coastal County<br>(District) | 地区代码<br>Zip Code |
|---|---|---|---|---|---|
| | | | | 湖里区 Huli Qu | 350206 |
| | | | | 集美区 Jimei Qu | 350211 |
| | | | | 同安区 Tong'an Qu | 350212 |
| | | | | 翔安区 Xiang'an Qu | 350213 |
| | | 莆田 Putian | 350300 | 城厢区 Chengxiang Qu | 350302 |
| | | | | 涵江区 Hanjiang Qu | 350303 |
| | | | | 荔城区 Licheng Qu | 350304 |
| | | | | 秀屿区 Xiuyu Qu | 350305 |
| | | | | 仙游县 Xianyou Xian | 350322 |
| | | 泉州 Quanzhou | 350500 | 丰泽区 Fengze Qu | 350503 |
| | | | | 泉港区 Quangang Qu | 350505 |
| | | | | 惠安县 Hui'an Xian | 350521 |
| | | | | 金门县 Jinmen Xian | 350527 |
| | | | | 石狮市 Shishi Shi | 350581 |
| | | | | 晋江市 Jinjiang Shi | 350582 |
| | | | | 南安市 Nan'an Shi | 350583 |
| | | 漳州 Zhangzhou | 350600 | 云霄县 Yunxiao Xian | 350622 |
| | | | | 漳浦县 Zhangpu Xian | 350623 |
| | | | | 诏安县 Zhao'an Xian | 350624 |
| | | | | 东山县 Dongshan Xian | 350626 |
| | | | | 龙海市 Longhai Shi | 350681 |
| | | 宁德 Ningde | 350900 | 蕉城区 Jiaocheng Qu | 350902 |
| | | | | 霞浦县 Xiapu Xian | 350921 |
| | | | | 福安市 Fu'an Shi | 350981 |
| | | | | 福鼎市 Fuding Shi | 350982 |
| 山 东<br>Shandong | 370000 | 青岛 Qingdao | 370200 | 市南区 Shinan Qu | 370202 |
| | | | | 市北区 Shibei Qu | 370203 |
| | | | | 黄岛区 Huangdao Qu | 370211 |
| | | | | 崂山区 Laoshan Qu | 370212 |
| | | | | 李沧区 Licang Qu | 370213 |
| | | | | 城阳区 Chengyang Qu | 370214 |
| | | | | 胶州市 Jiaozhou Shi | 370281 |
| | | | | 即墨市 Jimo Shi | 370282 |

1-2 续表4 continued

| 沿海地区<br>Coastal<br>Region | 地区代码<br>Zip Code | 沿海城市<br>Coastal City | 地区代码<br>Zip Code | 沿海地带<br>Coastal County<br>(District) | 地区代码<br>Zip Code |
|---|---|---|---|---|---|
| | | 东营 Dongying | 370500 | 东营区Dongying Qu | 370502 |
| | | | | 河口区Hekou Qu | 370503 |
| | | | | 垦利区Kenli Qu | 370505 |
| | | | | 利津县Lijin Xian | 370522 |
| | | | | 广饶县Guangrao Xian | 370523 |
| | | 烟台 Yantai | 370600 | 芝罘区Zhifu Qu | 370602 |
| | | | | 福山区Fushan Qu | 370611 |
| | | | | 牟平区Muping Qu | 370612 |
| | | | | 莱山区Laishan Qu | 370613 |
| | | | | 长岛县Changdao Xian | 370634 |
| | | | | 龙口市Longkou Shi | 370681 |
| | | | | 莱阳市Laiyang Shi | 370682 |
| | | | | 莱州市Laizhou Shi | 370683 |
| | | | | 蓬莱市Penglai Shi | 370684 |
| | | | | 招远市Zhaoyuan Shi | 370685 |
| | | | | 海阳市Haiyang Shi | 370687 |
| | | 潍坊 Weifang | 370700 | 寒亭区Hanting Qu | 370703 |
| | | | | 寿光市Shouguang Shi | 370783 |
| | | | | 昌邑市Changyi Shi | 370786 |
| | | 威海 Weihai | 371000 | 环翠区Huancui Qu | 371002 |
| | | | | 文登区Wendeng Qu | 371003 |
| | | | | 荣成市Rongcheng Shi | 371082 |
| | | | | 乳山市Rushan Shi | 371083 |
| | | 日照 Rizhao | 371100 | 东港区Donggang Qu | 371102 |
| | | | | 岚山区Lanshan Qu | 371103 |
| | | 滨州 Binzhou | 371600 | 沾化区Zhanhua Qu | 371603 |
| | | | | 无棣县Wudi Xian | 371623 |
| 广东<br>Guangdong | 440000 | 广州 Guangzhou | 440100 | 黄埔区Huangpu Qu | 440112 |
| | | | | 番禺区Panyu Qu | 440113 |
| | | | | 南沙区Nansha Qu | 440115 |
| | | | | 增城区Zengcheng Qu | 440118 |

| 沿海地区<br>Coastal<br>Region | 地区代码<br>Zip Code | 沿海城市<br>Coastal City | 地区代码<br>Zip Code | 沿海地带<br>Coastal County<br>(District) | 地区代码<br>Zip Code |
|---|---|---|---|---|---|
| | | 深圳 Shenzhen | 440300 | 福田区 Futian Qu | 440304 |
| | | | | 南山区 Nanshan Qu | 440305 |
| | | | | 宝安区 Bao'an Qu | 440306 |
| | | | | 龙岗区 Longgang Qu | 440307 |
| | | | | 盐田区 Yantian Qu | 440308 |
| | | 珠海 Zhuhai | 440400 | 香洲区 Xiangzhou Qu | 440402 |
| | | | | 斗门区 Doumen Qu | 440403 |
| | | | | 金湾区 Jinwan Qu | 440404 |
| | | 汕头 Shantou | 440500 | 龙湖区 Longhu Qu | 440507 |
| | | | | 金平区 Jinping Qu | 440511 |
| | | | | 濠江区 Haojiang Qu | 440512 |
| | | | | 潮阳区 Chaoyang Qu | 440513 |
| | | | | 潮南区 Chaonan Qu | 440514 |
| | | | | 澄海区 Chenghai Qu | 440515 |
| | | | | 南澳县 Nan'ao Xian | 440523 |
| | | 江门 Jiangmen | 440700 | 蓬江区 Pengjiang Qu | 440703 |
| | | | | 江海区 Jianghai Qu | 440704 |
| | | | | 新会区 Xinhui Qu | 440705 |
| | | | | 台山市 Taishan Shi | 440781 |
| | | | | 恩平市 Enping Shi | 440785 |
| | | 湛江 Zhanjiang | 440800 | 赤坎区 Chikan Qu | 440802 |
| | | | | 霞山区 Xiashan Qu | 440803 |
| | | | | 坡头区 Potou Qu | 440804 |
| | | | | 麻章区 Mazhang Qu | 440811 |
| | | | | 遂溪县 Suixi Xian | 440823 |
| | | | | 徐闻县 Xuwen Xian | 440825 |
| | | | | 廉江市 Lianjiang Shi | 440881 |
| | | | | 雷州市 Leizhou Shi | 440882 |
| | | | | 吴川市 Wuchuan Shi | 440883 |
| | | 茂名 Maoming | 440900 | 电白区 Dianbai Qu | 440904 |
| | | 惠州 Huizhou | 441300 | 惠阳区 Huiyang Qu | 441303 |
| | | | | 惠东县 Huidong Xian | 441323 |
| | | 汕尾 Shanwei | 441500 | 城　区 Chengqu | 441502 |
| | | | | 海丰县 Haifeng Xian | 441521 |
| | | | | 陆丰市 Lufeng Shi | 441581 |

| 沿海地区<br>Coastal Region | 地区代码<br>Zip Code | 沿海城市<br>Coastal City | 地区代码<br>Zip Code | 沿海地带<br>Coastal County<br>(District) | 地区代码<br>Zip Code |
|---|---|---|---|---|---|
| | | 阳江 Yangjiang | 441700 | 江城区Jiangcheng Qu | 441702 |
| | | | | 阳东区Yangdong Qu | 441704 |
| | | | | 阳西县Yangxi Xian | 441721 |
| | | 东莞 Dongguan | 441900 | | |
| | | 中山 Zhongshan | 442000 | | |
| | | 潮州 Chaozhou | 445100 | 饶平县Raoping Xian | 445122 |
| | | 揭阳 Jieyang | 445200 | 榕城区Rongcheng Qu | 445202 |
| | | | | 揭东区Jiedong Qu | 445203 |
| | | | | 惠来县Huilai Xian | 445224 |
| 广西<br>Guangxi | 450000 | 北海 Beihai | 450500 | 海城区Haicheng Qu | 450502 |
| | | | | 银海区Yinhai Qu | 450503 |
| | | | | 铁山港区Tieshangang Qu | 450512 |
| | | | | 合浦县Hepu Xian | 450521 |
| | | 防城港 Fangchenggang | 450600 | 港口区Gangkou Qu | 450602 |
| | | | | 防城区Fangcheng Qu | 450603 |
| | | | | 东兴市Dongxing Shi | 450681 |
| | | 钦州 Qinzhou | 450700 | 钦南区Qinnan Qu | 450702 |
| 海南<br>Hainan | 460000 | 海口 Haikou | 460100 | 秀英区Xiuying Qu | 460105 |
| | | | | 龙华区Longhua Qu | 460106 |
| | | | | 美兰区Meilan Qu | 460108 |
| | | 三亚 Sanya | 460200 | 海棠区Haitang Qu | 460207 |
| | | | | 吉阳区Jiyang Qu | 460203 |
| | | | | 天涯区Tianya Qu | 460204 |
| | | | | 崖州区Yazhou Qu | 460205 |
| | | 三沙 Sansha | 460300 | | |
| | | 儋州 Danzhou | 460400 | | |
| | | 省直辖县<br>Counties Directly under the Hainan Province Government | 469000 | 琼海市Qionghai Shi | 469002 |
| | | | | 文昌市Wenchang Shi | 469005 |
| | | | | 万宁市Wanning Shi | 469006 |
| | | | | 东方市Dongfang Shi | 469007 |
| | | | | 澄迈县Chengmai Xian | 469023 |
| | | | | 临高县Lingao Xian | 469024 |
| | | | | 昌江黎族自治县<br>Changjiang Lizu Zizhixian | 469026 |
| | | | | 乐东黎族自治县<br>Ledong Lizu Zizhixian | 469027 |
| | | | | 陵水黎族自治县<br>Lingshui Lizu Zizhixian | 469028 |

# 1-3 海洋自然地理
## Marine Physical Geography

| 指　　标 | Item | 指标值<br>Data |
|---|---|---:|
| 海洋平均深度 　（米） | Average Depth of Sea　(m) | 961 |
| 海洋最大深度 　（米） | Maximum Depth of Sea　(m) | 5 559 |
| 岸线总长度 　（千米） | Total Length of Coastline　(km) | 32 000 |
| 　大陆岸线长度 | Length of Continental Coastline | 18 000 |
| 　岛屿岸线长度 | Length of Insular Coastline | 14 000 |
| ＞500$m^2$岛屿数 （个） | Number of Islands ＞500 $m^2$ each　(unit) | 7 300 |
| 岛屿面积 　（万平方千米） | Area of Islands (10 000 $km^2$) | 8 |

注：海岛数据来源于《全国海岛保护规划》。

Note: Data on islands are derived from the *National Plan for Island Protection* .

# 1-4 海区海洋石油天然气储量
## Offshore Oil and Natural Gas Reserves in the Sea Area

| 海 区<br>Sea Area | 海洋石油（万吨）<br>Offshore Oil (10 000 t) | | 海洋天然气（亿立方米）<br>Natural Gas (100 million m³) | |
|---|---|---|---|---|
| | 累计探明技术可采储量<br>Proven Technically Recoverable Reserves in the Aggregate | 剩余技术可采储量<br>Surplus Technically Recoverable Reserves | 累计探明技术可采储量<br>Proven Technically Recoverable Reserves in the Aggregate | 剩余技术可采储量<br>Surplus Technically Recoverable Reserves |
| 合 计<br>**Total** | 124 303.4 | 60 878.2 | 6 649.4 | 5 087.2 |
| 渤 海<br>Bohai Sea | 79 565.2 | 47 304.0 | 806.4 | 507.3 |
| 东 海<br>East China Sea | 1 437.7 | 927.4 | 1 824.0 | 1 698.3 |
| 南 海<br>South China Sea | 43 300.5 | 12 646.8 | 4 019.0 | 2 881.6 |

注：数据来源于《2016年全国矿产资源储量通报》。

Note: The data come from the *Bulletin on the National Mineral Resources Reserves in 2016* .

# 1-5 沿海地区水资源情况
# Water Resources by Coastal Regions

| 地区<br>Region | 水资源总量<br>（亿立方米）<br>Total Amount of<br>Water Resources<br>(100 million m$^3$) | 地表<br>水资源量<br>Surface Water<br>Resources | 地下<br>水资源量<br>Groundwater<br>Resources | 地表水与地下<br>水资源重复量<br>Duplicate<br>Measurement of<br>Surface Water and<br>Groundwater | 人均水资源量<br>（立方米/人）<br>Per Capita Water<br>Resources<br>(m$^3$/person) |
|---|---|---|---|---|---|
| 全国总计<br>**National Total** | 32 466.4 | 31 273.9 | 8 854.8 | 7 662.3 | 2 354.9 |
| 天 津<br>Tianjin | 18.9 | 14.1 | 6.1 | 1.3 | 121.6 |
| 河 北<br>Hebei | 208.3 | 105.9 | 133.7 | 31.3 | 279.7 |
| 辽 宁<br>Liaoning | 331.6 | 286.2 | 120.9 | 75.5 | 757.1 |
| 上 海<br>Shanghai | 61.0 | 52.7 | 11.3 | 3.0 | 252.3 |
| 江 苏<br>Jiangsu | 741.7 | 605.8 | 164.0 | 28.1 | 928.6 |
| 浙 江<br>Zhejiang | 1 323.3 | 1 306.8 | 255.5 | 239.0 | 2 378.1 |
| 福 建<br>Fujian | 2 109.0 | 2 107.1 | 450.7 | 448.8 | 5 468.7 |
| 山 东<br>Shandong | 220.3 | 121.2 | 164.8 | 65.7 | 222.6 |
| 广 东<br>Guangdong | 2 458.6 | 2 448.5 | 570.0 | 559.9 | 2 250.6 |
| 广 西<br>Guangxi | 2 178.6 | 2 176.8 | 529.2 | 527.4 | 4 522.7 |
| 海 南<br>Hainan | 489.9 | 486.3 | 118.3 | 114.7 | 5 360.0 |

注：数据来源于《2017中国统计年鉴》。

Note: The data come from the *China Statistical Yearbook 2017* .

# 1-6 沿海地区湿地面积
## Area of Wetlands by Coastal Regions

| 地 区<br>Region | 湿地总面积<br>（千公顷）<br>Total Area of Wetlands<br>(1 000 hm$^2$) | #近海与海岸<br>Coasts and Seashores |
|---|---|---|
| 全国总计<br>**National Total** | 53 602. 6 | 5 795. 9 |
| 天 津<br>Tianjin | 295. 6 | 104. 3 |
| 河 北<br>Hebei | 941. 9 | 231. 9 |
| 辽 宁<br>Liaoning | 1 394. 8 | 713. 2 |
| 上 海<br>Shanghai | 464. 6 | 386. 6 |
| 江 苏<br>Jiangsu | 2 822. 8 | 1 087. 5 |
| 浙 江<br>Zhejiang | 1 110. 1 | 692. 5 |
| 福 建<br>Fujian | 871. 0 | 575. 6 |
| 山 东<br>Shandong | 1 737. 5 | 728. 5 |
| 广 东<br>Guangdong | 1 753. 4 | 815. 1 |
| 广 西<br>Guangxi | 754. 3 | 259. 0 |
| 海 南<br>Hainan | 320. 0 | 201. 7 |

注：数据来源于《2017中国统计年鉴》。

Note: The data come from the *China Statistical Yearbook 2017* .

# 1-7 红树林各地类面积
## Site Classification and Area of Sharpleaf Mangrove
### (*Rhizophora Apiculat*)

单位：公顷 (hm²)

| 地 区<br>Region | 红树林各地类<br>总面积<br>Total Site Area of<br>Sharpleaf Mangrove | 现有面积<br>Established | 未成林面积<br>Unestablished | 宜林地面积<br>Suitable for Planting |
|---|---|---|---|---|
| 全国总计<br>**National Total** | 82 757.2 | 22 024.9 | 1 884.1 | 58 848.2 |
| 浙 江<br>Zhejiang | 5 452.3 | 20.6 | 236.1 | 5 195.6 |
| 福 建<br>Fujian | 13 410.1 | 615.1 | 286.4 | 12 508.6 |
| 广 东<br>Guangdong | 32 325.9 | 9 084.0 | 981.3 | 22 260.6 |
| 广 西<br>Guangxi | 18 029.2 | 8 374.9 | 380.3 | 9 274.0 |
| 海 南<br>Hainan | 13 539.7 | 3 930.3 | | 9 609.4 |

注：数据来源于国家林业局专项调查。

Note: The data come from Special Survey of State Forestry Administration.

# 1-8 主要沿海城市气候基本情况
## Climate of Major Coastal Cities

| 城 市<br>City | 年平均气温<br>（摄氏度）<br>Annual Average<br>Temperature<br>（℃） | 年平均相对湿度<br>（%）<br>Annual Average<br>Relative Humidity<br>（%） | 全年降水量<br>（毫米）<br>Annual<br>Precipitation<br>（mm） | 全年日照时数<br>（小时）<br>Annual Sunshine<br>Hours<br>（h） |
|---|---|---|---|---|
| 天 津<br>Tianjin | 13.8 | 58 | 608.6 | 2 327.4 |
| 上 海<br>Shanghai | 17.6 | 75 | 1 596.1 | 1 668.6 |
| 杭 州<br>Hangzhou | 18.2 | 75 | 1 797.3 | 1 522.4 |
| 福 州<br>Fuzhou | 21.0 | 77 | 2 263.4 | 1 287.2 |
| 广 州<br>Guangzhou | 21.9 | 82 | 2 939.7 | 1 451.8 |
| 海 口<br>Haikou | 24.6 | 82 | 1 913.7 | 2 084.3 |

注：数据来源于《2017中国统计年鉴》。

Note: The data come from the *China Statistical Yearbook 2017* .

# 主要统计指标解释

**1. 沿海地区**   即广义的沿海地区，是指有海岸线（大陆岸线和岛屿岸线）的地区，按行政区划分为沿海省、自治区、直辖市。

**2. 沿海城市**   是指有海岸线的直辖市和地级市（包括其下属的全部区、县和县级市）。

**3. 沿海地带**   即狭义的沿海地区，是指有海岸线的县、县级市、区（包括直辖市和地级市的区）。

**4. 海洋**   是海和洋的统称。洋为地球表面上相连接的广大咸水水体的主体部分。海为地球表面相连接的广大咸水水体被陆地、岛礁、半岛包围或分隔的边缘部分。

**5. 水资源总量**   指评价区内降水形成的地表和地下产水总量，即地表产流量与降水入渗补给地下水量之和，不包括过境水量。

**6. 地表水资源量**   指评价区内河流、湖泊、冰川等地表水体中可以逐年更新的动态水量，即当地天然河川径流量。

**7. 地下水资源量**   指评价区内降水和地表水对饱水岩土层的补给量，包括降水入渗补给量和河道、湖库、渠系、渠灌田间等地表水体的入渗补给量。

**8. 地表水与地下水资源重复量**   指地表水和地下水相互转化的部分，即天然河川径流量中的地下水排泄量和地下水补给量中来源于地表水的入渗补给量。

**9. 湿地**   指天然或人工、长久或暂时性的沼泽地、泥炭地或水域地带，包括静止或流动、淡水、半咸水、咸水体，低潮时水深不超过6米的水域以及海岸地带地区的珊瑚滩和海草床、滩涂、红树林、河口、河流、淡水沼泽、沼泽森林、湖泊、盐沼及盐湖。

**10. 红树林**   指生长在热带、亚热带低能海岸潮间带上部，受周期性潮水浸淹，以红树植物为主体的常绿灌木或乔木组成的潮滩湿地木本生物群落。

**11. 气温**   指空气的温度，我国一般以摄氏度(℃)为单位表示。气象观测的温度表是放在离地面约1.5米处通风良好的百叶箱里测量的，因此，通常说的气温指的是离地面1.5米处百叶箱中的温度。其统计计算方法为：

月平均气温是将全月各日的平均气温相加，除以该月的天数而得；

年平均气温是将12个月的月平均气温累加后除以12而得。

**12. 相对湿度**   指空气中实际所含水蒸气密度和同温度下饱和水蒸气密度的百分比值。其统计方法与气温相同。

**13. 降水量**   指从天空降落到地面的液态或固态(经融化后)水，未经蒸发、渗透、流失而在地面上积聚的深度。其统计计算方法为：

月降水量是将全月各日的降水量累加而得；

年降水量是将12个月的月降水量累加而得。

**14. 日照时数**   指太阳实际照射地面的时间。其统计方法与降水量相同。

# Explanatory Notes on Main Statistical Indicators

**1. Coastal Region,** i.e., the coastal region in a broad sense, refers to the regions with coastlines (continental and island coastlines), which are divided into the coastal provinces, autonomous regions and municipalities directly under the Central Government according to the administrative zoning.

**2. Coastal City** refers to the municipalities directly under the Central Government and the prefecture-level cities (including all the districts, counties and county-level cities under them).

**3. Coastal Zone,** i.e., the coastal region in a narrow sense, refers to the counties, county-level cities and districts with coastlines (including the districts under the municipalities directly under the Central Government and the prefecture-level districts).

**4. Ocean** is the general name for sea and ocean. Ocean refers to the main body of large salt water connected with the earth surface. Sea refers to the edge areas of the salt water on the earth surface that are compartmentalized or surrounded by land, island, reef or peninsula.

**5. Total Water Resources** refers to total volume of water resources measured as run-off for surface water from rainfall and recharge for groundwater in a given area, excluding transit water.

**6. Surface Water Resources** refers to total renewable resources which exist in rivers, lakes, glaciers and other collectors from rainfall and are measured as run-off of rivers.

**7. Groundwater Resources** refers to replenishment of aquifers with rainfall and surface water.

**8. Duplicated Measurement between Surface Water and Groundwater** refers to the exchange between surface water and groundwater, i.e. run-off of rivers includes some depletion into groundwater while groundwater includes some replenishment from surface water.

**9. Wetlands** refer to marshland and peat bog, whether natural or man-made, permanent or temporary; water covered areas, whether stagnant or flowing, with fresh or brackish-fresh or salty water that is less than 6 meters deep at low tide; as well as coral beach, weed beach, mud beach, mangrove, river outlet, rivers, fresh-water marshland, marshland forests, lakes, salty bog and salt lakes along the coastal areas.

**10. Mangrove** refers to evergreen woody plants or plant communities in tropical or sub-tropical zones which live between the sea and the land in areas which are inundated by tides.

**11. Temperature** refers to the air temperature. China uses centigrade as the unit. The thermometry used for weather observation is put in a breezy shutter, which is 1.5 meters high from the ground. Therefore, the commonly used temperature refers to the temperature in the breezy shutter 1.5 meters away from the ground. The calculation method is as follows:

Monthly average temperature is the summation of average daily temperature of one month divided by the actual days of that particular month.

Annual average temperature is the summation of monthly averages of a year divided by 12 months.

**12. Relative Humidity**  refers to the ratio of actual water vapour pressure to the saturated water vapour density under the current temperature. The calculation method is the same as that of temperature.

**13. Volume of Precipitation**  refers to the deepness of liquid state or solid state (thawed) water falling from the sky to the ground that has not evaporated, infiltrated or run off. The calculation method is as follows:

Monthly precipitation is the summation of daily precipitation of a month.

Annual precipitation is the summation of 12 months precipitation of a year.

**14. Sunshine Hours**  refer to the actual hours of sun irradiating the earth. The calculation method is the same as that of the precipitation.

# 2

# 海洋经济核算
# Marine Economic Accounting

# 2-1 全国海洋生产总值
## National Gross Ocean Product

| 年 份<br>Year | 海洋生产总值（亿元）<br>Gross Ocean Product<br>(100 million yuan) | 第一产业<br>Primary Industry | 第二产业<br>Secondary Industry | 第三产业<br>Tertiary Industry | 海洋生产总值占国内生产总值比重（%）<br>Proportion of the Gross Ocean Product in GDP (%) | 海洋生产总值增长速度（%）<br>Growth Rate of the Gross Ocean Product (%) |
|---|---|---|---|---|---|---|
| 2001 | 9 518.4 | 646.3 | 4 152.1 | 4 720.1 | 8.59 | |
| 2002 | 11 270.5 | 730.0 | 4 866.2 | 5 674.3 | 9.26 | 19.8 |
| 2003 | 11 952.3 | 766.2 | 5 367.6 | 5 818.5 | 8.70 | 4.2 |
| 2004 | 14 662.0 | 851.0 | 6 662.8 | 7 148.2 | 9.06 | 16.9 |
| 2005 | 17 655.6 | 1 008.9 | 8 046.9 | 8 599.8 | 9.43 | 16.3 |
| 2006 | 21 592.4 | 1 228.8 | 10 217.8 | 10 145.7 | 9.84 | 18.0 |
| 2007 | 25 618.7 | 1 395.4 | 12 011.0 | 12 212.3 | 9.48 | 14.8 |
| 2008 | 29 718.0 | 1 694.3 | 13 735.3 | 14 288.4 | 9.30 | 9.9 |
| 2009 | 32 161.9 | 1 857.7 | 14 926.5 | 15 377.6 | 9.21 | 8.8 |
| 2010 | 39 619.2 | 2 008.0 | 18 919.6 | 18 691.6 | 9.59 | 15.3 |
| 2011 | 45 580.4 | 2 381.9 | 21 667.6 | 21 530.8 | 9.32 | 10.0 |
| 2012 | 50 172.9 | 2 670.6 | 23 450.2 | 24 052.1 | 9.28 | 8.1 |
| 2013 | 54 718.3 | 3 037.7 | 24 608.9 | 27 071.7 | 9.19 | 7.8 |
| 2014 | 60 699.1 | 3 109.5 | 26 660.0 | 30 929.6 | 9.43 | 7.9 |
| 2015 | 65 534.4 | 3 327.7 | 27 671.9 | 34 534.8 | 9.51 | 7.0 |
| 2016 | 69 693.7 | 3 570.9 | 27 666.6 | 38 456.2 | 9.37 | 6.7 |

# 2-2 全国海洋生产总值构成
## Composition of National Gross Ocean Product

单位：%　　　　　　　　　　　　　　　　　　　　　　　　　　　　　　　　　　　　(%)

| 年 份<br>Year | 第一产业<br>Primary Industry | 第二产业<br>Secondary Industry | 第三产业<br>Tertiary Industry |
|---|---|---|---|
| 2001 | 6.8 | 43.6 | 49.6 |
| 2002 | 6.5 | 43.2 | 50.3 |
| 2003 | 6.4 | 44.9 | 48.7 |
| 2004 | 5.8 | 45.4 | 48.8 |
| 2005 | 5.7 | 45.6 | 48.7 |
| 2006 | 5.7 | 47.3 | 47.0 |
| 2007 | 5.4 | 46.9 | 47.7 |
| 2008 | 5.7 | 46.2 | 48.1 |
| 2009 | 5.8 | 46.4 | 47.8 |
| 2010 | 5.1 | 47.8 | 47.2 |
| 2011 | 5.2 | 47.5 | 47.2 |
| 2012 | 5.3 | 46.7 | 47.9 |
| 2013 | 5.6 | 45.0 | 49.5 |
| 2014 | 5.1 | 43.9 | 51.0 |
| 2015 | 5.1 | 42.2 | 52.7 |
| 2016 | 5.1 | 39.7 | 55.2 |

# 2-3 海洋及相关产业增加值
## Added Values of Marine and Related Industries

单位：亿元  (100 million yuan)

| 年 份<br>Year | 合 计<br>Total | 海洋产业<br>Marine<br>Industry | 主要海洋产业<br>Major Marine<br>Industry | 海洋科研教育管理服务业<br>Marine Scientific Research,<br>Education, Management<br>and Service | 海洋相关产业<br>Ocean-related<br>Industries |
|---|---|---|---|---|---|
| 2001 | 9 518.4 | 5 733.6 | 3 856.6 | 1 877.0 | 3 784.8 |
| 2002 | 11 270.5 | 6 787.3 | 4 696.8 | 2 090.5 | 4 483.2 |
| 2003 | 11 952.3 | 7 137.7 | 4 754.4 | 2 383.3 | 4 814.6 |
| 2004 | 14 662.0 | 8 710.1 | 5 827.7 | 2 882.5 | 5 951.9 |
| 2005 | 17 655.6 | 10 539.0 | 7 188.0 | 3 350.9 | 7 116.6 |
| 2006 | 21 592.4 | 12 696.7 | 8 790.4 | 3 906.4 | 8 895.6 |
| 2007 | 25 618.7 | 15 070.6 | 10 478.3 | 4 592.3 | 10 548.0 |
| 2008 | 29 718.0 | 17 591.2 | 12 176.0 | 5 415.2 | 12 126.8 |
| 2009 | 32 161.9 | 18 769.4 | 12 768.4 | 6 001.0 | 13 392.5 |
| 2010 | 39 619.2 | 22 886.4 | 16 187.8 | 6 698.5 | 16 732.8 |
| 2011 | 45 580.4 | 26 517.6 | 18 865.2 | 7 652.4 | 19 062.8 |
| 2012 | 50 172.9 | 29 404.6 | 20 829.9 | 8 574.8 | 20 768.2 |
| 2013 | 54 718.3 | 32 658.7 | 22 462.3 | 10 196.4 | 22 059.6 |
| 2014 | 60 699.1 | 36 364.9 | 25 303.4 | 11 061.5 | 24 334.1 |
| 2015 | 65 534.4 | 39 554.9 | 26 838.8 | 12 716.0 | 25 979.5 |
| 2016 | 69 693.7 | 43 013.0 | 28 391.9 | 14 621.1 | 26 680.6 |

# 2-4 海洋及相关产业增加值构成
## Composition of the Added Values of Marine and Related Industries

单位：%  (%)

| 年 份<br>Year | 合 计<br>Total | 海洋产业<br>Marine<br>Industry | 主要海洋产业<br>Major Marine<br>Industry | 海洋科研教育管理服务业<br>Marine Scientific Research,<br>Education, Management<br>and Service | 海洋相关产业<br>Ocean-related<br>Industries |
|---|---|---|---|---|---|
| 2001 | 100.0 | 60.2 | 40.5 | 19.7 | 39.8 |
| 2002 | 100.0 | 60.2 | 41.7 | 18.5 | 39.8 |
| 2003 | 100.0 | 59.7 | 39.8 | 19.9 | 40.3 |
| 2004 | 100.0 | 59.4 | 39.7 | 19.7 | 40.6 |
| 2005 | 100.0 | 59.7 | 40.7 | 19.0 | 40.3 |
| 2006 | 100.0 | 58.8 | 40.7 | 18.1 | 41.2 |
| 2007 | 100.0 | 58.8 | 40.9 | 17.9 | 41.2 |
| 2008 | 100.0 | 59.2 | 41.0 | 18.2 | 40.8 |
| 2009 | 100.0 | 58.4 | 39.7 | 18.7 | 41.6 |
| 2010 | 100.0 | 57.8 | 40.9 | 16.9 | 42.2 |
| 2011 | 100.0 | 58.2 | 41.4 | 16.8 | 41.8 |
| 2012 | 100.0 | 58.6 | 41.5 | 17.1 | 41.4 |
| 2013 | 100.0 | 59.7 | 41.1 | 18.6 | 40.3 |
| 2014 | 100.0 | 59.9 | 41.7 | 18.2 | 40.1 |
| 2015 | 100.0 | 60.4 | 41.0 | 19.4 | 39.6 |
| 2016 | 100.0 | 61.7 | 40.7 | 21.0 | 38.3 |

# 2-5 全国主要海洋产业增加值
## Added Values of National Major Marine Industries

| 主要海洋产业<br>Major Marine Industry | 增加值<br>（亿元）<br>Added Value<br>(100 million yuan) | 比上年增长（%）<br>（按可比价计算）<br>Percentage of Increase<br>over Last Year (%)<br>(at comparable price) |
|---|---|---|
| 合 计<br>Total | 28 391.9 | 7.1 |
| 海洋渔业<br>Marine Fishery Industry | 4 615.4 | 3.2 |
| 海洋油气业<br>Offshore Oil and Natural Gas Industry | 868.8 | 4.5 |
| 海洋矿业<br>Marine Mining Industry | 67.3 | 5.3 |
| 海洋盐业<br>Sea Salt Industry | 38.9 | − 0.2 |
| 海洋船舶工业<br>Marine Shipbuilding Industry | 1 492.4 | 2.9 |
| 海洋化工业<br>Marine Chemical Industry | 961.8 | 2.6 |
| 海洋生物医药业<br>Marine Biomedicine Industry | 341.3 | 15.0 |
| 海洋工程建筑业<br>Marine Engineering Architecture Industry | 1 731.3 | 0.6 |
| 海洋电力业<br>Marine Electric Power Industry | 128.5 | 13.3 |
| 海水利用业<br>Marine Seawater Utilization Industry | 13.7 | 0.2 |
| 海洋交通运输业<br>Marine Communications and<br>Transportation Industry | 5 699.8 | 2.3 |
| 滨海旅游业<br>Coastal Tourism | 12 432.8 | 13.4 |

# 2-6 海洋渔业增加值
## Added Value of Marine Fishery Industry

单位：亿元 (100 million yuan)

| 年 份<br>Year | 增加值<br>Added Value |
|---|---|
| 2001 | 966.0 |
| 2002 | 1 091.2 |
| 2003 | 1 145.0 |
| 2004 | 1 271.2 |
| 2005 | 1 507.6 |
| 2006 | 1 672.0 |
| 2007 | 1 906.0 |
| 2008 | 2 228.6 |
| 2009 | 2 440.8 |
| 2010 | 2 851.6 |
| 2011 | 3 202.9 |
| 2012 | 3 560.5 |
| 2013 | 3 997.6 |
| 2014 | 4 126.6 |
| 2015 | 4 317.4 |
| 2016 | 4 615.4 |

# 2-7 海洋油气业增加值
## Added Value of Offshore Oil and Gas Industry

单位：亿元 (100 million yuan)

| 年 份<br>Year | 增加值<br>Added Value |
|---|---|
| 2001 | 176.8 |
| 2002 | 181.8 |
| 2003 | 257.0 |
| 2004 | 345.1 |
| 2005 | 528.2 |
| 2006 | 668.9 |
| 2007 | 666.9 |
| 2008 | 1 020.5 |
| 2009 | 614.1 |
| 2010 | 1 302.2 |
| 2011 | 1 719.7 |
| 2012 | 1 718.7 |
| 2013 | 1 666.6 |
| 2014 | 1 530.4 |
| 2015 | 981.9 |
| 2016 | 868.8 |

# 2-8 海洋矿业增加值
## Added Value of Marine Mining Industry

单位：亿元      (100 million yuan)

| 年 份<br>Year | 增加值<br>Added Value |
|---|---|
| 2001 | 1.0 |
| 2002 | 1.9 |
| 2003 | 3.1 |
| 2004 | 7.9 |
| 2005 | 8.3 |
| 2006 | 13.4 |
| 2007 | 16.3 |
| 2008 | 35.2 |
| 2009 | 41.6 |
| 2010 | 45.2 |
| 2011 | 53.3 |
| 2012 | 45.1 |
| 2013 | 54.0 |
| 2014 | 59.6 |
| 2015 | 63.9 |
| 2016 | 67.3 |

注：自2008年起部分地区统计矿种增加。

Note: The data from 2008 include added kinds of minerals in some regions.

# 2-9 海洋盐业增加值
## Added Value of Marine Salt Industry

单位：亿元      (100 million yuan)

| 年 份<br>Year | 增加值<br>Added Value |
|---|---|
| 2001 | 32.6 |
| 2002 | 34.2 |
| 2003 | 28.4 |
| 2004 | 39.0 |
| 2005 | 39.1 |
| 2006 | 37.1 |
| 2007 | 39.9 |
| 2008 | 43.6 |
| 2009 | 43.6 |
| 2010 | 65.5 |
| 2011 | 76.8 |
| 2012 | 60.1 |
| 2013 | 63.2 |
| 2014 | 68.3 |
| 2015 | 41.0 |
| 2016 | 38.9 |

# 2-10 海洋船舶工业增加值
## Added Value of Marine Shipbuilding Industry

单位：亿元                                                          (100 million yuan)

| 年　份<br>Year | 增加值<br>Added Value |
| --- | --- |
| 2001 | 109. 3 |
| 2002 | 117. 4 |
| 2003 | 152. 8 |
| 2004 | 204. 1 |
| 2005 | 275. 5 |
| 2006 | 339. 5 |
| 2007 | 524. 9 |
| 2008 | 742. 6 |
| 2009 | 986. 5 |
| 2010 | 1 215. 6 |
| 2011 | 1 352. 0 |
| 2012 | 1 291. 3 |
| 2013 | 1 213. 2 |
| 2014 | 1 395. 5 |
| 2015 | 1 445. 7 |
| 2016 | 1 492. 4 |

# 2-11 海洋化工业增加值
## Added Value of Marine Chemical Industry

单位：亿元                                                          (100 million yuan)

| 年　份<br>Year | 增加值<br>Added Value |
| --- | --- |
| 2001 | 64. 7 |
| 2002 | 77. 1 |
| 2003 | 96. 3 |
| 2004 | 151. 5 |
| 2005 | 153. 3 |
| 2006 | 440. 4 |
| 2007 | 506. 6 |
| 2008 | 416. 8 |
| 2009 | 465. 3 |
| 2010 | 613. 8 |
| 2011 | 695. 9 |
| 2012 | 843. 0 |
| 2013 | 813. 9 |
| 2014 | 920. 0 |
| 2015 | 964. 2 |
| 2016 | 961. 8 |

注：自2006年起部分地区统计产品品种增加。

Note: The data from 2006 include added kinds of statistical products in some regions.

## 2-12 海洋生物医药业增加值
## Added Value of Marine Biomedicine Industry

单位：亿元 (100 million yuan)

| 年 份 Year | 增加值 Added Value |
|---|---|
| 2001 | 5. 7 |
| 2002 | 13. 2 |
| 2003 | 16. 5 |
| 2004 | 19. 0 |
| 2005 | 28. 6 |
| 2006 | 34. 8 |
| 2007 | 45. 4 |
| 2008 | 56. 6 |
| 2009 | 52. 1 |
| 2010 | 83. 8 |
| 2011 | 150. 8 |
| 2012 | 184. 7 |
| 2013 | 238. 7 |
| 2014 | 258. 1 |
| 2015 | 295. 7 |
| 2016 | 341. 3 |

## 2-13 海洋工程建筑业增加值
## Added Value of Marine Engineering Architecture

单位：亿元 (100 million yuan)

| 年 份 Year | 增加值 Added Value |
|---|---|
| 2001 | 109. 2 |
| 2002 | 145. 4 |
| 2003 | 192. 6 |
| 2004 | 231. 8 |
| 2005 | 257. 2 |
| 2006 | 423. 7 |
| 2007 | 499. 7 |
| 2008 | 347. 8 |
| 2009 | 672. 3 |
| 2010 | 874. 2 |
| 2011 | 1 086. 8 |
| 2012 | 1 353. 8 |
| 2013 | 1 595. 5 |
| 2014 | 1 735. 0 |
| 2015 | 2 073. 5 |
| 2016 | 1 731. 3 |

# 2-14 海洋电力业增加值
## Added Value of Marine Electric Power Industry

单位：亿元
(100 million yuan)

| 年　份<br>Year | 增加值<br>Added Value |
|---|---|
| 2001 | 1. 8 |
| 2002 | 2. 2 |
| 2003 | 2. 8 |
| 2004 | 3. 1 |
| 2005 | 3. 5 |
| 2006 | 4. 4 |
| 2007 | 5. 1 |
| 2008 | 11. 3 |
| 2009 | 20. 8 |
| 2010 | 38. 1 |
| 2011 | 59. 2 |
| 2012 | 77. 3 |
| 2013 | 91. 5 |
| 2014 | 107. 7 |
| 2015 | 120. 1 |
| 2016 | 128. 5 |

# 2-15 海水利用业增加值
## Added Value of Seawater Utilization Industry

单位：亿元
(100 million yuan)

| 年　份<br>Year | 增加值<br>Added Value |
|---|---|
| 2001 | 1. 1 |
| 2002 | 1. 3 |
| 2003 | 1. 7 |
| 2004 | 2. 4 |
| 2005 | 3. 0 |
| 2006 | 5. 2 |
| 2007 | 6. 2 |
| 2008 | 7. 4 |
| 2009 | 7. 8 |
| 2010 | 8. 9 |
| 2011 | 10. 4 |
| 2012 | 11. 1 |
| 2013 | 11. 9 |
| 2014 | 12. 7 |
| 2015 | 13. 7 |
| 2016 | 13. 7 |

# 2-16 海洋交通运输业增加值
## Added Value of Marine Communications and Transportation Industry

单位：亿元 (100 million yuan)

| 年 份<br>Year | 增加值<br>Added Value |
|---|---|
| 2001 | 1 316.4 |
| 2002 | 1 507.4 |
| 2003 | 1 752.5 |
| 2004 | 2 030.7 |
| 2005 | 2 373.3 |
| 2006 | 2 531.4 |
| 2007 | 3 035.6 |
| 2008 | 3 499.3 |
| 2009 | 3 146.6 |
| 2010 | 3 785.8 |
| 2011 | 4 217.5 |
| 2012 | 4 752.6 |
| 2013 | 4 876.5 |
| 2014 | 5 336.9 |
| 2015 | 5 641.1 |
| 2016 | 5 699.8 |

# 2-17 滨海旅游业增加值
## Added Value of Coastal Tourism

单位：亿元 (100 million yuan)

| 年 份<br>Year | 增加值<br>Added Value |
|---|---|
| 2001 | 1 072.0 |
| 2002 | 1 523.7 |
| 2003 | 1 105.8 |
| 2004 | 1 522.0 |
| 2005 | 2 010.6 |
| 2006 | 2 619.6 |
| 2007 | 3 225.8 |
| 2008 | 3 766.4 |
| 2009 | 4 277.1 |
| 2010 | 5 303.1 |
| 2011 | 6 239.9 |
| 2012 | 6 931.8 |
| 2013 | 7 839.7 |
| 2014 | 9 752.8 |
| 2015 | 10 880.6 |
| 2016 | 12 432.8 |

# 2-18 沿海地区海洋生产总值
# Gross Ocean Product by Coastal Regions

| 地 区<br>Region | 海洋生产总值（亿元）<br>Gross Ocean Product<br>(100 million yuan) | | | | 海洋生产总值<br>占地区生产总值比重<br>（%）<br>Proportion of the<br>Gross Ocean Product<br>in the Gross Regional<br>Product<br>（%） |
|---|---|---|---|---|---|
| | | 第一产业<br>Primary<br>Industry | 第二产业<br>Secondary<br>Industry | 第三产业<br>Tertiary<br>Industry | |
| 合 计<br>**Total** | 69 693. 7 | 3 570. 9 | 27 666. 6 | 38 456. 2 | 16. 4 |
| 天 津<br>Tianjin | 4 045. 8 | 14. 5 | 1 838. 6 | 2 192. 7 | 22. 6 |
| 河 北<br>Hebei | 1 992. 5 | 88. 6 | 738. 6 | 1 165. 3 | 6. 2 |
| 辽 宁<br>Liaoning | 3 338. 3 | 424. 9 | 1 192. 3 | 1 721. 1 | 15. 0 |
| 上 海<br>Shanghai | 7 463. 4 | 4. 4 | 2 571. 1 | 4 887. 9 | 26. 5 |
| 江 苏<br>Jiangsu | 6 606. 6 | 434. 5 | 3 290. 6 | 2 881. 6 | 8. 5 |
| 浙 江<br>Zhejiang | 6 597. 8 | 499. 3 | 2 292. 6 | 3 805. 9 | 14. 0 |
| 福 建<br>Fujian | 7 999. 7 | 584. 5 | 2 853. 1 | 4 562. 1 | 27. 8 |
| 山 东<br>Shandong | 13 280. 4 | 776. 8 | 5 730. 7 | 6 772. 9 | 19. 5 |
| 广 东<br>Guangdong | 15 968. 4 | 273. 8 | 6 500. 9 | 9 193. 8 | 19. 8 |
| 广 西<br>Guangxi | 1 251. 0 | 203. 5 | 434. 4 | 613. 1 | 6. 8 |
| 海 南<br>Hainan | 1 149. 7 | 266. 1 | 223. 8 | 659. 8 | 28. 4 |

# 2-19 沿海地区海洋生产总值构成
## Composition of Gross Ocean Product by Coastal Regions

单位：%                                                                      (%)

| 地 区<br>Region | 海洋生产总值<br>Gross Ocean<br>Product | 第一产业<br>Primary Industry | 第二产业<br>Secondary Industry | 第三产业<br>Tertiary Industry |
|---|---|---|---|---|
| 合 计<br>Total | 100.0 | 5.1 | 39.7 | 55.2 |
| 天 津<br>Tianjin | 100.0 | 0.4 | 45.4 | 54.2 |
| 河 北<br>Hebei | 100.0 | 4.4 | 37.1 | 58.5 |
| 辽 宁<br>Liaoning | 100.0 | 12.7 | 35.7 | 51.6 |
| 上 海<br>Shanghai | 100.0 | 0.1 | 34.4 | 65.5 |
| 江 苏<br>Jiangsu | 100.0 | 6.6 | 49.8 | 43.6 |
| 浙 江<br>Zhejiang | 100.0 | 7.6 | 34.7 | 57.7 |
| 福 建<br>Fujian | 100.0 | 7.3 | 35.7 | 57.0 |
| 山 东<br>Shandong | 100.0 | 5.8 | 43.2 | 51.0 |
| 广 东<br>Guangdong | 100.0 | 1.7 | 40.7 | 57.6 |
| 广 西<br>Guangxi | 100.0 | 16.3 | 34.7 | 49.0 |
| 海 南<br>Hainan | 100.0 | 23.1 | 19.5 | 57.4 |

# 2-20 沿海地区海洋及相关产业增加值
## Added Values of Marine and Related Industries by Coastal Regions

单位：亿元                                                 (100 million yuan)

| 地 区<br>Region | 合 计<br>Total | 海洋产业<br>Marine Industry | 主要海洋产业<br>Major Marine Industry | 海洋科研教育管理服务业<br>Industries of Marine Scientific Research, Education, Management and Service | 海洋相关产业<br>Ocean-related Industries |
|---|---|---|---|---|---|
| 合 计<br>**Total** | 69 693.7 | 43 013.0 | 28 391.9 | 14 621.1 | 26 680.6 |
| 天 津<br>Tianjin | 4 045.8 | 2 491.4 | 2 124.8 | 366.6 | 1 554.5 |
| 河 北<br>Hebei | 1 992.5 | 1 247.5 | 1 131.6 | 115.9 | 745.0 |
| 辽 宁<br>Liaoning | 3 338.3 | 2 157.5 | 1 623.8 | 533.7 | 1 180.9 |
| 上 海<br>Shanghai | 7 463.4 | 4 587.4 | 2 408.3 | 2 179.1 | 2 876.0 |
| 江 苏<br>Jiangsu | 6 606.6 | 3 738.8 | 2 528.0 | 1 210.8 | 2 867.9 |
| 浙 江<br>Zhejiang | 6 597.8 | 4 187.6 | 2 672.5 | 1 515.0 | 2 410.2 |
| 福 建<br>Fujian | 7 999.7 | 4 658.9 | 3 541.3 | 1 117.6 | 3 340.8 |
| 山 东<br>Shandong | 13 280.4 | 8 110.1 | 5 545.1 | 2 565.0 | 5 170.3 |
| 广 东<br>Guangdong | 15 968.4 | 10 225.3 | 5 604.5 | 4 620.8 | 5 743.1 |
| 广 西<br>Guangxi | 1 251.0 | 793.0 | 660.2 | 132.8 | 458.0 |
| 海 南<br>Hainan | 1 149.7 | 815.9 | 552.0 | 263.9 | 333.8 |

## 2-21 沿海地区海洋及相关产业增加值构成
## Composition of the Added Values of Marine and Related Industries
## by Coastal Regions

单位: %                                                                                          (%)

| 地 区<br>Region | 合 计<br>Total | 海洋产业<br>Marine<br>Industry | 主要海洋产业<br>Major Marine<br>Industry | 海洋科研教育管理服务业<br>Industries of Marine<br>Scientific Research,<br>Education, Management<br>and Service | 海洋相关产业<br>Ocean-related<br>Industries |
|---|---|---|---|---|---|
| 合 计<br>**Total** | 100. 0 | 61.7 | 40. 7 | 21. 0 | 38. 3 |
| 天 津<br>Tianjin | 100. 0 | 61.6 | 52. 5 | 9. 1 | 38. 4 |
| 河 北<br>Hebei | 100. 0 | 62.6 | 56. 8 | 5. 8 | 37. 4 |
| 辽 宁<br>Liaoning | 100. 0 | 64.6 | 48. 6 | 16. 0 | 35. 4 |
| 上 海<br>Shanghai | 100. 0 | 61.5 | 32. 3 | 29. 2 | 38. 5 |
| 江 苏<br>Jiangsu | 100. 0 | 56.6 | 38. 3 | 18. 3 | 43. 4 |
| 浙 江<br>Zhejiang | 100. 0 | 63.5 | 40. 5 | 23. 0 | 36. 5 |
| 福 建<br>Fujian | 100. 0 | 58.2 | 44. 3 | 14. 0 | 41. 8 |
| 山 东<br>Shandong | 100. 0 | 61.1 | 41. 8 | 19. 3 | 38. 9 |
| 广 东<br>Guangdong | 100. 0 | 64.0 | 35. 1 | 28. 9 | 36. 0 |
| 广 西<br>Guangxi | 100. 0 | 63.4 | 52. 8 | 10. 6 | 36. 6 |
| 海 南<br>Hainan | 100. 0 | 71.0 | 48. 0 | 23. 0 | 29. 0 |

# 主要统计指标解释

**1. 海洋经济**　是开发、利用和保护海洋的各类产业活动以及与之相关联活动的总和。

**2. 海洋生产总值**　是海洋经济生产总值的简称，指按市场价格计算的沿海地区常住单位在一定时期内海洋经济活动的最终成果，是海洋产业和海洋相关产业增加值之和。

**3. 海洋产业**　是开发、利用和保护海洋所进行的生产和服务活动，包括海洋渔业、海洋油气业、海洋矿业、海洋盐业、海洋化工业、海洋生物医药业、海洋电力业、海水利用业、海洋船舶工业、海洋工程建筑业、海洋交通运输业、滨海旅游业等主要海洋产业以及海洋科研教育管理服务业。

**4. 海洋科研教育管理服务业**　是开发、利用和保护海洋过程中所进行的科研、教育、管理及服务等活动，包括海洋信息服务业、海洋环境监测预报服务、海洋保险与社会保障业、海洋科学研究、海洋技术服务业、海洋地质勘查业、海洋环境保护业、海洋教育、海洋管理、海洋社会团体与国际组织等。

**5. 海洋相关产业**　是指以各种投入产出为联系纽带，与主要海洋产业构成技术经济联系的上下游产业，涉及海洋农林业、海洋设备制造业、涉海产品及材料制造业、涉海建筑与安装业、海洋批发与零售业、涉海服务业等。

**6. 海洋三次产业**　我国的海洋三次产业划分如下：

海洋第一产业：是指海洋渔业中的海洋水产品、海洋渔业服务业，以及海洋相关产业中属于第一产业范畴的部门。

海洋第二产业：是指海洋渔业中海洋水产品加工、海洋油气业、海洋矿业、海洋盐业、海洋化工业、海洋生物医药业、海洋电力业、海水利用业、海洋船舶工业、海洋工程建筑业，以及海洋相关产业中属于第二产业范畴的部门。

海洋第三产业：是指除海洋第一、第二产业以外的其他行业。第三产业包括海洋交通运输业、滨海旅游业、海洋科研教育管理服务业，以及海洋相关产业中属于第三产业范畴的部门。

**7. 海洋渔业**　包括海水养殖、海洋捕捞、海洋渔业服务业和海洋水产品加工等活动。

**8. 海洋油气业**　是指在海洋中勘探、开采、输送、加工原油和天然气的生产活动。

**9. 海洋矿业**　包括海滨砂矿、海滨土砂石与煤矿及深海矿物等的采选活动。

**10. 海洋盐业**　是指利用海水生产以氯化钠为主要成分的盐产品的活动，包括采盐和盐加工。

**11. 海洋船舶工业**　是指以金属或非金属为主要材料，制造海洋船舶、海上固定及浮动装置的活动，以及对海洋船舶的修理及拆卸活动。

**12. 海洋化工业**　包括海盐化工、海水化工、海藻化工及海洋石油化工的化工产品生产活动。

**13. 海洋生物医药业**　是指以海洋生物为原料或提取有效成分，进行海洋药品与海洋保健品的生产加工及制造活动。

**14. 海洋工程建筑业**　是指在海上、海底和海岸所进行的用于海洋生产、交通、娱乐、防护等用途的建筑工程施工及其准备活动；包括海港建筑、滨海电站建筑、海岸堤坝建筑、海洋隧道桥梁建筑、海上油气田陆地终端及处理设施建造、海底线路管道和设备安装，不包括各部门、各地区的房屋建筑及房屋装修工程。

**15. 海洋电力业**　是指在沿海地区利用海洋能、海洋风能进行的电力生产活动。不包括沿海地区的火力发电和核力发电。

**16. 海水利用业**　是指对海水的直接利用和海水淡化活动，包括利用海水进行淡水生产和将海水应用于工业冷却用水和城市生活用水、消防用水等活动，不包括海水化学资源综合利用活动。

**17. 海洋交通运输业**　是指以船舶为主要工具从事海洋运输以及为海洋运输提供服务的活动，包括远洋旅客运输、沿海旅客运输、远洋货物运输、沿海货物运输、水上运输辅助活动、管道运输业、装卸搬运及其他运输服务活动。

**18. 滨海旅游业**　是指以海岸带、海岛及海洋各种自然景观、人文景观为依托的旅游经营、服务活动，主要包括：海洋观光游览、休闲娱乐、度假住宿、体育运动等活动。

# Explanatory Notes on Main Statistical Indicators

**1. Marine Economy**　is the summation of various types of industrial activities for developing, utilizing and protecting the ocean as well as the activities associated with there.

**2. Gross Ocean Product**　is the short form of the gross output value of ocean economy, referring to the final result of marine economic activities of the permanent units in the coastal region within a given period calculated at the market price, and the sum total of the added values of the marine industries as the ocean-related industries.

**3. Marine industry**　refers to the production as service activities for developing, utilizing and protecting the ocean, including major marine industries such as marine fishery industry, offshore oil and gas industry, marine mining industry, marine salt industry, marine chemical industry, marine biomedicine industry, marine electric power industry, seawater utilization industry, marine shipbuilding industry, marine engineering construction industry, marine communications and transportation industry, coastal tourism etc. as well as marine scientific research, education, management and service.

**4. Marine Scientific Research, Education, Management and Service**　refer to the activities of scientific research, education, management and service carried out in the process of developing, utilizing and protecting the ocean, including marine information service industry, marine environment monitoring and forecasting service, marine insurance and social security industry, marine scientific research, marine technological service industry, ocean geological prospecting industry, marine environmental protection industry, marine education, marine management, marine social organization and international organizations etc.

**5. Ocean-Related Industry**　refers to the lower and upper reaches enterprises that form a technical and economic link with the major marine industries, with various inputs and outputs as ties, involving marine agriculture and forestry, marine equipment manufacturing, ocean-related building and installation industry, marine wholesale and retail industry, ocean-related service industry etc.

**6. Marine Three Industries**  Chinese marine three industries are divided as follows:

Marine primary industry: refers to the marine aquatic products, marine fishery service industry in the marine fishery as well as the sectors belonging to the primary industry category in the ocean-related industries.

Marine secondary industry: refers to the marine aquatic products processing industry in the marine fishery, offshore oil as gas industry, marine mining industry, marine salt industry, marine chemical industry, marine biomedicine industry, marine electric power industry, seawater utilization industry, marine shipbuilding industry, marine engineering construction industry, as well as the sectors belonging to the category of secondary industry in the ocean-related industries.

Marine tertiary Industry: refers to the industries other than the marine primary and secondary industries, including marine communications and transportation industry, coastal tourism, marine scientific research, education, management and service industry as well as the sectors belonging to the category of tertiary industry in the ocean-related industries.

**7. Marine Fishery**  includes mariculture, marine fishing, marine fishery service industry and marine aquatic products processing, etc.

**8. Offshore Oil and Gas Industry**  refers to the production activities of exploring, exploiting, transporting and processing crude oil and natural gas in the ocean.

**9. Ocean Mining Industry**  includes the activities of extracting and dressing beach placers, beach soil and sand, and coal mining and deep-sea mining, etc.

**10. Marine Salt Industry**  refers to the activity of producing the salt products with the sodium chloride as the main component by utilizing seawater, including salt extracting and processing.

**11. Shipbuilding Industry**  refers to the activity of building ocean vessels, offshore fixed and floating equipment with metals or non-metals as main materials as well as repairing and dismantling ocean vessels.

**12. Marine Chemical Industry**  includes the production activities of chemical products of sea salt, seawater, sea algal and marine petroleum chemical industries.

**13. Marine Biomedicine Industry**  refers to the production, processing and manufacturing activities of marine medicines and marine health care products by using marine organisms as raw materials or extracting useful components therefrom.

**14. Marine Engineering Building Industry**  refers to the architectural projects construction and its preparations in the sea, at the sea bottom and seacoast for such uses as marine production, transportation, recreation, protection, etc., including constructions of seaports, coastal power stations, coastal dykes, marine tunnels and bridges, land terminals of offshore oil and gas fields as well as building of processing facilities, and installation of submarine pipelines and equipment, but not the projects of house building and renovation.

**15. Marine Electric Power Industry** refers to the activities of generating electric power in the coastal region by making use of ocean energies and ocean wind energy. It does not include the thermal and nuclear power generation in the coastal area.

**16. Seawater Utilization Industry** refers to the activities of the direct use of sea water and the seawater desalination, including those of carrying out the production of desalination and applying the seawater as water for industrial cooling, urban domestic water, water for fire fighting etc., but not the activity of the multipurpose use of seawater chemical resources.

**17. Marine Communications and Transportation Industry** refers to the activities of carrying out and serving the sea transportations with vessels as main vehicles, including ocean-going passengers transportation, coastal passengers transportation, ocean-going cargo transportation, coastal cargo transportation, auxiliary activities of water transportation, pipeline transportation, loading, unloading and transport as well as other transportation service activities.

**18. Coastal Tourism** refers to the tourist business and service activities with the backing of coastal zone, sea islands as well as a variety of natural and human landscapes of the ocean, mainly including marine sightseeing, living a life of leisure and recreation, going on vocation and getting accommodation, sports, etc.

# 3
# 主要海洋产业活动
# Major Marine Industrial Activities

# 3-1 全国海水产品产量（按产品类别分）
# Production of National Marine Products (by Species)

单位：吨

(t)

| 项 目 Item | 2014 | 2015 | 2016 |
|---|---|---|---|
| 海水养殖产量<br>**Mariculture Production** | 18 126 481 | 18 756 277 | 19 631 308 |
| 鱼类　　Fish | 1 189 667 | 1 307 628 | 1 347 634 |
| 甲壳类　Crustacea | 1 433 763 | 1 434 917 | 1 564 593 |
| 贝类　　Shellfish | 13 165 511 | 13 583 816 | 14 207 501 |
| 藻类　　Algae | 2 004 576 | 2 089 153 | 2 169 262 |
| 其他　　Others | 332 964 | 340 763 | 342 318 |
| 海洋捕捞产量<br>**Marine Catches** | 12 808 371 | 13 147 811 | 13 282 650 |
| 鱼类　　Fish | 8 807 901 | 9 053 722 | 9 185 202 |
| 甲壳类　Crustacea | 2 395 699 | 2 427 918 | 2 396 353 |
| 贝类　　Shellfish | 551 607 | 555 970 | 561 299 |
| 藻类　　Algae | 24 299 | 25 811 | 23 928 |
| 头足类　Cephalopoda | 676 715 | 699 842 | 715 620 |
| 其他　　Others | 352 150 | 384 548 | 400 248 |
| 远洋渔业产量<br>**Deep-sea Fishing Production** | 2 027 318 | 2 192 000 | 1 987 512 |

# 3-2 全国海水产品产量（按地区分）
## Production of National Marine Products (by Regions)

单位：吨
(t)

| 地 区<br>Region | 海水养殖产量<br>Mariculture Production | 海洋捕捞产量<br>Marine Catches | 远洋渔业产量<br>Deep-sea Fishing<br>Production |
|---|---|---|---|
| 全国总计<br>**National Total** | 19 631 308 | 13 282 650 | 1 987 512 |
| 天 津<br>Tianjin | 11 334 | 45 152 | 13 217 |
| 河 北<br>Hebei | 511 372 | 247 836 | 47 591 |
| 辽 宁<br>Liaoning | 3 102 704 | 1 081 531 | 285 495 |
| 上 海<br>Shanghai | | 16 910 | 124 923 |
| 江 苏<br>Jiangsu | 904 173 | 548 852 | 20 100 |
| 浙 江<br>Zhejiang | 1 017 702 | 3 470 631 | 414 405 |
| 福 建<br>Fujian | 4 323 815 | 2 038 611 | 290 445 |
| 山 东<br>Shandong | 5 127 840 | 2 292 190 | 529 512 |
| 广 东<br>Guangdong | 3 138 131 | 1 480 536 | 45 150 |
| 广 西<br>Guangxi | 1 214 535 | 652 919 | 5 728 |
| 海 南<br>Hainan | 279 702 | 1 407 482 | |

注：远洋捕捞产量全国总计包括北京13 514吨，中农发集团197 432吨。

Note:Data for the national total deep-sea fishing production include 13 514 tons from Beijing and 197 432 tons from the China National Agricultural Development Group Co., Ltd.

# 3-3 沿海地区海洋原油产量
## Output of Offshore Crude Oil by Coastal Regions

单位：万吨          (10 000 t)

| 地 区<br>Region | 2014 | 2015 | 2016 |
|---|---|---|---|
| 合 计 Total | 4 613.95 | 5 416.35 | 5 161.88 |
| 天 津 Tianjin | 2 674.09 | 3 113.82 | 2 923.40 |
| 河 北 Hebei | 237.74 | 219.84 | 181.65 |
| 辽 宁 Liaoning | 48.27 | 52.99 | 54.92 |
| 上 海 Shanghai | 19.53 | 32.52 | 36.52 |
| 山 东 Shandong | 300.30 | 309.20 | 312.40 |
| 广 东 Guangdong | 1 334.02 | 1 687.98 | 1 652.99 |

# 3-4 沿海地区海洋天然气产量
## Output of Offshore Natural Gas by Coastal Regions

单位：万立方米          (10 000 m$^3$)

| 地 区<br>Region | 2014 | 2015 | 2016 |
|---|---|---|---|
| 合 计 Total | 1 308 899 | 1 472 400 | 1 288 604 |
| 天 津 Tianjin | 282 592 | 289 771 | 271 851 |
| 河 北 Hebei | 85 250 | 77 634 | 55 899 |
| 辽 宁 Liaoning | 1 881 | 1 991 | 2 278 |
| 上 海 Shanghai | 88 071 | 123 977 | 151 140 |
| 山 东 Shandong | 12 900 | 11 676 | 10 560 |
| 广 东 Guangdong | 838 205 | 967 351 | 796 876 |

# 3-5　海洋原油出口量及创汇额
## Export Volume of and Foreign-Exchange Earnings from Offshore Crude Oil by Coastal Regions

单位：万吨，万美元　　　　　　　　　　　　　　　　　　　　　　　　　　　(10 000 t, 10 000 USD)

| 地　区<br>Region | 2014 | | 2015 | | 2016 | |
|---|---|---|---|---|---|---|
| | 出口量<br>Export<br>Volume | 创汇额<br>Foreign-<br>exchange<br>Earnings | 出口量<br>Export<br>Volume | 创汇额<br>Foreign-<br>exchange<br>Earnings | 出口量<br>Export<br>Volume | 创汇额<br>Foreign-<br>exchange<br>Earnings |
| 合　计<br>**Total** | | | 9 | 2 946 | | |
| 天　津<br>Tianjin | | | 9 | 2 946 | | |

# 3-6　海洋原油产量、出口量占全国原油产量、出口量比重
## Proportion of Offshore Crude Oil Production and Export Volume in the National Total

| 年　份<br>Year | 海洋原油产量<br>占全国原油产量比重（％）<br>Proportion of Offshore Crude Oil<br>Production in the National Total (%) | 海洋原油出口量占<br>全国原油出口量比重（％）<br>Proportion of Offshore Crude Oil Export<br>Volume in the National Total (%) |
|---|---|---|
| 2001 | 13. 07 | 46. 26 |
| 2002 | 14. 40 | 54. 95 |
| 2003 | 15. 01 | 60. 77 |
| 2004 | 16. 16 | 83. 37 |
| 2005 | 17. 51 | 84. 18 |
| 2006 | 17. 54 | 89. 53 |
| 2007 | 17. 06 | 71. 53 |
| 2008 | 17. 96 | 76. 46 |
| 2009 | 19. 52 | 26. 61 |
| 2010 | 23. 27 | 24. 38 |
| 2011 | 21. 94 | 15. 87 |
| 2012 | 21. 42 | 12. 43 |
| 2013 | 21. 68 | 10. 33 |
| 2014 | 21. 82 | 0. 00 |
| 2015 | 25. 24 | 3. 07 |
| 2016 | 25. 85 | |

# 3-7 沿海地区海洋矿业产量
## Output of Marine Mining Industry by Coastal Regions

单位：万吨

(10 000 t)

| 地 区<br>Region | 2014 | 2015 | 2016 |
|---|---|---|---|
| 合 计<br>Total | 4 727.4 | 4 821.3 | 5 167.2 |
| 浙 江<br>Zhejiang | 2 243.7 | 2 591.1 | 2 324.7 |
| 福 建<br>Fujian | 316.7 | 204.0 | 1 299.4 |
| 山 东<br>Shandong | 1 507.0 | 1 327.7 | 1 209.6 |
| 广 西<br>Guangxi | 454.4 | 494.4 | 333.5 |
| 海 南<br>Hainan | 205.6 | 204.1 | 0.0 |

注：数据为沿海地区部分海洋矿业生产汇总数据。

Note: The data are collected from the products of part of marine mining industry in the coastal region.

# 3-8  沿海地区海盐产量
## Output of Sea Salt by Coastal Regions

单位：万吨

(10 000 t)

| 地 区<br>Region | 2014 | 2015 | 2016 |
|---|---|---|---|
| 合 计<br>**Total** | 3 085.3 | 3 138.9 | 2 839.7 |
| 天 津<br>Tianjin | 161.1 | 168.7 | 202.7 |
| 河 北<br>Hebei | 336.3 | 344.7 | 351.6 |
| 辽 宁<br>Liaoning | 128.7 | 139.5 | 102.9 |
| 江 苏<br>Jiangsu | 81.4 | 84.1 | 72.1 |
| 浙 江<br>Zhejiang | 8.9 | 7.6 | 6.4 |
| 福 建<br>Fujian | 38.1 | 26.5 | 26.3 |
| 山 东<br>Shandong | 2 316.6 | 2 345.7 | 2 065.5 |
| 广 东<br>Guangdong | 8.4 | 12.3 | 4.4 |
| 广 西<br>Guangxi | 0.6 | 0.8 | 0.1 |
| 海 南<br>Hainan | 5.3 | 9.1 | 7.7 |

注：2014年和2015年为中国盐业总公司数据；2016年为沿海地区汇总数据。

Note: The data for 2014 and 2015 are from the China Salt Industry Corporation, and the data for 2016 are collected from the coastal regions.

# 3-9 沿海地区海洋化工产品产量
# Output of Marine Chemical Products by Coastal Regions

单位：吨 (t)

| 地 区<br>Region | 2014 | 2015 | 2016 |
|---|---|---|---|
| 合 计<br>**Total** | 22 717 072 | 17 949 463 | 8 388 354 |
| 天 津<br>Tianjin | 2 940 148 | 2 910 772 | |
| 河 北<br>Hebei | 17 550 [*] | 22 864 [*] | |
| 辽 宁<br>Liaoning | 1 162 236 | 1 151 645 | 1 143 038 |
| 江 苏<br>Jiangsu | 2 523 815 | 858 614 | 383 785 |
| 浙 江<br>Zhejiang | 1 086 436 | 1 114 938 | 957 571 |
| 福 建<br>Fujian | 2 146 419 | 2 333 389 | 409 581 |
| 山 东<br>Shandong | 11 640 468 | 7 406 541 | 5 493 262 |
| 广 东<br>Guangdong | 1 200 000 | 2 150 700 | |
| 海 南<br>Hainan | | | 1 117 |

注：数据为沿海地区部分海洋化工企业产品汇总数据；*为中国盐业总公司数据。

Note: The data are collected from the products of part of the chemical enterprises in the coastal regions.

*The data are from the China Salt Industry Corporation.

# 3-10 沿海地区海洋生物医药产品产量
## Production of the Marine Biomedicine Industry by Coastal Regions

| 产品名称<br>Name | 计量单位<br>Unit | 产品产量<br>Output |
|---|---|---|
| 八宝惊风散 Babao Infantile Convulsions Powder | 万瓶 10 000 bottles | 494 |
| 海珠喘息定片 Haizhu Methoxyphenamine Pill | 万片 10 000 pills | 19 842 |
| 珠珀惊风散 Zhubo Convulsions Powder | 万袋 10 000 bags | 383 |
| 滴眼液 Eye Drops | 万瓶 10 000 bottles | 642 |
| 乙肝胶囊 Hepatitis B Capsule | 吨 t | 72 |
| 氨基葡萄糖系列 Glucosamine Series | 吨 t | 4 468 |
| 氨糖软骨素胶囊 Glucosamine Chondroitin Capsule | 瓶 bottles | 45 369 |
| 氨糖美辛片 Glucosamine Indomethacin Tablets | 万片 10 000 pills | 590 |
| 氨糖胶囊 Glucosamine Capsule | 瓶 bottles | 423 998 |
| 中成药 Chinese Patent Medicine | 吨 t | 623 |
| 化学药品原药 Chemical Medicine Materials | 吨 t | 132 019 |
| 甲壳素及其衍生物 Chitin and its Derivative | 吨 t | 4 271 |
| 几丁聚糖胶囊 Chitosan Capsule | 千克 kg | 6 541 |
| 壳聚糖胶囊 Chitosan Capsule | 瓶 bottles | 115 201 |
| 伤科接骨片 Bone-Knitting Tablet | 吨 t | 253 |
| 肤疹宁软膏 Rash Cream | 万支 10 000 bottles | 5 |
| 维生素A软胶囊 Vitamin A Softgel | 万粒 10 000 pellets | 7 783 |
| 维生素AE胶丸 Vitamin AE Capsule | 万粒 10 000 pellets | 574 |
| 维生素E软胶囊 Vitamin E Softgel | 万粒 10 000 pellets | 40 234 |
| 维生素AD胶囊 Vitamin AD Capsule | 万粒 10 000 pellets | 108 946 |
| 维生素AD滴剂 Vitamin AD Drops | 万瓶 10 000 bottles | 111 |
| 伊可新（维生素AD滴剂）Vitamin AD Drops | 吨 t | 250 |
| 维生素D滴剂 Vitamin D Drops | 万粒 10 000 pellets | 49 120 |
| 鱼肝油乳 Fish Liver Oil Emulsion | 万瓶 10 000 bottles | 212 |
| 鱼油胶囊 Fish Oil Capsule | 万瓶 10 000 bottles | 14 |
| 鱼油软胶囊 Fish Oil Softgel | 万粒 10 000 pellets | 2 374 |
| 鲨鱼肝油 Shark Liver Oil | 万粒 10 000 pellets | 697 |
| 金枪鱼油 Tuna Oil | 万粒 10 000 pellets | 198 |
| 脑元神软胶囊 Naoyuanshen Softgel | 万粒 10 000 pellets | 1 214 |
| 鱼油系列产品 Fish Oil Series Products | 吨 t | 9 942 |
| 蚝贝钙片 Oyster Shell Calcium Tablet | 万片 10 000 pills | 31 957 |

| 产品名称<br>Name | 计量单位<br>Unit | 产品产量<br>Output |
|---|---|---|
| 小球藻系列产品 Chlorella Series Products | 吨 t | 588 |
| 微藻粉 Microalgae Powder | 千克 kg | 20 090 |
| 裂壶藻粉 Schizochytrium Powder | 千克 kg | 50 394 |
| 藻片 Algae Tablet | 吨 t | 104 |
| 螺旋藻系列产品 Spirulina Series Products | 吨 t | 6 811 |
| 虾青素系列产品 Astaxanthin Series Products | 千克 kg | 9 432 |
| 速溶雨生红球藻虾青素粉<br>Haematococcus Pluvialis and Astaxanthin Instant Powder | 吨 t | 6 |
| 速溶雨生红球藻虾青素粉<br>Haematococcus Pluvialis and Astaxanthin Instant Powder | 盒 boxes | 61 088 |
| 岩藻黄质CWS微囊粉<br>Fucoxanthin Cold Water Soluble Microcapsule Powder | 吨 t | 2 |
| 藻红蛋白、藻蓝蛋白 Phycoerythrin, Phycocyanin | 吨 t | 10 |
| 海马 Seahorse | 千克 kg | 40 |
| 牡蛎 Oyster | 千克 kg | 6 893 |
| 润科DHA粉剂、油剂 Runke DHA Powder, Oil | 吨 t | 1 530 |
| 润科ARA粉剂、油剂 Runke ARA Powder, Oil | 吨 t | 1 200 |
| DHA藻油 DHA Algal Oil | 吨 t | 136 |
| DHA油 DHA Oil | 吨 t | 50 |
| 鲍鱼多糖 Abalone Polysaccharide | 千克 kg | 75 |
| 牦牛骨髓蛋白粉 Yak Bone Harrow Protein Powder | 中盒 middle boxes | 91 858 |
| 葡萄籽月见草油软胶囊<br>Grape Seed and Evening Primrose Oil Softgel | 盒 boxes | 1 895 |
| 胶原蛋白精华液 Collagen Protein Essence | 盒 boxes | 6 400 |
| 胶原蛋白肽粉 Collagen Protein Peptide Powder | 盒 boxes | 37 450 |
| 深海鱼胶原蛋白粉 Deep Sea Fish Collagen Powder | 万罐 10 000 cans | 2 |
| 珍珠胎囊口服液 Pearl Embryo Oral Liquid | 万支 10 000 bottles | 500 |
| 琼脂 Agar | 吨 t | 16 783 |
| 卡拉胶 Carrageenan | 吨 t | 13 700 |
| 鲨鱼软骨罐头 Shark Cartilage Can | 罐 cans | 180 000 |
| 海蛇酒 Sea Snake Wine | 瓶 bottles | 4 083 |
| 珍珠护肤品 Pearl Skin Care Products | 套 sets | 302 221 |
| 珍珠粉美白补水面膜 | 盒 boxes | 274 627 |
| 珍珠粉 Pearl Powder | 万盒 10 000 boxes | 83 |
| 珍珠末 Pearl Powder | 万袋 10 000 bags | 457 |
| 海藻纤维 Alginate Fibre | 千克 kg | 2 411 |

注：数据为沿海地区部分海洋生物医药产品汇总数据。

Note: The data are collected from the products of part of the marine biomedicine enterprises in the coastal regions.

# 3-11 沿海地区海洋修造船完工量
## Production of the Marine Shipbuilding Industry by Coastal Regions

| 部门和地区<br>Sector and Region | 修船完工量（艘）<br>Ships Repaired<br>(unit) | 造船完工量　Ships Built | |
|---|---|---|---|
| | | 艘<br>(unit) | 万载重吨/综合吨<br>(10 000 DWT/CT) |
| 合　计　**Total** | 10 809 | 2 602 | 3 604.9 |
| 其　中: Including: | | | |
| 中船工业集团公司<br>CSSC | 669 | 112 | 957.3 |
| 中船重工集团公司<br>CSIC | 498 | 68 | 574.6 |
| 按地区分: by Regions: | | | |
| 天　津<br>Tianjin | 257 | 7 | 22.1 |
| 河　北<br>Hebei | 60 | 13 | 0.3 |
| 辽　宁<br>Liaoning | 198 | 126 | 537.3 |
| 上　海<br>Shanghai | 903 | 76 | 697.9 |
| 江　苏<br>Jiangsu | 470 | 287 | 1 493.3 |
| 浙　江<br>Zhejiang | 4 882 | 419 | 456.9 |
| 福　建<br>Fujian | 2 299 | 467 | 47.6 |
| 山　东<br>Shandong | 1 220 | 598 | 125.1 |
| 广　东<br>Guangdong | 305 | 55 | 218.6 |
| 广　西<br>Guangxi | 130 | 401 | 4.3 |
| 海　南<br>Hainan | 85 | 153 | 1.5 |

# 3-12　沿海地区海洋货物运输量和周转量
## Volume of Maritime Goods Transported and Turnover
### by Coastal Regions

单位：万吨，亿吨·公里　　　　　　　　　　　　　　　　　　　　(10 000 t, 100 million t-km)

| 地　区<br>Region | 货运量<br>Volume of<br>Goods<br>Transported | 沿　海<br><br>Coastal | 远　洋<br><br>Oceangoing | 货物周转量<br>Volume of<br>Goods<br>Turnover | 沿　海<br><br>Coastal | 远　洋<br><br>Oceangoing |
|---|---|---|---|---|---|---|
| 合　计<br>**Total** | 281 081 | 201 312 | 79 769 | 83 247 | 25 172 | 58 075 |
| 天　津<br>Tianjin | 9 515 | 9 273 | 242 | 1 530 | 1 424 | 106 |
| 河　北<br>Hebei | 4 451 | 2 784 | 1 667 | 1 334 | 432 | 902 |
| 辽　宁<br>Liaoning | 13 464 | 6 249 | 7 215 | 8 276 | 834 | 7 442 |
| 上　海<br>Shanghai | 46 533 | 27 621 | 18 912 | 18 986 | 3 513 | 15 473 |
| 江　苏<br>Jiangsu | 22 658 | 18 016 | 4 642 | 3 361 | 1 975 | 1 386 |
| 浙　江<br>Zhejiang | 57 512 | 54 663 | 2 849 | 7 657 | 6 188 | 1 469 |
| 福　建<br>Fujian | 28 263 | 25 427 | 2 836 | 4 830 | 3 971 | 859 |
| 山　东<br>Shandong | 10 938 | 9 525 | 1 413 | 1 421 | 709 | 712 |
| 广　东<br>Guangdong | 46 690 | 22 636 | 24 054 | 17 512 | 3 519 | 13 993 |
| 广　西<br>Guangxi | 5 728 | 5 155 | 573 | 736 | 712 | 24 |
| 海　南<br>Hainan | 10 114 | 9 683 | 431 | 973 | 839 | 134 |
| 其　他<br>Others | 25 218 | 10 283 | 14 935 | 16 633 | 1 059 | 15 574 |

# 3-13　沿海地区海洋旅客运输量和周转量
## Volume of Maritime Passenger Traffic and Turnover
## by Coastal Regions

单位：万人，亿人·公里 　　　　　　　　　　　　　　　(10 000 persons, 100 million person-km)

| 地　区<br>Region | 客运量<br>Passenger<br>Traffic | | | 旅客周转量<br>Passenger<br>Turnover<br>Volume | | |
| --- | --- | --- | --- | --- | --- | --- |
| | | 沿　海<br>Coastal | 远　洋<br>Oceangoing | | 沿　海<br>Coastal | 远　洋<br>Oceangoing |
| 合　计<br>**Total** | 11 081 | 9 973 | 1 108 | 40.9 | 28.2 | 12.7 |
| 天　津<br>Tianjin | | | | | | |
| 河　北<br>Hebei | 5 | | 5 | 0.4 | | 0.4 |
| 辽　宁<br>Liaoning | 538 | 522 | 16 | 6.0 | 5.2 | 0.8 |
| 上　海<br>Shanghai | 404 | 404 | | 0.7 | 0.6 | 0.1 |
| 江　苏<br>Jiangsu | 5 | | 5 | 0.4 | | 0.4 |
| 浙　江<br>Zhejiang | 2 932 | 2 932 | | 4.9 | 4.9 | |
| 福　建<br>Fujian | 1 769 | 1 670 | 99 | 2.3 | 1.8 | 0.5 |
| 山　东<br>Shandong | 1 389 | 1 292 | 97 | 11.7 | 7.2 | 4.5 |
| 广　东<br>Guangdong | 2 204 | 1 319 | 885 | 9.6 | 3.6 | 6.0 |
| 广　西<br>Guangxi | 297 | 297 | | 1.4 | 1.4 | |
| 海　南<br>Hainan | 1 538 | 1 538 | | 3.4 | 3.4 | |

# 3-14 沿海港口客货吞吐量
# Volume of Passenger and Freight Handled at Coastal Seaports

单位：万吨，万人 (10 000 t, 10 000 persons)

| 地 区<br>Region | 货物吞吐量<br>Cargo Handled | #外 贸<br>Foreign Trade | 旅客吞吐量<br>Passenger Leaving<br>& Arriving | #离 港<br>Leaving |
|---|---|---|---|---|
| 合 计<br>**Total** | 845 510 | 345 341 | 8 203 | 4 108 |
| 天 津<br>Tianjin | 55 056 | 29 693 | 79 | 39 |
| 河 北<br>Hebei | 95 207 | 34 039 | 5 | 3 |
| 辽 宁<br>Liaoning | 109 066 | 24 433 | 542 | 282 |
| 上 海<br>Shanghai | 64 482 | 38 012 | 344 | 172 |
| 江 苏<br>Jiangsu | 28 058 | 13 372 | 5 | 2 |
| 浙 江<br>Zhejiang | 114 202 | 45 542 | 666 | 332 |
| 福 建<br>Fujian | 50 776 | 20 343 | 973 | 486 |
| 山 东<br>Shandong | 142 856 | 73 482 | 1 353 | 638 |
| 广 东<br>Guangdong | 149 026 | 51 254 | 2 855 | 1 466 |
| 广 西<br>Guangxi | 20 392 | 12 094 | 18 | 9 |
| 海 南<br>Hainan | 16 390 | 3 078 | 1 363 | 679 |

# 3-15  沿海地区水路国际标准集装箱运量
# Volume of International Standardized Containers Traffic
## by Coastal Regions

单位：万标准箱，万吨 (10 000 TEU, 10 000 t )

| 地 区<br>Region | 2014 | | 2015 | | 2016 | |
|---|---|---|---|---|---|---|
| | 箱 数<br>Number of<br>Containers | 重 量<br>Weight | 箱 数<br>Number of<br>Containers | 重 量<br>Weight | 箱 数<br>Number of<br>Containers | 重 量<br>Weight |
| 合 计<br>**Total** | 4 931 | 59 739 | 5 171 | 64 869 | 5 736 | 67 421 |
| 天 津<br>Tianjin | 28 | 524 | 33 | 626 | 49 | 466 |
| 河 北<br>Hebei | 6 | 91 | 5 | 71 | 4 | 58 |
| 辽 宁<br>Liaoning | 42 | 463 | 41 | 411 | 45 | 490 |
| 上 海<br>Shanghai | 1 901 | 25 242 | 1 675 | 23 793 | 2 343 | 28 746 |
| 江 苏<br>Jiangsu | 475 | 3 850 | 464 | 4 393 | 499 | 4 703 |
| 浙 江<br>Zhejiang | 272 | 3 671 | 292 | 3 769 | 322 | 4 778 |
| 福 建<br>Fujian | 440 | 6 868 | 512 | 7 968 | 513 | 7 977 |
| 山 东<br>Shandong | 117 | 1 287 | 74 | 792 | 83 | 878 |
| 广 东<br>Guangdong | 982 | 7 462 | 1 126 | 9 399 | 1 167 | 9 881 |
| 广 西<br>Guangxi | 259 | 4 410 | 271 | 4 767 | 309 | 5 141 |
| 海 南<br>Hainan | 124 | 2 949 | 95 | 1 567 | 64 | 756 |
| 其 他<br>Others | 285 | 2 922 | 583 | 7 313 | 339 | 3 546 |

# 3-16 沿海港口国际标准集装箱吞吐量
# International Standardized Containers Handled at Coastal Seaports

单位：万标准箱，万吨 　　　　　　　　　　　　　　　　　　　　　(10 000 TEU, 10 000 t)

| 地　区<br>Region | 2014 | | 2015 | | 2016 | |
|---|---|---|---|---|---|---|
| | 箱　数<br>Number of<br>Containers | 重　量<br>Weight | 箱　数<br>Number of<br>Containers | 重　量<br>Weight | 箱　数<br>Number of<br>Containers | 重　量<br>Weight |
| 合　计<br>**Total** | 18 179 | 210 056 | 18 907 | 217 788 | 19 590 | 228 980 |
| 天　津<br>Tianjin | 1 406 | 15 904 | 1 411 | 15 492 | 1 452 | 15 691 |
| 河　北<br>Hebei | 184 | 2 723 | 253 | 3 588 | 305 | 4 202 |
| 辽　宁<br>Liaoning | 1 860 | 30 834 | 1 838 | 31 044 | 1 880 | 31 725 |
| 上　海<br>Shanghai | 3 529 | 35 335 | 3 654 | 35 850 | 3 713 | 36 736 |
| 江　苏<br>Jiangsu | 511 | 5 074 | 518 | 5 091 | 490 | 4 991 |
| 浙　江<br>Zhejiang | 2 136 | 22 224 | 2 257 | 22 914 | 2 362 | 24 439 |
| 福　建<br>Fujian | 1 271 | 16 502 | 1 364 | 17 754 | 1 440 | 18 655 |
| 山　东<br>Shandong | 2 256 | 24 845 | 2 402 | 26 851 | 2 509 | 29 090 |
| 广　东<br>Guangdong | 4 752 | 51 871 | 4 915 | 53 957 | 5 094 | 57 124 |
| 广　西<br>Guangxi | 112 | 1 960 | 142 | 2 549 | 179 | 3 335 |
| 海　南<br>Hainan | 162 | 2 784 | 154 | 2 698 | 165 | 2 991 |

# 3-17 沿海城市国内旅游人数
## Domestic Visitors by Coastal Cities

单位：万人·次           (10 000 person-times)

| 城　市　City | | 2012 | 2013 | 2014 |
|---|---|---|---|---|
| 合　计 | **Total** | 117 625 | 157 217 | 173 179 |
| 天　津 | **Tianjin** | | | |
| 河　北 | **Hebei** | 5 977 | 6 304 | 6 873 |
| 唐　山 | Tangshan | 2 454 | 2 770 | 3 020 |
| 秦皇岛 | Qinhuangdao | 2 313 | 2 565 | 2 796 |
| 沧　州 | Cangzhou | 1 210 | 969 | 1 057 |
| 辽　宁 | **Liaoning** | 15 225 | 16 898 | 19 223 |
| 大　连 | Dalian | 4 687 | 5 231 | 5 620 |
| 丹　东 | Dandong | 2 990 | 2 990 | 3 469 |
| 锦　州 | Jinzhou | 1 926 | 3 211 | 3 545 |
| 营　口 | Yingkou | 1 446 | 1 620 | 1 835 |
| 盘　锦 | Panjin | 2 214 | 1 912 | 2 299 |
| 葫芦岛 | Huludao | 1 962 | 1 934 | 2 455 |
| 上　海 | **Shanghai** | | 25 991 | 26 818 |
| 江　苏 | **Jiangsu** | 5 839 | 6 606 | 7 496 |
| 南　通 | Nantong | 2 408 | 2 716 | 3 066 |
| 连云港 | Lianyungang | 1 894 | 2 136 | 2 415 |
| 盐　城 | Yancheng | 1 537 | 1 754 | 2 015 |
| 浙　江 | **Zhejiang** | 35 048 | 39 788 | 44 560 |
| 杭　州 | Hangzhou | 8 237 | 9 409 | 10 538 |
| 宁　波 | Ningbo | 5 748 | 6 226 | 6 973 |
| 温　州 | Wenzhou | 4 887 | 5 677 | 6 358 |
| 嘉　兴 | Jiaxing | 4 101 | 4 660 | 5 219 |
| 绍　兴 | Shaoxing | 4 866 | 5 614 | 6 287 |
| 舟　山 | Zhoushan | 2 740 | 3 036 | 3 400 |
| 台　州 | Taizhou | 4 469 | 5 166 | 5 785 |
| 福　建 | **Fujian** | 11 665 | 12 709 | 14 235 |
| 福　州 | Fuzhou | 3 107 | 3 446 | 3 860 |
| 厦　门 | Xiamen | 2 979 | 3 411 | 3 820 |
| 莆　田 | Putian | 1 112 | 1 590 | 1 781 |
| 泉　州 | Quanzhou | 2 170 | 1 480 | 1 658 |
| 漳　州 | Zhangzhou | 1 348 | 1 435 | 1 608 |
| 宁　德 | Ningde | 949 | 1 347 | 1 508 |

| 城　市　City | | 2012 | 2013 | 2014 |
|---|---|---|---|---|
| 山　东 | **Shandong** | 21 660 | 24 114 | 26 041 |
| 青　岛 | Qingdao | 5 591 | 6 166 | 6 659 |
| 东　营 | Dongying | 938 | 1 098 | 1 185 |
| 烟　台 | Yantai | 4 450 | 4 952 | 5 348 |
| 潍　坊 | Weifang | 4 221 | 4 702 | 5 078 |
| 威　海 | Weihai | 2 669 | 2 953 | 3 189 |
| 日　照 | Rizhao | 2 795 | 3 125 | 3 375 |
| 滨　州 | Binzhou | 996 | 1 118 | 1 207 |
| 广　东 | **Guangdong** | 17 411 | 19 338 | 21 695 |
| 广　州 | Guangzhou | 4 017 | 4 274 | 4 547 |
| 深　圳 | Shenzhen | 2 941 | 3 352 | 3 809 |
| 珠　海 | Zhuhai | 1 299 | 1 309 | 1 516 |
| 汕　头 | Shantou | 1 026 | 1 140 | 1 276 |
| 江　门 | Jiangmen | 1 120 | 1 240 | 1 423 |
| 湛　江 | Zhanjiang | 1 247 | 1 392 | 1 503 |
| 茂　名 | Maoming | 399 | 426 | 527 |
| 惠　州 | Huizhou | 1 122 | 1 295 | 1 441 |
| 汕　尾 | Shanwei | 518 | 582 | 643 |
| 阳　江 | Yangjiang | 572 | 700 | 876 |
| 东　莞 | Dongguan | 1 432 | 1 481 | 1 485 |
| 中　山 | Zhongshan | 744 | 808 | 842 |
| 潮　州 | Chaozhou | 438 | 529 | 697 |
| 揭　阳 | Jieyang | 536 | 810 | 1 110 |
| 广　西 | **Guangxi** | 2 811 | 3 260 | 3 807 |
| 北　海 | Beihai | 1 311 | 1 521 | 1 771 |
| 防城港 | Fangchenggang | 807 | 965 | 1 168 |
| 钦　州 | Qinzhou | 693 | 774 | 868 |
| 海　南 | **Hainan** | 1 989 | 2 209 | 2 431 |
| 海　口 | Haikou | 935 | 1 029 | 1 117 |
| 三　亚 | Sanya | 1 054 | 1 180 | 1 314 |

注：数据来源于《2016中国省市经济发展年鉴》。

Note：The data come from *China Provinces And Cities Economy Development Yearbook (2016)*.

# 3-18 主要沿海城市接待入境游客人数
# Number of Inbound Tourists Received by Major Coastal Cities

单位：人·次 （person-time）

| 城 市 City | | 2014 | 2015 | 2016 |
|---|---|---|---|---|
| 合 计 | Total | 38 866 147 | 40 640 543 | 44 374 540 |
| 天 津 | Tianjin | 766 326 | 784 766 | 824 313 |
| 秦皇岛 | Qinhuangdao | 184 355 | 157 140 | 145 700 |
| 大 连 | Dalian | 965 615 | 984 647 | 1 044 100 |
| 上 海 | Shanghai | 6 396 150 | 6 535 887 | 6 904 270 |
| 南 通 | Nantong | 187 185 | 172 999 | 180 156 |
| 连云港 | Lianyungang | 22 972 | 20 345 | 22 624 |
| 杭 州 | Hangzhou | 984 701 | 1 417 404 | 1 580 900 |
| 宁 波 | Ningbo | 520 641 | 723 960 | 829 045 |
| 温 州 | Wenzhou | 479 898 | 482 081 | 531 212 |
| 福 州 | Fuzhou | 569 487 | 551 572 | 1 066 910 |
| 厦 门 | Xiamen | 1 170 058 | 1 273 178 | 2 313 099 |
| 泉 州 | Quanzhou | 675 944 | 663 824 | 1 250 778 |
| 漳 州 | Zhangzhou | 270 336 | 292 426 | 554 700 |
| 青 岛 | Qingdao | 836 605 | 880 080 | 928 297 |
| 烟 台 | Yantai | 358 748 | 382 398 | 408 522 |
| 威 海 | Weihai | 300 744 | 314 224 | 330 243 |
| 广 州 | Guangzhou | 7 832 990 | 8 035 800 | 8 618 800 |
| 深 圳 | Shenzhen | 11 825 916 | 12 187 100 | 11 711 700 |
| 珠 海 | Zhuhai | 2 913 367 | 3 095 100 | 3 172 300 |
| 汕 头 | Shantou | 176 500 | 211 500 | 243 900 |
| 湛 江 | Zhanjiang | 225 500 | 266 600 | 370 500 |
| 中 山 | Zhongshan | 602 050 | 598 300 | 621 600 |
| 北 海 | Beihai | 74 512 | 129 053 | 135 536 |
| 海 口 | Haikou | 136 910 | 121 975 | 136 478 |
| 三 亚 | Sanya | 388 637 | 358 184 | 448 857 |

# 3-19 主要沿海城市接待入境游客情况
# Breakdown of Inbound Tourists Received by Major Coastal Cities

单位：人·次，人·天 　　　　　　　　　　　　　　　　　　　　　　　　　(person-time, night)

| 城 市<br>City | | 外国人<br>Foreigners | | 香港同胞<br>Hong Kong | |
|---|---|---|---|---|---|
| | | 人次数<br>Arrivals | 人天数<br>Nights | 人次数<br>Arrivals | 人天数<br>Nights |
| 天 津 | Tianjin | 718 904 | 11 105 706 | 52 595 | 1 165 959 |
| 秦皇岛 | Qinhuangdao | 134 606 | 988 430 | 5 340 | 30 183 |
| 大 连 | Dalian | 886 954 | 1 888 832 | 74 748 | 148 902 |
| 上 海 | Shanghai | 5 725 655 | 17 945 849 | 477 103 | 1 540 922 |
| 南 通 | Nantong | 155 354 | 431 824 | 6 076 | 13 554 |
| 连云港 | Lianyungang | 19 030 | 60 356 | 557 | 1 159 |
| 杭 州 | Hangzhou | 1 155 786 | 3 044 108 | 174 349 | 460 222 |
| 宁 波 | Ningbo | 624 447 | 1 386 195 | 82 474 | 174 374 |
| 温 州 | Wenzhou | 300 098 | 644 091 | 80 958 | 178 664 |
| 福 州 | Fuzhou | 626 629 | 3 996 104 | 135 978 | 866 614 |
| 厦 门 | Xiamen | 1 162 490 | 6 119 406 | 287 060 | 1 358 803 |
| 泉 州 | Quanzhou | 330 586 | 1 915 032 | 606 084 | 2 948 276 |
| 漳 州 | Zhangzhou | 135 631 | 654 195 | 139 357 | 537 222 |
| 青 岛 | Qingdao | 662 618 | 2 642 901 | 135 941 | 363 154 |
| 烟 台 | Yantai | 319 645 | 1 387 568 | 30 658 | 110 096 |
| 威 海 | Weihai | 308 167 | 929 255 | 2 674 | 6 313 |
| 广 州 | Guangzhou | 4 140 800 | 14 781 500 | 3 624 400 | 9 633 700 |
| 深 圳 | Shenzhen | 1 683 100 | 3 377 600 | 9 575 100 | 23 237 700 |
| 珠 海 | Zhuhai | 509 900 | 988 100 | 1 209 900 | 2 163 300 |
| 汕 头 | Shantou | 154 500 | 335 400 | 77 600 | 139 800 |
| 湛 江 | Zhanjiang | 181 500 | 158 300 | 153 900 | 115 700 |
| 中 山 | Zhongshan | 130 500 | 422 200 | 356 500 | 897 200 |
| 北 海 | Beihai | 66 498 | 132 881 | 46 066 | 88 223 |
| 海 口 | Haikou | 72 533 | 141 262 | 20 782 | 33 237 |
| 三 亚 | Sanya | 305 796 | 873 645 | 75 250 | 157 276 |

| 城 市<br>City | | 澳门同胞<br>Macao | | 台湾同胞<br>Taiwan Province | |
|---|---|---|---|---|---|
| | | 人次数<br>Arrivals | 人天数<br>Nights | 人次数<br>Arrivals | 人天数<br>Nights |
| 天 津 | Tianjin | 3 220 | 77 685 | 49 594 | 1 139 719 |
| 秦皇岛 | Qinhuangdao | 207 | 1 256 | 5 547 | 34 074 |
| 大 连 | Dalian | 2 264 | 5 519 | 80 134 | 153 852 |
| 上 海 | Shanghai | 19 364 | 77 710 | 682 148 | 2 601 761 |
| 南 通 | Nantong | 308 | 652 | 18 418 | 62 570 |
| 连云港 | Lianyungang | 19 | 39 | 3 018 | 13 274 |
| 杭 州 | Hangzhou | 12 467 | 28 987 | 238 298 | 576 297 |
| 宁 波 | Ningbo | 17 104 | 38 557 | 105 021 | 209 764 |
| 温 州 | Wenzhou | 56 737 | 223 812 | 93 419 | 193 844 |
| 福 州 | Fuzhou | 13 811 | 81 612 | 290 492 | 1 294 282 |
| 厦 门 | Xiamen | 16 361 | 76 785 | 847 188 | 3 966 799 |
| 泉 州 | Quanzhou | 68 534 | 316 997 | 245 574 | 1 149 162 |
| 漳 州 | Zhangzhou | 17 270 | 62 975 | 262 442 | 901 735 |
| 青 岛 | Qingdao | 30 833 | 79 123 | 98 905 | 306 328 |
| 烟 台 | Yantai | 11 957 | 38 036 | 46 262 | 155 716 |
| 威 海 | Weihai | 667 | 1 582 | 18 735 | 55 431 |
| 广 州 | Guangzhou | 344 800 | 938 900 | 508 800 | 1 451 900 |
| 深 圳 | Shenzhen | 56 900 | 126 300 | 396 600 | 806 600 |
| 珠 海 | Zhuhai | 842 700 | 1 507 400 | 610 100 | 1 024 900 |
| 汕 头 | Shantou | 1 200 | 2 300 | 10 600 | 21 200 |
| 湛 江 | Zhanjiang | 10 500 | 8 500 | 24 600 | 18 500 |
| 中 山 | Zhongshan | 78 500 | 183 300 | 56 100 | 151 700 |
| 北 海 | Beihai | 7 944 | 14 308 | 15 028 | 27 195 |
| 海 口 | Haikou | 1 722 | 2 750 | 41 441 | 58 376 |
| 三 亚 | Sanya | 6 404 | 13 563 | 61 407 | 126 926 |

# 主要统计指标解释

**1. 海洋捕捞产量**　凡是从海洋里捕捞的天然生长的水产品产量为捕捞产量。

**2. 海水养殖产量**　凡是从人工投放苗种或天然纳苗并进行人工饲养管理的海水养殖水域中捕捞的水产品产量为海水养殖产量。

**3. 远洋捕捞产量**　由各远洋渔业企业和各生产单位按我国远洋渔业项目管理办法组织的远洋渔船（队）在非我国管辖海域（外国专属经济区水域或公海）捕捞的水产品产量。中外合资、合作渔船捕捞的水产品只统计按协议应属于中方所有的部分。

**4. 原油产量**　是按净原油量来计算的，能直接用于销售和生产自用的原油量。目前海洋石油系统原油产量计算方法采用倒算法。

原油产量=销售量+期末库存量-期初库存量+海上平台及陆地终端处理厂自用量。

**5. 天然气产量**　指进入集输管网的销售量和就地利用的全部气量。

天然气产量=外输（销）量+企业自用量

**6. 造船综合吨**　等于以计量单位载重吨和满载排水量吨的民用船舶的吨位数之和。

**7. 货运量**　指经船舶实际运送的货物重量。

**8. 货物周转量**　指实际运送的货物与其运送距离的乘积。

**9. 集装箱运量**　既包含货重，也包含箱重。箱重系指承运租用的空箱重量凡有运费收入的空箱，其重量应统计为运量，按空箱 1 吨为货运量 1 吨计算；若无收入，所承运的空箱一律不作运量统计。

**10. 旅客周转量**　指实际运送的旅客人数与其运送距离的乘积。

**11. 接待人次数**　指报告期内我国接待游客人数。游客按出游地分为入境游客和国内游客，按出游时间分为旅游者（过夜游客）和一日游游客（不过夜游客）。

**12. 接待人天数**　指过夜旅游者的停留天数。

**13. 外国人**　指外国国籍的人，加入外籍的中国血统华人也计入外国人。

**14. 港澳台同胞**　指居住在我国香港特别行政区、澳门特别行政区和台湾省的中国同胞。

# Explanatory Notes on Main Statistical

# Indicators

**1. Marine Catches**　refers to the output of the naturally growing aquatic products caught from the sea.

**2. Mariculture Production**　refers to the output of aquatic products whose young are artificially released or naturally collected, and raised and managed artificially, and which are caught from the waters of mariculture.

**3. Deep-Sea Fishing Production**　refers to the output of aquatic products caught in the non-Chinese jurisdictional sea areas (foreign EEE or high sea) by the distant fishing vessels (fleet) organized by various distant fishing businesses and production units according to the management measures of the China distant fishing projects. The aquatic products caught by the Chinese-foreign joint ventures' and cooperative fishing vessels are counted only for the part owned by the Chinese side according to the agreement.

**4. Output of Crude Oil**   is calculated on the basis of the net amount of crude oil, i.e., the amount of crude oil that may be directly used for sale and for the production itself.

Output of crude oil = Volume of sales + Reserves at the end of the period − Reserves at the beginning of the period +Amount for self-use on the platforms and in the terminal processing plants on land.

**5. Output of Natural Gas**   refers to the total gas volume of the sales volume entering the oil collecting and transport pipeline network and that used locally.

Output of natural gas = Volume of sales or transport to other areas + Volume used by the enterprise itself

**6. Comprehensive Tonnages of Shipbuilding**   refers to the sum of tonnage of civilian vessels with the deadweight capacity and full-load displacement as measured.

**7. Freight Traffic**   refers to the weight of cargoes actually transported by vessels.

**8. Cargoes Turnover Volume**   refers to the product of the actually transported cargoes and the transport distance.

**9. Freight Volume of Containers**   includes the weight of both cargoes and container boxes. The weight of container boxes refers to the weight of empty containers rented for transport or having freight income and should be included in the freight volume, one ton of empty boxes equalling to one ton of freight volume. The empty boxes which have no income for transportation are not included in the freight volume.

**10. Passenger Turnover Volume**   refers to the product of the number of passengers actually transported and the shipping distance.

**11. Number of Person-Times Received**   refers to the number of visitors received by China in the period reported. Visitors are divided into inbound visitors and domestic visitors by origin of the travel, and tourists (overnight visitors) and same-day visitors by their length of stay.

**12. Number of the Days of Stay**   refers to the number of the days of stay of tourists.

**13. Foreigners** refer to the people with foreign nationality, including foreign nationals of Chinese descent.

**14. Compatriots from Hong Kong, Macao and Taiwan Province**   refer to the Chinese compatriots living in the Hong Kong Special Administrative Region, the Macao Special Administrative Region and Taiwan Province.

# 4

# 主要海洋产业生产能力
## Production Capacity of Major Marine Industries

# 4-1  沿海地区渔港情况
# Fishing Ports in the Coastal Regions

单位：个 (unit)

| 地 区<br>Region | | 合计<br>Total | 中心渔港<br>Central Fishing Port | 一级渔港<br>Grade 1 Fishing Port |
|---|---|---|---|---|
| 合 计 | **Total** | 128 | 58 | 70 |
| 天 津 | Tianjin | | | |
| 河 北 | Hebei | 7 | 3 | 4 |
| 辽 宁 | Liaoning | 9 | 3 | 6 |
| 上 海 | Shanghai | 1 | | 1 |
| 江 苏 | Jiangsu | 11 | 6 | 5 |
| 浙 江 | Zhejiang | 22 | 9 | 13 |
| 福 建 | Fujian | 21 | 8 | 13 |
| 山 东 | Shandong | 20 | 11 | 9 |
| 广 东 | Guangdong | 19 | 8 | 11 |
| 广 西 | Guangxi | 8 | 4 | 4 |
| 海 南 | Hainan | 10 | 6 | 4 |

资料来源：《2017中国渔业统计年鉴》。省级数据中包含计划单列市数据。

Data Source: *China Fishery Statistical Yearbook 2017*. The data of the provinces include the data of the city specifically designated in the state plan.

# 4-2 沿海地区海水养殖面积
## Mariculture Area by Coastal Regions

单位：公顷 (hm²)

| 地 区<br>Region | 2014 | 2015 | 2016 |
|---|---|---|---|
| 合 计<br>**Total** | 2 305 472 | 2 317 763 | 2 166 720 |
| 天 津<br>Tianjin | 3 180 | 3 165 | 3 193 |
| 河 北<br>Hebei | 122 434 | 117 533 | 115 416 |
| 辽 宁<br>Liaoning | 928 503 | 933 068 | 769 304 |
| 上 海<br>Shanghai | | | |
| 江 苏<br>Jiangsu | 188 657 | 181 829 | 185 280 |
| 浙 江<br>Zhejiang | 88 178 | 85 881 | 88 816 |
| 福 建<br>Fujian | 161 418 | 166 075 | 174 554 |
| 山 东<br>Shandong | 548 487 | 563 198 | 561 549 |
| 广 东<br>Guangdong | 193 691 | 194 861 | 196 065 |
| 广 西<br>Guangxi | 54 233 | 55 015 | 54 720 |
| 海 南<br>Hainan | 16 691 | 17 138 | 17 823 |

## 4-3　海洋油气勘探情况
## Work Volume of Offshore Oil and Gas

| 地 区<br>Region | 地震测线<br>Seismic Line | | 钻井（口）<br>Drilling (well) | |
| --- | --- | --- | --- | --- |
| | 二维<br>（千米）<br>Two<br>Dimensions<br>(km) | 三维<br>（平方千米）<br>Three<br>Dimensions<br>(km$^2$) | 预探井<br>Wildcat Wells | 评价井<br>Appraisal Wells |
| 合 计<br>**Total** | 2 743 | 11 477 | 74 | 93 |
| 天 津<br>Tianjin | | 966 | 24 | 45 |
| 其中：合作<br>Including: Cooporative | | | | 1 |
| 河 北<br>Hebei | | 131 | 14 | 14 |
| 上 海<br>Shanghai | | 647 | 3 | |
| 山 东<br>Shandong | 272 | | | 12 |
| 广 东<br>Guangdong | 2 471 | 9 733 | 33 | 22 |
| 其中：合作<br>Including: Cooporative | | 1 639 | 3 | 1 |

## 4-4　海洋油气生产井情况
## Survey of Offshore Oil and Gas Production Wells

单位：口 (well)

| 地 区<br>Region | | 合 计<br>Total | 采油井<br>Oil Wells | 采气井<br>Gas Wells | 注水井<br>Injection<br>Wells | 其他井<br>Others |
| --- | --- | --- | --- | --- | --- | --- |
| 合　计 | **Total** | 7 717 | 5 737 | 320 | 1 660 | |
| 天　津 | Tianjin | 4 061 | 2 949 | 111 | 1 001 | |
| 河　北 | Hebei | 1 555 | 1 221 | 8 | 326 | |
| 辽　宁 | Liaoning | 363 | 313 | 6 | 44 | |
| 上　海 | Shanghai | 87 | 20 | 67 | | |
| 山　东 | Shandong | 770 | 501 | 8 | 261 | |
| 广　东 | Guangdong | 881 | 733 | 120 | 28 | |

# 4-5 沿海地区盐田面积和海盐生产能力
## Salt Pan Area and Sea Salt Production Capacity
## by Coastal Regions

| 地 区<br>Region | 盐田总面积（公顷）<br>Total Area of Salt Pan (hm$^2$) | | 生产面积（公顷）<br>Production Area (hm$^2$) | | 年末海盐生产能力（万吨）<br>Year-End Capacity of Sea<br>Salt Production (10 000 t) | |
|---|---|---|---|---|---|---|
| | 2015 | 2016 | 2015 | 2016 | 2015 | 2016 |
| 合 计<br>**Total** | 349 510 | 369 566 | 263 488 | 303 258 | 3 471.92 | 3 750.34 |
| 天 津<br>Tianjin | 26 907 | 26 895 | 26 221 | 26 200 | 160.00 | 160.60 |
| 河 北<br>Hebei | 73 905 | 69 840 | 61 587 | 59 650 | 419.30 | 413.80 |
| 辽 宁<br>Liaoning | 33 718 | 30 744 | 28 319 | 26 085 | 180.00 | 134.00 |
| 江 苏<br>Jiangsu | 29 556 | 39 175 | 8 341 | 17 213 | 70.00 | 70.04 |
| 浙 江<br>Zhejiang | 1 935 | 1 683 | 1 631 | 1 499 | 8.68 | 8.28 |
| 福 建<br>Fujian | 3 998 | 3 998 | 3 711 | 3 596 | 27.42 | 26.40 |
| 山 东<br>Shandong | 166 391 | 193 017 | 125 646 | 165 365 | 2 580.00 | 2 906.72 |
| 广 东<br>Guangdong | 8 580 | | 4 572 | | 14.02 | 12.00 |
| 广 西<br>Guangxi | 1 031 | 711 | 685 | 373 | 1.50 | 0.20 |
| 海 南<br>Hainan | 3 489 | 3 503 | 2 775 | 3 277 | 11.00 | 18.30 |

注：2015年为中国盐业总公司数据；2016年为沿海地区汇总数据。

Note: The data for 2015 are from the China Salt Industry Corporation, the data for 2016 are collected
from the coastal regions.

# 4-6 海上风电项目情况
## Projects of Offshore Wind Power

| 地 区<br>Region | 海上风电新增项目情况<br>New Offshore Wind Power Projects | | 海上风电已安装项目情况<br>Installation of Offshore Wind Power Projects | |
| --- | --- | --- | --- | --- |
| | 新增装机数量<br>（台）<br>New Installed Capacity (unit) | 新增装机容量<br>New Installed Capacity (MW) | 累计装机数量（台）<br>Cumulative Capacity (unit) | 累计装机容量<br>Cumulative Capacity (MW) |
| 天 津<br>Tianjin | 0 | 0.0 | 18 | 27.0 |
| 辽 宁<br>Liaoning | 0 | 0.0 | 1 | 1.5 |
| 上 海<br>Shanghai | 28 | 100.8 | 90 | 305.0 |
| 江 苏<br>Jiangsu | 126 | 491.4 | 358 | 1 205.9 |
| 福 建<br>Fujian | 0 | 0.0 | 15 | 71.0 |
| 山 东<br>Shandong | 0 | 0.0 | 4 | 15.0 |
| 广 东<br>Guangdong | 0 | 0.0 | 1 | 1.5 |

# 4-7　主要潮汐电站分布情况
## Distribution of Major Tidal Power Stations

| 电站名称<br>Name | 运行情况<br>Status of Operation | 装机容量<br>（千瓦）<br>Installed<br>Capacity<br>(kW) |
|---|---|---|
| 江厦潮汐试验电站<br>Jiangxia Experimental Tidal Power Station | 1972年开始建造，1980年投入使用，运行至今<br>It began construction in 1972, was put into use in 1980, and has been in operation so far | 4 100 |
| 海山潮汐电站<br>Haishan Tidal Power Station | 1972年开始建造，1975年投入使用，运行至今<br>It began construction in 1972, was put into use in 1975, and has been in operation so far | 250 |
| 岳浦潮汐电站<br>Yuepu Tidal Power Station | 1970年开始建造，1978年停止运行<br>It began construction in 1970, and stopped power generation in 1978 | 150 |
| 白沙口潮汐电站<br>Baishakou Tidal Power Station | 1970年开始建造，1978年投入使用，2010年停止运行<br>It began construction in 1970, was put into use in 1978, and stopped power generation in 2010 | 960 |

# 4-8　主要海上活动船舶
## Major Vessels Operating on the Sea

| 类　别<br>Type | 艘数<br>（艘）<br>Number of<br>Vessels<br>(unit) | 总吨<br>（万吨）<br>Gross<br>Tonnage<br>(10 000 t) | 净载重量<br>（万吨）<br>Net Weight<br>Tonnage<br>(10 000 t) | 载客量<br>（客位）<br>Passenger<br>Spaces<br>(seat) | 总功率<br>（千瓦）<br>Total Power<br>(kW) |
|---|---|---|---|---|---|
| 一、海洋生产用船<br>**Vessels for Marine Production** | | | | | |
| 海洋渔业船舶<br>Marine Fishing Vessels | 248 221 | 798. 2 | | | 15 354 680 |
| 　远洋渔船<br>　Ocean-going Fishing Vessels | 2 571 | | | | 2 404 162 |
| 海洋油气船舶<br>Offshore Oil and Gas Vessels | 228 | 312. 8 | 321. 0 | 12 640 | 1 814 528 |
| 　钻井平台<br>　Drilling Vessels | 48 | 0. 0 | 0. 0 | 4 819 | 527 086 |
| 　物探船<br>　Physical Exploration Vessels | 16 | 9. 6 | 0. 0 | 514 | 88 674 |
| 　其 他<br>　Others | 164 | 303. 2 | 321. 0 | 7 307 | 1 198 768 |
| 海洋运输船舶<br>Marine Transport Vessels | 12 922 | | 13 261. 9 | 227 730 | 33 744 543 |
| 二、海洋科研用船<br>**Vessels for Marine Scientific Research** | | | | | |
| 海洋地质勘探船<br>Marine Geological Survey Vessels | 7 | 1. 2 | 0. 4 | 229 | 17 844 |
| 海洋调查船<br>Marine Research Vessels | 24 | 7. 7 | 0. 2 | 1 038 | 117 415 |
| 　中国科学院<br>　Chinese Academy of Sciences | 8 | 2. 1 | 0. 2 | 370 | 39 107 |
| 　国家海洋局<br>　State Oceanic Administration | 16 | 5. 6 | | 668 | 78 308 |

# 4-9 沿海规模以上港口生产用码头泊位
## Berths for Productive Use at the Coastal Seaports
## above Designed Size

单位：米，个 (m, unit)

| 港 口<br>Seaport | | 码头长度<br>Length of Quay Line | 泊位个数<br>Number of Berths | #万吨级<br>10 000 Tonnage Class |
|---|---|---|---|---|
| 合　计 | **Total** | 761 463 | 5 152 | 1 793 |
| 丹　东 | Dandong | 7 626 | 42 | 25 |
| 大　连 | Dalian | 40 765 | 222 | 103 |
| 营　口 | Yingkou | 18 975 | 86 | 61 |
| 锦　州 | Jinzhou | 6 119 | 23 | 21 |
| 秦皇岛 | Qinhuangdao | 15 928 | 72 | 44 |
| 黄　骅 | Huanghua | 9 059 | 37 | 31 |
| 唐　山 | Tangshan | 28 189 | 104 | 101 |
| 天　津 | Tianjin | 37 133 | 160 | 116 |
| 烟　台 | Yantai | 19 494 | 94 | 65 |
| 威　海 | Weihai | 3 992 | 15 | 13 |
| 青　岛 | Qingdao | 25 641 | 94 | 78 |
| 日　照 | Rizhao | 15 134 | 58 | 52 |
| 上　海 | Shanghai | 74 066 | 592 | 172 |
| 连云港 | Lianyungang | 15 520 | 64 | 57 |
| 盐　城 | Yancheng | 8 924 | 87 | 15 |
| 嘉　兴 | Jiaxing | 11 148 | 85 | 35 |
| 宁波-舟山 | Ningbo-Zhoushan | 86 089 | 606 | 163 |
| 台　州 | Taizhou | 12 918 | 179 | 9 |
| 温　州 | Wenzhou | 17 119 | 213 | 20 |

| 港　口<br>Seaport | | 码头长度<br>Length of Quay Line | 泊位个数<br>Number of Berths | #万吨级<br>10 000 Tonnage<br>Class |
|---|---|---|---|---|
| 福　州 | Fuzhou | 25 207 | 179 | 57 |
| 莆　田 | Putian | 5 836 | 45 | 11 |
| 泉　州 | Quanzhou | 15 971 | 104 | 25 |
| 厦　门 | Xiamen | 29 236 | 164 | 75 |
| 汕　头 | Shantou | 9 627 | 87 | 19 |
| 汕　尾 | Shanwei | 1 500 | 13 | 2 |
| 惠　州 | Huizhou | 9 748 | 43 | 21 |
| 深　圳 | Shenzhen | 30 521 | 141 | 71 |
| 虎　门 | Humen | 15 747 | 118 | 29 |
| 广　州 | Guangzhou | 49 686 | 485 | 73 |
| 中　山 | Zhongshan | 5 209 | 67 | 0 |
| 珠　海 | Zhuhai | 18 374 | 152 | 27 |
| 江　门 | Jiangmen | 13 464 | 175 | 6 |
| 阳　江 | Yangjiang | 2 232 | 10 | 9 |
| 茂　名 | Maoming | 2 428 | 18 | 9 |
| 湛　江 | Zhanjiang | 16 793 | 144 | 35 |
| 北部湾港 | Beibuwan | 36 603 | 260 | 83 |
| 海　口 | Haikou | 8 217 | 60 | 25 |
| 洋　浦 | Yangpu | 8 737 | 42 | 26 |
| 八　所 | Basuo | 2 488 | 12 | 9 |

# 4-10 沿海地区星级饭店基本情况
## Star Grade Hotels and Occupancies by Coastal Regions

| 地　区<br>Region | 饭店数（座）<br>Number of Hotels<br>(unit) | 客房数（间）<br>Number of<br>Rooms (unit) | 床位数（张）<br>Number of Beds<br>(unit) | 客房出租率（%）<br>Room Occupancy<br>(%) |
|---|---|---|---|---|
| 合　计　Total | 4 435 | 699 924 | 1 196 487 | |
| 天　津　Tianjin | 84 | 16 658 | 25 540 | 55.27 |
| 河　北　Hebei | 350 | 50 631 | 90 978 | 44.38 |
| 辽　宁　Liaoning | 349 | 50 147 | 84 207 | 47.86 |
| 上　海　Shanghai | 227 | 57 530 | 85 995 | 68.31 |
| 江　苏　Jiangsu | 561 | 82 396 | 131 139 | 58.43 |
| 浙　江　Zhejiang | 651 | 101 086 | 168 215 | 55.90 |
| 福　建　Fujian | 334 | 53 967 | 85 297 | 57.68 |
| 山　东　Shandong | 622 | 86 555 | 158 920 | 54.77 |
| 广　东　Guangdong | 723 | 121 437 | 222 191 | 55.96 |
| 广　西　Guangxi | 410 | 52 621 | 99 001 | 54.10 |
| 海　南　Hainan | 124 | 26 896 | 45 004 | 58.19 |

# 4-11 沿海地区旅行社数
# Number of Travel Agencies by Coastal Regions

单位：家 (unit)

| 地 区 Region | 2014 | 2015 | 2016 |
|---|---|---|---|
| 合 计 **Total** | 13 790 | 14 184 | 14 457 |
| 天 津 Tianjin | 377 | 400 | 396 |
| 河 北 Hebei | 1 343 | 1360 | 1 373 |
| 辽 宁 Liaoning | 1 210 | 1253 | 1 258 |
| 上 海 Shanghai | 1 185 | 1225 | 1 261 |
| 江 苏 Jiangsu | 2 099 | 2160 | 2 241 |
| 浙 江 Zhejiang | 2 036 | 2028 | 2 051 |
| 福 建 Fujian | 805 | 846 | 844 |
| 山 东 Shandong | 2 054 | 2109 | 2 115 |
| 广 东 Guangdong | 1 792 | 1901 | 2 028 |
| 广 西 Guangxi | 537 | 539 | 586 |
| 海 南 Hainan | 352 | 363 | 304 |

# 主要统计指标解释

**1. 海水养殖面积**　是指利用天然海水用于养殖水产品的水面面积，包括海上养殖、滩涂养殖、其他养殖。在报告期内无论是否全部收获或尚未收获其产品，均应统计在海水养殖面积中。但有些滩涂、水面不投放苗种或投放少量苗种，只进行一般管理的，不统计为养殖面积。

**2. 盐田总面积**　指盐田占有的全部面积。包括储卤、蒸发、保卤、结晶面积、滩内的沟、壕、池、埝、滩坨等面积及滩外的沟、壕、公路及杂地面积。

**3. 生产面积**　指直接提供给海盐生产的面积，包括结晶面积、蒸发面积、保卤面积，滩内的沟、壕、池、埝面积及滩坨面积。

**4. 年末海盐生产能力**　指年末企业生产原盐的全部设备的综合平衡能力。海盐生产露天作业，受天气影响，因而计算生产能力时，成熟滩田按 10 年实际平均单位生产面积产量乘以本年成熟滩田生产面积而得，新滩田按设计能力及滩田成熟程度可能达到的产量计算。

**5. 海洋渔业船舶**　是指配置机器作为动力的从事海洋渔业生产和辅助渔业生产的船舶。

**6. 远洋渔船**　按我国远洋渔业项目管理办法在非我国管辖海域（外国专属经济区水域或公海）进行常年或季节性生产的渔船。

**7. 泊位个数**　是指设有系靠船舶设施，在同一时间内可供靠泊最大吨级船舶的艘数。即可靠泊一艘船舶，则计为一个泊位，余类推。泊位分码头泊位和浮筒泊位。

**8. 客房数**　指饭店实际可用于接待旅游者的房间数。

**9. 床位数**　指饭店实际可用于接待旅游者的床位数。

# Explanatory Notes on Main Statistical Indicators

**1. Mariculture Area**　refers to the area of the water surface where seawater economic animals and plants, such as crustacean (shrimp, crab), shellfish and algae, are cultivated at sea, on tidal flat and land. Whether or not all the products in the area have been harvested or the products have not been harvested yet in the period covered by the report, the area is included in the Mariculture Area. But some tidal flats and water surfaces where none or a small amount of the young have been released and only general management is carried out are not included in the Mariculture Area.

**2. Total Area of Salt Pans**　refers to the total area covered by salt pans, including the area for brine storage, evaporation, brine preservation, and crystallization, the area of ditches, moats, ponds and banks within the beach as well as beach mounds, and ditches, moats, highway beyond the beach as well as the area of miscellaneous lands.

**3. Area of Salt Pan Production**　refers to the area directly provided for sea-salt productions, including the area for crystallization, evaporation and brine preservation, the area of ditches, moats, ponds and banks within the beach as well as the area of beach mounds.

**4. Year-End Capacity of Crude Salt Production**　refers to the integrated and balanced capacity of all equipment of the enterprise used for crude salt production at the end of the year. As sea salt production is an open-air operation, which is subject to the effect of weather, the production capacity of a matured salt pan is calculated at the productions of the actual average unit production area in ten years times the production area of the matured salt pan in the current year. The production capacity of new salt pans is calculated at the production that may be reached in the light of the designed capacity and the level of maturity of the salt pan.

**5. Marine Fishing Vessels**　refer to the vessels equipped with machines as motive power and going for marine fishery production and auxiliary fishery production.

**6. Deep Sea Fishing Vessels**　refer to the fishing vessels which carry out production all the year round or seasonally in the non-Chinese jurisdictional, sea areas (foreign EEZ or high sea) according to the China Deep-Sea Fishing Projects Management Measures.

**7. Number of Berths**　refers to the spaces equipped with facilities for docking ships and the number of ships of the maximum tonnage that may dock or anchor in them. A space for a ship to dock is counted as one berth and the rest are reasoned out by analogy. Berths are divided into wharf berths and buoy berths.

**8. Number of Rooms**　refers to the number of guest rooms actually used by the hotels receiving tourists.

**9. Number of Beds**　refers to the number of beds actually used by the hotels receiving tourists.

# 5

# 涉 海 就 业
## Ocean-Related Employment

# 5-1 全国涉海就业人员情况
## Ocean-Related Employed Personnel by Regions

单位：万人             (10 000 persons)

| 地 区<br>Region | 2001 | 2015 | 2016 |
|---|---|---|---|
| 合 计<br>Total | 2 107.6 | 3 588.5 | 3 622.5 |
| 天 津<br>Tianjin | 106.4 | 181.2 | 182.9 |
| 河 北<br>Hebei | 58.0 | 98.8 | 99.7 |
| 辽 宁<br>Liaoning | 196.0 | 333.7 | 336.9 |
| 上 海<br>Shanghai | 127.5 | 217.1 | 219.1 |
| 江 苏<br>Jiangsu | 116.9 | 199.0 | 200.9 |
| 浙 江<br>Zhejiang | 256.4 | 436.6 | 440.7 |
| 福 建<br>Fujian | 259.7 | 442.2 | 446.4 |
| 山 东<br>Shandong | 319.9 | 544.7 | 549.8 |
| 广 东<br>Guangdong | 505.3 | 860.3 | 868.5 |
| 广 西<br>Guangxi | 68.9 | 117.3 | 118.4 |
| 海 南<br>Hainan | 80.6 | 137.2 | 138.5 |
| 其 他<br>Others | 12.0 | 20.4 | 20.6 |

注：2015年和2016年为推算数据；其他为非沿海地区涉海就业人员数。

Note: The data for 2015 and 2016 are the estimated ones; Others refer to the number of ocean-related
employed persons in the non-coastal regions.

# 5-2 全国主要海洋产业就业人员情况
# Employed Personnel in the Major Marine Industries

单位：万人 (10 000 persons)

| 海洋产业<br>Marine Industry | 2001 | 2015 | 2016 |
|---|---|---|---|
| 合 计<br>**Total** | 719.1 | 1224.3 | 1236.0 |
| 海洋渔业及相关产业<br>Marine Fishery and the Related Industries | 348.3 | 593.0 | 598.7 |
| 海洋石油和天然气业<br>Offshore Oil and Natural Gas Industry | 12.4 | 21.1 | 21.3 |
| 海滨砂矿业<br>Beach Placer Mining Industry | 1.0 | 1.7 | 1.7 |
| 海洋盐业<br>Sea Salt Industry | 15.0 | 25.5 | 25.8 |
| 海洋化工业<br>Marine Chemical Industry | 16.1 | 27.4 | 27.7 |
| 海洋生物医药业<br>Marine Biomedicine Industry | 0.6 | 1.0 | 1.0 |
| 海洋电力和海水利用业<br>Marine Electric Power and Seawater Utilization Industry | 0.7 | 1.2 | 1.2 |
| 海洋船舶工业<br>Marine Shipbuilding Industry | 20.6 | 35.1 | 35.4 |
| 海洋工程建筑业<br>Marine Engineering Architecture Industry | 38.8 | 66.1 | 66.7 |
| 海洋交通运输业<br>Maritime Communications and Transportation Industry | 50.8 | 86.5 | 87.3 |
| 滨海旅游业<br>Coastal Tourism | 78.3 | 133.3 | 134.6 |
| 其他海洋产业<br>Other Marine Industries | 136.5 | 232.4 | 234.6 |

注：2015年和2016年为推算数据。

Note: The data for 2015 and 2016 are the estimated ones.

# 6

# 海洋科学技术
## Marine Science and Technology

# 6-1 分行业海洋科研机构及人员情况
## Marine Scientific Research Institutions and Personnel by Industry

| 行 业<br>Industry | 机构数（个）<br>Number of<br>Institutions | 从业人员（人）<br>Employees (person) |
|---|---|---|
| 合 计<br>**Total** | 160 | 29 258 |
| 海洋基础科学研究<br>**Marine Basic Scientific Research** | 100 | 18 985 |
| 海洋自然科学<br>Marine Natural Science | 60 | 14 776 |
| 海洋社会科学<br>Marine Social Science | 4 | 776 |
| 海洋农业科学<br>Marine Agricultural Science | 35 | 3 366 |
| 海洋生物医药<br>Marine Biomedicine | 1 | 67 |
| 海洋工程技术研究<br>**Marine Engineering Technology Research** | 48 | 6 969 |
| 海洋化学工程技术<br>Marine Chemical Engineering Technology | 2 | 201 |
| 海洋生物工程技术<br>Marine Bioengineering Technology | 2 | 220 |
| 海洋交通运输工程技术<br>Marine Communications<br>and Transport Engineering Technology | 9 | 1 769 |

6-1 续表 continued

| 行 业<br>Industry | 机构数（个）<br>Number of<br>Institutions | 从业人员（人）<br>Employees (person) |
|---|---|---|
| 海洋能源开发技术<br>Marine Energies Development<br>Technology | 1 | 45 |
| 海洋环境工程技术<br>Marine Environmental<br>Engineering Technology | 14 | 1 030 |
| 河口水利工程技术<br>Estuarine Water Conservancy<br>Engineering Technology | 17 | 3 106 |
| 其他海洋工程技术<br>Other Marine Engineering<br>Technologies | 3 | 598 |
| 海洋信息服务业<br>**Marine Information Service** | 9 | 1 040 |
| 海洋技术服务业<br>**Marine Technological Service Industry** | 3 | 2 264 |
| 海洋工程管理服务<br>Marine Engineering Management Service | 0 | 0 |
| 其他海洋专业技术服务<br>Other Marine Professional and Technological Services | 3 | 2 264 |

注：机构为县级以上科研机构；行业分类参照《海洋及相关产业分类》标准。
　　统计口径发生变化，不包括涉海企业科研机构数据（以下相关表同）。

Note: The institutions are the scientific research institutions above the county level; The classification of
industries follows the standard *Classification of Marine Industries and the Related Industries.*
The statistical caliber has changed, so the data of the statistical institutions don't include those of the scientific
research institutions of marine related enterprises. The same applies to the tables following.

## 6-2 分行业海洋科研机构科技活动人员学历构成
## Educational Background Composition of the Personnel Engaged in Scientific and Technological Activities in Marine Scientific Research Institutions by Industry

单位：人 ( person)

| 行 业<br>Industry | 科技活动人员<br>Personnel Engaged in Scientifical Activities | #博士<br>Doctor | #硕士<br>Master | #大学生<br>Graduate | #大专生<br>College Graduate |
|---|---|---|---|---|---|
| 合 计<br>**Total** | 25 946 | 7 724 | 8 560 | 6 861 | 1 667 |
| 海洋基础科学研究<br>**Marine Basic Scientific Research** | 17 537 | 6 377 | 5 125 | 3 996 | 1 084 |
| 海洋自然科学<br>Marine Natural Science | 13 814 | 5 687 | 3 938 | 2 722 | 723 |
| 海洋社会科学<br>Marine Social Science | 753 | 155 | 296 | 238 | 55 |
| 海洋农业科学<br>Marine Agricultural Science | 2 918 | 535 | 884 | 997 | 300 |
| 海洋生物医药<br>Marine Biomedicine | 52 | 0 | 7 | 39 | 6 |
| 海洋工程技术研究<br>**Marine Engineering Technology Research** | 5 743 | 873 | 2 159 | 2 181 | 465 |
| 海洋化学工程技术<br>Marine Chemical Engineering Technology | 114 | 1 | 28 | 55 | 30 |
| 海洋生物工程技术<br>Marine Bioengineering Technology | 199 | 21 | 90 | 67 | 20 |

| 行　业<br>Industry | 科技活动人员<br>Personnel Engaged in Scientifical Activities | #博士<br>Doctor | #硕士<br>Master | #大学生<br>Graduate | #大专生<br>College Graduate |
|---|---|---|---|---|---|
| 海洋交通运输工程技术<br>Marine Communications and Transport Engineering Technology | 1 505 | 131 | 678 | 595 | 83 |
| 海洋能源开发技术<br>Marine Energies Development Technology | 42 | 0 | 11 | 19 | 12 |
| 海洋环境工程技术<br>Marine Environmental Engineering Technology | 907 | 63 | 278 | 477 | 69 |
| 河口水利工程技术<br>Estuarine Water Conservancy Engineering Technology | 2 585 | 594 | 888 | 843 | 236 |
| 其他海洋工程技术<br>Other Marine Engineering Technologies | 391 | 63 | 186 | 125 | 15 |
| 海洋信息服务业<br>**Marine Information Service** | 976 | 105 | 404 | 390 | 47 |
| 海洋技术服务业<br>**Marine Technological Service Industry** | 1 690 | 369 | 872 | 294 | 71 |
| 海洋工程管理服务<br>Marine Engineering Management Service | 0 | 0 | 0 | 0 | 0 |
| 其他海洋专业技术服务<br>Other Marine Professional and Technological Services | 1 690 | 369 | 872 | 294 | 71 |

## 6-3 分行业海洋科研机构科技活动人员职称构成
## Professional Title Composition of Personnel Engaged in Scientific and Technological Activities in the Marine Scientific Research Institutions by Industry

单位：人 (person)

| 行 业<br>Industry | 科技活动人员<br>Personnel Engaged in Scientifical Activities | #高级职称<br>Senior Professional Title | #中级职称<br>Mid-level Professional Title | #初级职称<br>Junior Professional Title |
|---|---|---|---|---|
| 合 计<br>**Total** | 25 946 | 11 228 | 8 893 | 3 817 |
| 海洋基础科学研究<br>**Marine Basic Scientific Research** | 17 537 | 7 697 | 6 389 | 2 314 |
| 海洋自然科学<br>Marine Natural Science | 13 814 | 6 186 | 5 093 | 1 717 |
| 海洋社会科学<br>Marine Social Science | 753 | 449 | 242 | 55 |
| 海洋农业科学<br>Marine Agricultural Science | 2 918 | 1 061 | 1 045 | 519 |
| 海洋生物医药<br>Marine Biomedicine | 52 | 1 | 9 | 23 |
| 海洋工程技术研究<br>**Marine Engineering Technology Research** | 5 743 | 2 653 | 1 726 | 831 |
| 海洋化学工程技术<br>Marine Chemical Engineering Technology | 114 | 19 | 62 | 33 |
| 海洋生物工程技术<br>Marine Bioengineering Technology | 199 | 61 | 78 | 58 |

| 行 业<br>Industry | 科技活动人员<br>Personnel Engaged in Scientifical Activities | #高级职称<br>Senior Professional Title | #中级职称<br>Mid-level Professional Title | #初级职称<br>Junior Professional Title |
|---|---|---|---|---|
| 海洋交通运输工程技术<br>Marine Communications and Transport Engineering Technology | 1 505 | 547 | 436 | 279 |
| 海洋能源开发技术<br>Marine Energies Development Technology | 42 | 14 | 22 | 4 |
| 海洋环境工程技术<br>Marine Environmental Engineering Technology | 907 | 378 | 336 | 152 |
| 河口水利工程技术<br>Estuarine Water Conservancy Engineering Technology | 2 585 | 1 418 | 666 | 260 |
| 其他海洋工程技术<br>Other Marine Engineering Technologies | 391 | 216 | 126 | 45 |
| 海洋信息服务业<br>**Marine Information Service** | 976 | 331 | 229 | 233 |
| 海洋技术服务业<br>**Marine Technological Service Industry** | 1 690 | 547 | 549 | 439 |
| 海洋工程管理服务<br>Marine Engineering Management Service | 0 | 0 | 0 | 0 |
| 其他海洋专业技术服务<br>Other Marine Professional and Technological Services | 1 690 | 547 | 549 | 439 |

## 6-4 分行业海洋科研机构经费收入
## Routine Funds Receipts of the Marine Scientific Research Institutions by Industry

单位：千元                                              (1 000 yuan)

| 行 业<br>Industry | 经费收入<br>总额<br>Fund Total | 本年收入合计<br>Total Annual Income | 基本建设中<br>政府投资<br>Government Investment in the Capital Construction |
|---|---|---|---|
| 合 计<br>**Total** | 24 988 205 | 22 785 846 | 2 202 359 |
| 海洋基础科学研究<br>**Marine Basic Scientific Research** | 17 731 788 | 15 733 346 | 1 998 442 |
| 海洋自然科学<br>Marine Natural Science | 14 843 620 | 13 165 288 | 1 678 332 |
| 海洋社会科学<br>Marine Social Science | 702 967 | 648 889 | 54 078 |
| 海洋农业科学<br>Marine Agricultural Science | 2 167 126 | 1 902 082 | 265 044 |
| 海洋生物医药<br>Marine Biomedicine | 18 075 | 17 087 | 988 |
| 海洋工程技术研究<br>**Marine Engineering Technology Research** | 4 881 730 | 4 728 621 | 153 109 |
| 海洋化学工程技术<br>Marine Chemical Engineering Technology | 74 579 | 74 579 | 0 |
| 海洋生物工程技术<br>Marine Bioengineering Technology | 276 294 | 276 294 | 0 |

6-4 续表 continued

| 行 业<br>Industry | 经费收入<br>总额<br>Fund Total | 本年收入合计<br>Total Annual<br>Income | 基本建设中<br>政府投资<br>Government<br>Investment in the<br>Capital Construction |
|---|---|---|---|
| 海洋交通运输工程技术<br>Marine Communications<br>and Transport Engineering<br>Technology | 1 321 602 | 1 267 997 | 53 605 |
| 海洋能源开发技术<br>Marine Energies<br>Development Technology | 21 564 | 21 564 | 0 |
| 海洋环境工程技术<br>Marine Environmental<br>Engineering Technology | 844 981 | 772 109 | 72 872 |
| 河口水利工程技术<br>Estuarine Water Conservancy<br>Engineering Technology | 2 061 766 | 2 035 134 | 26 632 |
| 其他海洋工程技术<br>Other Marine Engineering<br>Technologies | 280 944 | 280 944 | 0 |
| 海洋信息服务业<br>**Marine Information Service** | 737 013 | 727 389 | 9 624 |
| 海洋技术服务业<br>**Marine Technological Service<br>Industry** | 1 637 674 | 1 596 490 | 41 184 |
| 海洋工程管理服务<br>Marine Engineering Management<br>Service | 0 | 0 | 0 |
| 其他海洋专业技术服务<br>Other Marine Professional and<br>Technological Services | 1 637 674 | 1 596 490 | 41 184 |

## 6-5　分行业海洋科研机构科技课题情况
## Marine Science and Technology Research Projects
## of the Research Institutions by Industry

单位：项　　　　　　　　　　　　　　　　　　　　　　　　　　　　　　　(item)

| 行　业<br>Industry | 课题数<br>Number of<br>Research<br>Projects | 基础研究<br>Basic<br>Research | 应用研究<br>Applied<br>Research | 试验发展<br>Experimental<br>Development | 成果应用<br>Result<br>Application | 科技服务<br>Scientific and<br>Technological<br>Service |
|---|---|---|---|---|---|---|
| 合　计<br>**Total** | 18 139 | 5 676 | 5 201 | 3 006 | 1 547 | 2 709 |
| 海洋基础科学研究<br>**Marine Basic Scientific<br>Research** | 14 640 | 5 137 | 4 391 | 2 374 | 1 139 | 1 599 |
| 海洋自然科学<br>Marine Natural Science | 12 103 | 4 906 | 4 014 | 1 773 | 631 | 779 |
| 海洋社会科学<br>Marine Social Science | 945 | 9 | 12 | 71 | 297 | 556 |
| 海洋农业科学<br>Marine Agricultural<br>Science | 1 581 | 220 | 364 | 522 | 211 | 264 |
| 海洋生物医药<br>Marine Biomedicine | 11 | 2 | 1 | 8 | 0 | 0 |
| 海洋工程技术研究<br>**Marine Engineering<br>Technology Research** | 2 602 | 281 | 491 | 567 | 289 | 974 |
| 海洋化学工程技术<br>Marine Chemical<br>Engineering Technology | 9 | | 1 | 7 | 1 | 0 |
| 海洋生物工程技术<br>Marine Bioengineering<br>Technology | 112 | | 9 | 49 | 46 | 8 |

| 行 业<br>Industry | 课题数<br>Number of<br>Research<br>Projects | 基础研究<br>Basic<br>Research | 应用研究<br>Applied<br>Research | 试验发展<br>Experimental<br>Development | 成果应用<br>Result<br>Application | 科技服务<br>Scientific and<br>Technological<br>Service |
|---|---|---|---|---|---|---|
| 海洋交通运输工程技术<br>Marine Communications and Transport Engineering Technology | 829 | 84 | 87 | 213 | 78 | 367 |
| 海洋能源开发技术<br>Marine Energies Development Technology | 16 | 0 | 0 | 5 | 3 | 8 |
| 海洋环境工程技术<br>Marine Environmental Engineering Technology | 269 | 17 | 24 | 68 | 31 | 129 |
| 河口水利工程技术<br>Estuarine Water Conservancy Engineering Technology | 1 294 | 171 | 361 | 203 | 102 | 457 |
| 其他海洋工程技术<br>Other Marine Engineering Technologies | 73 | 9 | 9 | 22 | 28 | 5 |
| 海洋信息服务业<br>**Marine Information Service** | 149 | 1 | 3 | 13 | 5 | 127 |
| 海洋技术服务业<br>**Marine Technological Service Industry** | 748 | 257 | 316 | 52 | 114 | 9 |
| 海洋工程管理服务<br>Marine Engineering Management Service | 0 | 0 | 0 | 0 | 0 | 0 |
| 其他海洋专业技术服务<br>Other Marine Professional and Technological Services | 748 | 257 | 316 | 52 | 114 | 9 |

# 6-6 分行业海洋科研机构科技论著情况
## Marine Scientific and Technological Works of the Research Institutions by Industry

| 行 业<br>Industry | 发表科技论文（篇）<br>Scientific Theses<br>Published (piece) | #国外发表<br>Published Abroad | 出版科技著作<br>（种）<br>Scientific and<br>Technological<br>Works Published<br>(kind) |
|---|---|---|---|
| 合 计<br>**Total** | 16 016 | 6 981 | 369 |
| 海洋基础科学研究<br>**Marine Basic Scientific Research** | 12 272 | 5 460 | 241 |
| 海洋自然科学<br>Marine Natural Science | 9 827 | 4 930 | 140 |
| 海洋社会科学<br>Marine Social Science | 715 | 23 | 57 |
| 海洋农业科学<br>Marine Agricultural Science | 1 728 | 507 | 44 |
| 海洋生物医药<br>Marine Biomedicine | 2 | 0 | 0 |
| 海洋工程技术研究<br>**Marine Engineering Technology Research** | 2 024 | 285 | 92 |
| 海洋化学工程技术<br>Marine Chemical<br>Engineering Technology | 6 | 0 | 0 |
| 海洋生物工程技术<br>Marine Bioengineering Technology | 103 | 5 | 1 |

| 行 业<br>Industry | 发表科技论文（篇）<br>Scientific Theses<br>Published (piece) | #国外发表<br>Published Abroad | 出版科技著作<br>（种）<br>Scientific and<br>Technological<br>Works Published<br>(kind) |
|---|---|---|---|
| 海洋交通运输工程技术<br>Marine Communications<br>and Transport Engineering Technology | 479 | 52 | 19 |
| 海洋能源开发技术<br>Marine Energies<br>Development Technology | 11 | 0 | 0 |
| 海洋环境工程技术<br>Marine Environmental<br>Engineering Technology | 137 | 12 | 9 |
| 河口水利工程技术<br>Estuarine Water<br>Conservancy Engineering Technology | 1 053 | 189 | 60 |
| 其他海洋工程技术<br>Other Marine Engineering<br>Technologies | 235 | 27 | 3 |
| 海洋信息服务业<br>**Marine Information Service** | 315 | 12 | 24 |
| 海洋技术服务业<br>**Marine Technological Service Industry** | 1 405 | 1 224 | 12 |
| 海洋工程管理服务<br>Marine Engineering Management<br>Service | 0 | 0 | 0 |
| 其他海洋专业技术服务<br>Other Marine Professional and<br>Technological Services | 1 405 | 1 224 | 12 |

# 6-7 分行业科研机构科技专利情况
## Marine Scientific and Technological Patents of the Research Institutions by Industry

单位：件 (unit)

| 行　业<br>Industry | 专利申请受理数<br>Number of Patent Applications Accepted | #发明专利<br>Patents for Discoveries | 专利授权数<br>Number of Patents Granted | #发明专利<br>Patents for Discoveries | 拥有发明专利总数<br>Total Number of Patents for Discoveries |
|---|---|---|---|---|---|
| 合　计<br>**Total** | 4 095 | 3 143 | 2 851 | 1 876 | 8 332 |
| 海洋基础科学研究<br>**Marine Basic Scientific Research** | 2 250 | 1 744 | 1 706 | 1 118 | 5 895 |
| 海洋自然科学<br>Marine Natural Science | 1 624 | 1 323 | 1 298 | 950 | 4 759 |
| 海洋社会科学<br>Marine Social Science | 25 | 10 | 13 | 7 | 19 |
| 海洋农业科学<br>Marine Agricultural Science | 600 | 411 | 395 | 161 | 1 117 |
| 海洋生物医药<br>Marine Biomedicine | 1 | 0 | 0 | 0 | 0 |
| 海洋工程技术研究<br>**Marine Engineering Technology Research** | 561 | 286 | 429 | 197 | 542 |
| 海洋化学工程技术<br>Marine Chemical Engineering Technology | 10 | 9 | 4 | 3 | 40 |
| 海洋生物工程技术<br>Marine Bioengineering Technology | 11 | 9 | 6 | 4 | 8 |

| 行 业<br>Industry | 专利申请受理数<br>Number of Patent Applications Accepted | #发明专利<br>Patents for Discoveries | 专利授权数<br>Number of Patents Granted | #发明专利<br>Patents for Discoveries | 拥有发明专利总数<br>Total Number of Patents for Discoveries |
|---|---|---|---|---|---|
| 海洋交通运输工程技术<br>Marine Communications and Transport Engineering Technology | 95 | 37 | 65 | 33 | 82 |
| 海洋能源开发技术<br>Marine Energies Development Technology | 9 | 5 | 1 | 1 | 2 |
| 海洋环境工程技术<br>Marine Environmental Engineering Technology | 27 | 13 | 14 | 2 | 35 |
| 河口水利工程技术<br>Estuarine Water Conservancy Engineering Technology | 369 | 178 | 284 | 112 | 245 |
| 其他海洋工程技术<br>Other Marine Engineering Technologies | 40 | 35 | 55 | 42 | 130 |
| 海洋信息服务业<br>**Marine Information Service** | 0 | 0 | 16 | 3 | 6 |
| 海洋技术服务业<br>**Marine Technological Service Industry** | 1 284 | 1 113 | 700 | 558 | 1 889 |
| 海洋工程管理服务<br>Marine Engineering Management Service | 0 | 0 | 0 | 0 | 0 |
| 其他海洋专业技术服务<br>Other Marine Professional and Technological Services | 1 284 | 1 113 | 700 | 558 | 1 889 |

# 6-8 分行业海洋科研机构R & D情况
# R & D in the Marine Scientific Research Institutions by Industry

| 行 业<br>Industry | R & D人员<br>（人）<br>R & D Personnel<br>(person) | R & D经费内部支出<br>（千元）<br>R & D Internal<br>Expenditure<br>(1 000 yuan) | R & D课题数<br>（项）<br>Number of R & D<br>Projects<br>(item) |
|---|---|---|---|
| 合 计<br>**Total** | 26 347 | 13 149 411 | 13 883 |
| 海洋基础科学研究<br>**Marine Basic Scientific Research** | 20 730 | 10 501 125 | 11 902 |
| 海洋自然科学<br>Marine Natural Science | 18 160 | 9 418 756 | 10 693 |
| 海洋社会科学<br>Marine Social Science | 268 | 65 679 | 92 |
| 海洋农业科学<br>Marine Agricultural Science | 2 250 | 1 003 696 | 1 106 |
| 海洋生物医药<br>Marine Biomedicine | 52 | 12 994 | 11 |
| 海洋工程技术研究<br>**Marine Engineering Technology Research** | 3 134 | 1 342 127 | 1 339 |
| 海洋化学工程技术<br>Marine Chemical Engineering Technology | 106 | 4 597 | 8 |
| 海洋生物工程技术<br>Marine Bioengineering Technology | 190 | 34 068 | 58 |

| 行 业<br>Industry | R & D人员<br>（人）<br>R & D Personnel<br>(person) | R & D经费内部支出<br>（千元）<br>R & D Internal<br>Expenditure<br>(1 000 yuan) | R & D课题数<br>（项）<br>Number of R & D<br>Projects<br>(item) |
|---|---|---|---|
| 海洋交通运输工程技术<br>Marine Communications<br>and Transport Engineering<br>Technology | 905 | 353 174 | 384 |
| 海洋能源开发技术<br>Marine Energies<br>Development Technology | 20 | 6 734 | 5 |
| 海洋环境工程技术<br>Marine Environmental<br>Engineering Technology | 405 | 251 589 | 109 |
| 河口水利工程技术<br>Estuarine Water Conservancy<br>Engineering Technology | 1 349 | 640 633 | 735 |
| 其他海洋工程技术<br>Other Marine Engineering<br>Technologies | 159 | 51 332 | 40 |
| 海洋信息服务业<br>**Marine Information Service** | 296 | 128 557 | 17 |
| 海洋技术服务业<br>**Marine Technological Service<br>Industry** | 2 187 | 1 177 602 | 625 |
| 海洋工程管理服务<br>Marine Engineering<br>Management Service | 0 | 0 | 0 |
| 其他海洋专业技术服务<br>Other Marine Professional<br>and Technological Services | 2 187 | 1 177 602 | 625 |

# 6-9  分地区海洋科研机构及人员情况
## Marine Scientific Research Institutions and Personnel by Regions

| 地 区<br>Region | 机构数（个）<br>Number of Institutions | 从业人员（人）<br>Employees (person) |
|---|---|---|
| 合 计<br>**Total** | 160 | 29 258 |
| 北 京<br>Beijing | 18 | 7 408 |
| 天 津<br>Tianjin | 11 | 2 012 |
| 河 北<br>Hebei | 5 | 525 |
| 辽 宁<br>Liaoning | 17 | 1 992 |
| 上 海<br>Shanghai | 11 | 2 571 |
| 江 苏<br>Jiangsu | 8 | 1 441 |
| 浙 江<br>Zhejiang | 19 | 1 839 |
| 福 建<br>Fujian | 14 | 1 193 |
| 山 东<br>Shandong | 20 | 3 532 |
| 广 东<br>Guangdong | 22 | 4 542 |
| 广 西<br>Guangxi | 8 | 436 |
| 海 南<br>Hainan | 3 | 290 |
| 其 他<br>Others | 4 | 1 477 |

# 6-10 分地区海洋科研机构科技活动人员学历构成
## Educational Background Composition of the Personnel Engaged in Scientific and Technological Activities in Marine Scientific Research Institutions by Regions

单位：人 (person)

| 地 区<br>Region | 科技活动人员<br>Personnel Engaged in Scientifical Activities | #博士<br>Doctor | #硕士<br>Master | #大学生<br>Graduate | #大专生<br>College Graduate |
|---|---|---|---|---|---|
| 合 计<br>**Total** | 25 946 | 7 724 | 8 560 | 6 861 | 1 667 |
| 北 京<br>Beijing | 6 786 | 2 904 | 2 070 | 1 340 | 283 |
| 天 津<br>Tianjin | 1 841 | 219 | 780 | 680 | 76 |
| 河 北<br>Hebei | 504 | 55 | 132 | 236 | 67 |
| 辽 宁<br>Liaoning | 1 836 | 301 | 825 | 465 | 152 |
| 上 海<br>Shanghai | 2 280 | 520 | 808 | 714 | 141 |
| 江 苏<br>Jiangsu | 1 305 | 429 | 346 | 303 | 97 |
| 浙 江<br>Zhejiang | 1 560 | 257 | 592 | 546 | 121 |
| 福 建<br>Fujian | 1 109 | 190 | 385 | 433 | 68 |
| 山 东<br>Shandong | 3 008 | 970 | 872 | 755 | 248 |
| 广 东<br>Guangdong | 3 870 | 1 211 | 1 287 | 876 | 289 |
| 广 西<br>Guangxi | 367 | 20 | 79 | 210 | 54 |
| 海 南<br>Hainan | 232 | 11 | 86 | 100 | 26 |
| 其 他<br>Others | 1 248 | 637 | 298 | 203 | 45 |

# 6-11 分地区海洋科研机构科技活动人员职称构成
# Technical Title Composition of Personel Engaged in Marine
# Scientific Research Institutions by Regions

单位：人 (person)

| 地 区<br>Region | 科技活动人员<br>Personnel Engaged in<br>Scientifical Activities | #高级职称<br>Senior<br>Professional Title | #中级职称<br>Mid-level<br>Professional Title | #初级职称<br>Junior<br>Professional Title |
|---|---|---|---|---|
| 合 计<br>**Total** | 25 946 | 11 228 | 8 893 | 3 817 |
| 北 京<br>Beijing | 6 786 | 3 539 | 2 081 | 719 |
| 天 津<br>Tianjin | 1 841 | 765 | 622 | 301 |
| 河 北<br>Hebei | 504 | 278 | 176 | 26 |
| 辽 宁<br>Liaoning | 1 836 | 712 | 684 | 234 |
| 上 海<br>Shanghai | 2 280 | 913 | 824 | 383 |
| 江 苏<br>Jiangsu | 1 305 | 746 | 336 | 149 |
| 浙 江<br>Zhejiang | 1 560 | 626 | 513 | 253 |
| 福 建<br>Fujian | 1 109 | 385 | 457 | 200 |
| 山 东<br>Shandong | 3 008 | 1 103 | 1 224 | 480 |
| 广 东<br>Guangdong | 3 870 | 1 427 | 1 263 | 757 |
| 广 西<br>Guangxi | 367 | 107 | 120 | 124 |
| 海 南<br>Hainan | 232 | 54 | 57 | 85 |
| 其 他<br>Others | 1 248 | 573 | 536 | 106 |

# 6-12 分地区海洋科研机构经费收入
## Routine Funds Receipts of Marine Scientific Research Institutions by Regions

单位：千元 (1 000 yuan)

| 地 区<br>Regions | 经费收入<br>总额<br>Fund Total | 本年收入合计<br>Total Annual Income | 基本建设中政府投资<br>Government Investment in the<br>Capital Construction |
|---|---|---|---|
| 合 计<br>**Total** | 24 988 205 | 22 785 846 | 2 202 359 |
| 北 京<br>Beijing | 6 506 337 | 6 167 149 | 339 188 |
| 天 津<br>Tianjin | 1 591 703 | 1 571 237 | 20 466 |
| 河 北<br>Hebei | 239 266 | 182 570 | 56 696 |
| 辽 宁<br>Liaoning | 1 772 541 | 1 649 551 | 122 990 |
| 上 海<br>Shanghai | 3 776 542 | 2 950 309 | 826 233 |
| 江 苏<br>Jiangsu | 1 228 021 | 1 136 314 | 91 707 |
| 浙 江<br>Zhejiang | 1 290 940 | 1 232 290 | 58 650 |
| 福 建<br>Fujian | 782 262 | 777 529 | 4 733 |
| 山 东<br>Shandong | 3 607 343 | 3 138 634 | 468 709 |
| 广 东<br>Guangdong | 2 918 603 | 2 736 043 | 182 560 |
| 广 西<br>Guangxi | 142 195 | 142 195 | 0 |
| 海 南<br>Hainan | 159 076 | 132 129 | 26 947 |
| 其 他<br>Others | 973 376 | 969 896 | 3 480 |

# 6-13　分地区海洋科研机构科技课题情况
## Marine Science and Technology Research Projects of the Research Institutions by Regions

单位：项　　　　　　　　　　　　　　　　　　　　　　　　　　　　　　　　　　　　(item)

| 地　区<br>Region | 课题数<br>Number of<br>Research<br>Projects | 基础研究<br>Basic<br>Research | 应用研究<br>Applied<br>Research | 试验发展<br>Experimental<br>Development | 成果应用<br>Result<br>Application | 科技服务<br>Scientific and<br>Technological<br>Service |
|---|---|---|---|---|---|---|
| 合　计<br>**Total** | 18 139 | 5 676 | 5 201 | 3 006 | 1 547 | 2 709 |
| 北　京<br>Beijing | 5 822 | 2 232 | 1 732 | 259 | 410 | 1 189 |
| 天　津<br>Tianjin | 842 | 18 | 101 | 305 | 36 | 382 |
| 河　北<br>Hebei | 63 | 9 | 17 | 13 | 13 | 11 |
| 辽　宁<br>Liaoning | 494 | 79 | 217 | 56 | 127 | 15 |
| 上　海<br>Shanghai | 935 | 13 | 321 | 227 | 116 | 258 |
| 江　苏<br>Jiangsu | 2 501 | 325 | 942 | 585 | 515 | 134 |
| 浙　江<br>Zhejiang | 709 | 141 | 55 | 140 | 100 | 273 |
| 福　建<br>Fujian | 590 | 232 | 155 | 124 | 24 | 55 |
| 山　东<br>Shandong | 1 520 | 551 | 433 | 273 | 66 | 197 |
| 广　东<br>Guangdong | 3 047 | 1 025 | 939 | 812 | 105 | 166 |
| 广　西<br>Guangxi | 52 | 18 | 12 | 20 | 2 | 0 |
| 海　南<br>Hainan | 33 | 6 | 9 | 13 | 5 | 0 |
| 其　他<br>Others | 1 531 | 1 027 | 268 | 179 | 28 | 29 |

# 6-14 分地区海洋科研机构科技论著情况
## Marine Scientific and Technological Works of the Research Institutions by Regions

| 地 区<br>Region | 发表科技论文（篇）<br>Scientific Theses<br>Published (piece) | #国外发表<br>Published Abroad | 出版科技著作（种）<br>Scientific and<br>Technological Works<br>Published (kind) |
|---|---|---|---|
| 合 计<br>**Total** | 16 016 | 6 981 | 369 |
| 北 京<br>Beijing | 4 703 | 2 302 | 121 |
| 天 津<br>Tianjin | 538 | 39 | 33 |
| 河 北<br>Hebei | 383 | 3 | 31 |
| 辽 宁<br>Liaoning | 609 | 336 | 10 |
| 上 海<br>Shanghai | 1 092 | 230 | 23 |
| 江 苏<br>Jiangsu | 1 118 | 275 | 25 |
| 浙 江<br>Zhejiang | 519 | 160 | 13 |
| 福 建<br>Fujian | 412 | 180 | 11 |
| 山 东<br>Shandong | 1 945 | 871 | 33 |
| 广 东<br>Guangdong | 3 072 | 1 836 | 49 |
| 广 西<br>Guangxi | 69 | 12 | 2 |
| 海 南<br>Hainan | 57 | 5 | 0 |
| 其 他<br>Others | 1 499 | 732 | 18 |

# 6-15 分地区海洋科研机构科技专利情况
## Marine Scientific and Technological Patents of the Research Institutions by Regions

单位：件                                                                                    (unit)

| 地 区<br>Region | 专利申请受理数<br>Number of Patent<br>Applications Accepted | #发明专利<br>Patents for<br>Discoveries | 专利授权数<br>Number of<br>Patents Granted | #发明专利<br>Patents for<br>Discoveries | 拥有发明专利总数<br>Total Number of<br>Patents for<br>Discoveries |
|---|---|---|---|---|---|
| 合 计<br>**Total** | 4 095 | 3 143 | 2 851 | 1 876 | 8 332 |
| 北 京<br>Beijing | 734 | 558 | 636 | 440 | 1 651 |
| 天 津<br>Tianjin | 123 | 57 | 94 | 38 | 168 |
| 河 北<br>Hebei | 5 | 4 | 4 | 3 | 4 |
| 辽 宁<br>Liaoning | 350 | 283 | 211 | 142 | 703 |
| 上 海<br>Shanghai | 357 | 261 | 263 | 163 | 548 |
| 江 苏<br>Jiangsu | 156 | 104 | 136 | 79 | 419 |
| 浙 江<br>Zhejiang | 241 | 203 | 126 | 70 | 220 |
| 福 建<br>Fujian | 57 | 53 | 35 | 33 | 150 |
| 山 东<br>Shandong | 443 | 341 | 370 | 208 | 1 071 |
| 广 东<br>Guangdong | 1 326 | 1 103 | 788 | 600 | 2 847 |
| 广 西<br>Guangxi | 26 | 8 | 10 | 6 | 78 |
| 海 南<br>Hainan | 10 | 2 | 2 | 2 | 36 |
| 其 他<br>Others | 267 | 166 | 176 | 92 | 437 |

# 6-16 分地区海洋科研机构R & D情况
# R & D in the Marine Scientific Research Institutions by Regions

| 地 区<br>Region | R & D人员<br>（人）<br>R & D Personnel<br>(person) | R & D经费内部支出<br>（千元）<br>R & D Internal Expenditure<br>(1 000 yuan) | R & D课题数<br>（项）<br>Number of R & D Projects<br>(item) |
|---|---|---|---|
| 合 计<br>**Total** | 26 347 | 13 149 411 | 13 883 |
| 北 京<br>Beijing | 7 770 | 3 366 670 | 4 223 |
| 天 津<br>Tianjin | 1 437 | 757 931 | 424 |
| 河 北<br>Hebei | 265 | 71 485 | 39 |
| 辽 宁<br>Liaoning | 1 601 | 1 068 030 | 352 |
| 上 海<br>Shanghai | 1 839 | 2 150 057 | 561 |
| 江 苏<br>Jiangsu | 1 405 | 768 831 | 1 852 |
| 浙 江<br>Zhejiang | 898 | 479 554 | 336 |
| 福 建<br>Fujian | 808 | 408 332 | 511 |
| 山 东<br>Shandong | 3 126 | 1 382 895 | 1 257 |
| 广 东<br>Guangdong | 4 619 | 1 966 360 | 2 776 |
| 广 西<br>Guangxi | 167 | 32 587 | 50 |
| 海 南<br>Hainan | 143 | 16 918 | 28 |
| 其 他<br>Others | 2 269 | 679 761 | 1 474 |

# 主要统计指标解释

**1. 海洋科研机构**　指有明确的研究方向和任务，有一定水平的学术带头人和一定数量、质量的研究人员，有开展研究工作的基本条件，长期有组织地从事海洋研究与开发活动的机构。

**2. 从业人员**　指由本机构年末直接组织安排工作并支付工资的各类人员总数。包括固定职工、国家有编制的合同制职工、招聘人员和返聘的离退休人员。不包括离退休人员、停薪留职人员。

**3. 从事科技活动人员**　指从业人员中的科技管理人员、课题活动人员和科技服务人员。

**4. 高级职称**　指研究员、副研究员；教授、副教授；高级工程师；高级农艺师；正、副主任医（药、护、技）师；高级实验师；高级统计师；高级经济师；高级会计师；编审(正、副编审)；译审(正、副译审)、高级(主任)记者；正、副研究馆员等。

**5. 中级职称**　指助理研究员；讲师；工程师；农艺师；主治医(药、护、技)师；实验师；统计师；经济师；会计师；编辑；翻译；记者；馆员等。

**6. 初级职称**　指研究实习员；助教；助理工程师、技术员；助理农艺师、农业技术员；医(药、护、技)师、医(药、护、技)士；助理实验师、实验员；助理统计师、统计员；助理经济师；助理会计师、会计员；助理编辑、见习编辑；助理翻译；助理记者；助理馆员、管理员等。

**7. 科技经费筹集额**　指从各种渠道筹集到的计划用于本单位科技活动的经费，不论来源渠道如何。

**8. 政府资金**　指由各级政府部门直接拨款或企事业单位利用政府资金委托本机构从事科学技术活动所获得的收入。

**9. 生产经营活动收入**　指本机构在科研、技术等专业业务活动以外开展非独立核算的经营活动取得的收入，包括产品（商品）销售收入、经营服务收入、工程承包收入、租赁收入和其他经营收入。

**10. 其他收入**　指开展科技活动与生产经营活动以外的各项活动的收入，包括：用于离退休人员的政府拨款。

**11. 非科技活动借贷款**　指本机构为开展非科技活动从各种渠道获得的各类借、贷款。不论偿还形式、期限和数额如何，均按当年获得的借、贷款额填报。不包括基本建设贷款。

**12. 基础研究**　为获得新知识而进行的独创性研究。其目的是揭示观察到的现象和事实的基本原理和规律，而不以任何特定的实际应用为目的。

**13. 应用研究**　为获得新的科学技术知识而进行的独创性研究。它主要针对某一特定的实际应用目的。应用研究通常是为了确定基础研究成果或知识的可能的用途，或是为达到某一具体的、预定的实际目的确定新的方法(原理性)或途径。

**14. 试验发展**　利用从研究或实际经验获得的知识，为生产新的材料、产品和装置，建立新的工艺和系统，以及对已生产或建立的上述各项进行实质性的改进而进行的系统性工作。

**15. 成果应用**　为解决 R&D 活动阶段产生的新产品、新装置、新工艺、新技术、新方法、新系统和服务等能投入生产或在实际应用中所存在的技术问题而进行的系统性活动。它不具有创新成分。此类活动包括为达到生产目的而进行的定型设计和试制以及为扩大新产品的生产规模和探索新方法、新技术、新工艺等的应用领域而进行的适应性试验。

**16. 科技服务**　与科学研究与实验发展有关，并有助于科学技术知识的产生、传播和应用的活动。包括为扩大科技成果的使用范围而进行的示范性推广工作；为用户提供科技信息和文献服务的系统性工作；为用户提供可行性报告、技术方案、建议及进行技术论证等技术咨询工作；自然、生物现象的日常观测、监测，资源的考查和勘探；有关社会、人文、经济现象的通用资料的收集，如统计、市场调查等以及这些资料的常规分析与整理；为社会和公众提供的测试、标准化、计量、计算、质量控制和专利服务，不包括工商企业为进行正常生产而开展的上述活动。

**17. 生产性活动**　由于业务特殊的工艺设备条件，或掌握某种技术专长或诀窍，所进行的小量非常规生产。

**18. 科技论文**　在全国性学报或学术刊物上、省部属大专院校对外正式发行的学报或学术刊物上发表的论文以及向国外发表的论文。

**19. 科技著作**　经过正式出版部门编印出版的科技专著、大专院校教科书、科普著作。

**20. 专利申请受理数**　当年本单位向专利管理部门提出申请并被受理的职务专利申请件数。

**21. 专利授权数**　当年由专利管理部门授予本单位专利权的职务专利件数。

# Explanatory Notes on Main Statistical Indicators

**1. Marine Scientific Research Institution**　refers to the institution which has definite research orientations and tasks, high-level academic leading personnel and fair-sized, qualified research personnel, and basic conditions for research work and which is engaged for a long time in the marine research and development activities in an organized way.

**2. Employees**　refer to the total number of personnel of various kinds employed and paid by the institution at the end of the year, including fixed employees, contract workers of staff belonging to the state authorized staff, recruited personnel, reemployed retired personnel, but not including the retired and the personnel on leave with pay suspension.

**3. Personnel Engaged in Scientific and Technological Activities**　refers to the personnel for scientific and technological management, personnel engaged in the activities of research topics and scientific and technological service personnel.

**4. Senior Technical Title**　refer to research scientist, associate research scientist; professor, associate professor; senior engineer; senior agronomist; professor-rank and associate professor-rank doctor (pharmacists, nurses and technicians); senior laboratory technician; senior statisticians; senior economic engineer; chief accountant; senior editor (professor and associate professor ranks); senior translator (professor and associate professor ranks); senior journalist; research librarian (professor and associate professor ranks), etc.

**5. Intermediate Technical Title**　refer to assistant research scientist; lecturer; engineer; agronomist; lecturer-rank doctor (pharmacist, nurse and technician); laboratory technician; lecturer-rank statistician;

economic engineer; accountant; editor; translator; journalist; librarian, etc.

**6. Primary Technical Title**　refers to trainee researcher; assistant; assistant engineer, technician, assistant agronomist, agricultural technician; assistant-rank doctor (pharmacist, nurse and technician); assistant laboratory technician; assistant statistician; assistant economic engineer, assistant accountant; assistant editor, editor on probation; assistant translator; assistant journalist; assistant research librarian, librarian ,etc.

**7. Amount of Scientific and Technological Funds Raised**　refers to the funds raised through all channels planned to be used as funds for the scientific and technological activities in the institution regardless of their source and channels.

**8. Funds from Government**　refers to the direct appropriations by the government departments at all levels or the earnings from conducting scientific and technological activities entrusted to the institution by enterprises as institutions by earning the funds from government.

**9. Earnings from Production as Business Activities**　refer to the incomes obtained from the non-independent accounting business activities carried out by the institution beyond the scientific research, technological and professional activities, including these from sale of products(goods), business and service, contracted projects, leasing and other business.

**10. Other Incomes**　refer to those from the various activities conducted other than scientific and technological activities and production and business activities, including the government appropriations for retired personnel.

**11. Loan for Non-scientific as Technological Activities**　refers to the various types loan obtained by the institutions through all channels for carrying out non-scientific and technological activities, not including the load for capital construction. The loan, irrespective of its form of reimbursement, term and amount is filled in a form and submitted to the authorities as the amount acquired in the current year.

**12. Basic Research**　refers to the original research to acquire new knowledge. It is aimed at revealing the basic principles and laws of the phenomena and facts observed, but not at any specific practical applications.

**13. Applied Research**　refers to the original research to acquire new scientific and technological knowledge. It mainly serves the purpose of a particular practical application. The purpose of applied research is usually to define the potential uses of the research finds or knowledge obtained from basic research or to identify new methods (principles) or ways to reach a specific and predetermined goal.

**14. Experimental Development**　refers to the systematic work carried out to establish new technologies and systems for producing new materials, products and equipment by using the knowledge obtained from research or practical experience, or to make substantial improvement of the above-mentioned which have been produced or established.

**15. Result Application**　refers to the systematic activities carried out to solve the technical problems that might crop up in the production or practical application of the new products, devices, technologies, techniques, methods, systems and service occurring in the course of R & D activities.

They do not bring forth new ideas. Such activities include the finalizing design and trial-production for the purpose of production as well as the adaptive tests to expand the production scale of new products and the application areas of new methods, techniques and technologies.

**16. Scientific and Technological Service**　refers to the activities that are associated with the scientific research and experimental development, and contribute to the generation, dissemination and application of scientific and technological knowledge, which include the demonstrative work of popularization to enlarge the use scope of scientific and technological achievements; the systematic work of providing the users with scientific and technological information and literature service; the technical consultation work of providing users with feasibility reports, technical schemes and recommendations and carrying out technical demonstration; routine observation and monitoring of natural and biological phenomena, and the survey and exploration of resources; collection of universal data on the appropriate social, cultural and economic phenomena, such as statistics and market survey, as well as the routine analysis and sorting-out of these data; the provision for the society and the public of such service as testing, standardization, computation, quality control and patent, but not including the type of the above-mentioned activities carried out by industrial and commercial enterprises for the purpose of normal production.

**17. Productive Activity**　refers to the small-scale and non-conventional productions due to the presence of special technologies and equipment or mastery of a particular technical expertise or secret of success.

**18. Scientific Treatises**　refer to the theses published in the national journals or academic publications, those officially issued journals or academic publications by universities and colleges under provinces or ministries as well as theses published abroad.

**19. Scientific and Technological Works**　refer to the scientific and technological monographs, textbooks for universities and colleges and popular science books published by the official publishing houses.

**20. Number of Patents Applied and Accepted**　refers to the number of professional patent applications of the unit to the patent administrative department and accepted by it in the year.

**21. Number of Patents Granted**　refers to the number of the professional patents granted to the unit by the patent administrative department in the year.

# 7

# 海 洋 教 育
## Marine Education

# 7-1 全国各海洋专业博士研究生情况
## Doctoral Students from Marine Specialities

| 专 业<br>Speciality | 专业点数<br>（个）<br>Number of<br>Speciality<br>Agencies | 学生数（人） Number of Students (person) | | | |
|---|---|---|---|---|---|
| | | 毕业生<br>Graduates | 招 生<br>Entrants | 在校生<br>Enrollment | 预计毕业生数<br>Estimated<br>Graduates of<br>Next Year |
| 合 计<br>**Total** | 138 | 712 | 1 019 | 4 723 | 2 384 |
| 物理海洋学<br>Physical Oceanography | 5 | 69 | 64 | 283 | 140 |
| 海洋化学<br>Marine Chemistry | 5 | 26 | 29 | 157 | 85 |
| 海洋生物学<br>Marine Biology | 8 | 70 | 107 | 351 | 119 |
| 海洋地质<br>Marine Geology | 7 | 36 | 56 | 249 | 134 |
| 海洋科学学科<br>Marine Science Subjects | 6 | 81 | 137 | 534 | 258 |
| 水生生物学<br>Hydrobiology | 20 | 83 | 86 | 332 | 161 |
| 水文学及水资源<br>Hydrology and Water Resource | 19 | 88 | 133 | 699 | 380 |
| 港口海岸及近海工程<br>Coastal Harbour and Offshore<br>Engineering | 10 | 37 | 61 | 354 | 204 |

| 专 业<br>Speciality | 专业点数<br>（个）<br>Number of<br>Speciality<br>Agencies | 学生数（人） Number of Students (person) | | | |
| --- | --- | --- | --- | --- | --- |
| | | 毕业生<br>Graduates | 招 生<br>Entrants | 在校生<br>Enrollment | 预计毕业生数<br>Estimated<br>Graduates of<br>Next Year |
| 船舶与海洋结构物设计制造<br>Ships and Marine Structures<br>Design and Manufacture | 11 | 56 | 69 | 392 | 242 |
| 轮机工程<br>Turbine Engineering | 8 | 33 | 45 | 298 | 126 |
| 水声工程<br>Hydroacoustic Engineering | 8 | 17 | 33 | 203 | 102 |
| 船舶与海洋工程学科<br>Ship and Ocean Engineering<br>Subjects | 5 | 23 | 67 | 310 | 125 |
| 水产品加工及贮藏工程<br>Aquatic Products Processing<br>and Storing Engineering | 5 | 6 | 5 | 32 | 22 |
| 水产养殖<br>Aquaculture | 7 | 47 | 56 | 249 | 135 |
| 捕捞学<br>Science of Fishing | 2 | 2 | 2 | 20 | 13 |
| 渔业资源<br>Fishery Resource | 5 | 13 | 27 | 107 | 62 |
| 水产学科<br>Fishery Subjects | 6 | 25 | 42 | 152 | 75 |
| 航空、航天与航海医学<br>Aeronautical, Aerospace and<br>Nautical Medicine | 1 | 0 | 0 | 1 | 1 |

# 7-2 全国各海洋专业硕士研究生情况
## Postgraduate Students from Marine Specialities

| 专业<br>Speciality | 专业点数<br>（个）<br>Number of<br>Speciality<br>Agencies | 学生数（人） Number of Students (person) | | | |
|---|---|---|---|---|---|
| | | 毕业生<br>Graduates | 招 生<br>Entrants | 在校生<br>Enrollment | 预计毕业生数<br>Estimated<br>Graduates of<br>Next Year |
| 合 计<br>**Total** | 316 | 3 168 | 3 464 | 10 226 | 3 503 |
| 物理海洋学<br>Physical Oceanography | 14 | 136 | 158 | 452 | 131 |
| 海洋化学<br>Marine Chemistry | 17 | 109 | 138 | 410 | 145 |
| 海洋生物学<br>Marine Biology | 23 | 241 | 264 | 829 | 294 |
| 海洋地质<br>Marine Geology | 14 | 142 | 131 | 394 | 136 |
| 海洋科学学科<br>Marine Science Subjects | 13 | 249 | 353 | 975 | 327 |
| 水生生物学<br>Hydrobiology | 43 | 209 | 210 | 633 | 208 |
| 水文学及水资源<br>Hydrology and Water Resource | 46 | 344 | 373 | 1 156 | 406 |
| 港口海岸及近海工程<br>Coastal Harbour and Offshore<br>Engineering | 22 | 275 | 215 | 717 | 263 |

7-2 续表 continued

| 专业<br>Speciality | 专业点数<br>（个）<br>Number of<br>Speciality<br>Agencies | 学生数（人） Number of Students (person) | | | |
|---|---|---|---|---|---|
| | | 毕业生<br>Graduates | 招 生<br>Entrants | 在校生<br>Enrollment | 预计毕业生数<br>Estimated<br>Graduates of<br>Next Year |
| 船舶与海洋结构物设计制造<br>Ships and Marine Structures<br>Design and Manufacture | 17 | 270 | 286 | 869 | 300 |
| 轮机工程<br>Turbine Engineering | 12 | 218 | 258 | 735 | 258 |
| 水声工程<br>Hydroacoustic Engineering | 8 | 99 | 110 | 356 | 136 |
| 船舶与海洋工程学科<br>Ship and Ocean Engineering<br>Subjects | 16 | 222 | 233 | 712 | 257 |
| 水产品加工及贮藏工程<br>Aquatic Products Processing<br>and Storing Engineering | 23 | 92 | 48 | 171 | 69 |
| 水产养殖<br>Aquaculture | 27 | 374 | 457 | 1 216 | 406 |
| 捕捞学<br>Science of Fishing | 4 | 26 | 21 | 56 | 19 |
| 渔业资源<br>Fishery Resource | 10 | 79 | 88 | 240 | 76 |
| 水产学科<br>Fishery Subjects | 7 | 83 | 121 | 305 | 72 |

# 7-3 全国普通高等教育各海洋专业本科学生情况
## Undergraduates from Marine Specialities in the National Ordinary Higher Education

| 专 业<br>Speciality | 专业点数<br>（个）<br>Number of Speciality Agencies | 学生数（人）Number of Students (person) | | | |
|---|---|---|---|---|---|
| | | 毕业生<br>Graduates | 招生<br>Entrants | 在校生<br>Enrollment | 预计<br>毕业生数<br>Estimated Graduates of Next Year |
| 合 计<br>Total | 275 | 15 653 | 18 749 | 70 603 | 17 092 |
| 海洋科学<br>Marine Science | 26 | 857 | 1 109 | 4 709 | 1 083 |
| 海洋技术(注：可授理学或工学学士学位)<br>Marine Technology (Note: It may confer bachelor's degrees in science and | 21 | 664 | 673 | 2 863 | 664 |
| 海洋资源与环境<br>Marine Living Resources and Environment | 12 | 244 | 475 | 1 661 | 376 |
| 海洋科学类专业<br>New Specialties Under the Category of Marine Sciences | 9 | 141 | 816 | 1 193 | 104 |
| 港口航道与海岸工程<br>Harbour Channel and Coastal Engineering | 31 | 1 994 | 1 435 | 7 076 | 1 993 |
| 航海技术<br>Nautical Technology | 18 | 2 245 | 2 697 | 10 291 | 2 512 |
| 轮机工程<br>Turbine Engineering | 23 | 2 791 | 3 069 | 12 322 | 3 180 |
| 船舶与海洋工程<br>Ship and Marine Engineering | 34 | 2 749 | 2 806 | 10 773 | 2 717 |
| 海洋工程与技术<br>Ocean Engineering and Technology | 6 | 144 | 206 | 666 | 129 |
| 海洋资源开发技术<br>Marine Resources Exploitation Technology | 10 | 183 | 335 | 1 177 | 274 |
| 海洋工程类专业<br>New Speciality of Marine Engineering | 2 | 0 | 217 | 322 | 0 |
| 水产养殖学<br>Aquaculture | 56 | 2 835 | 3 223 | 12 756 | 3 191 |
| 海洋渔业科学与技术<br>Science and Technology of Marine Fishery | 10 | 452 | 613 | 2 193 | 454 |
| 水族科学与技术<br>Science and Technology of Aquatic Animals | 10 | 250 | 406 | 1 506 | 296 |
| 水产类专业<br>Fishery-type Specialities | 2 | 0 | 284 | 342 | 0 |
| 海事管理<br>Maritime Affairs Manegement | 5 | 104 | 385 | 753 | 119 |

## 7-4 全国普通高等教育各海洋专业专科学生情况
## Students from Marine Specialities of the Colleges for Professional Training in the National Ordinary Higher Education

| 专 业<br>Speciality | 专业点数<br>（个）<br>Number of<br>Speciality<br>Agencies | 学生数（人）Number of Students (person) | | | |
|---|---|---|---|---|---|
| | | 毕业生<br>Graduates | 招 生<br>Entrants | 在校生<br>Enrollment | 预计毕业生数<br>Estimated<br>Graduates of<br>Next Year |
| 合 计<br>Total | 935 | 56 839 | 49 412 | 164 622 | 57 863 |
| 水产养殖技术<br>Aquaculture Technology | 38 | 1 004 | 1 063 | 3 339 | 1 108 |
| 海洋渔业技术<br>Marine Fishery Technology | 1 | 0 | 2 | 2 | 0 |
| 水族科学与技术<br>Aquarium Science and Technology | 2 | 22 | 48 | 68 | 14 |
| 水生动物医学<br>Aquatic Animal Medicine | 2 | 0 | 14 | 14 | 0 |
| 渔业类专业<br>Fishery | 3 | 103 | 0 | 110 | 75 |
| 钻井技术<br>Drilling Technology | 11 | 741 | 143 | 1 256 | 649 |
| 油气开采技术<br>Oil and Gas Exploitation Technology | 17 | 1 083 | 365 | 2 153 | 1 228 |
| 油气储运技术<br>Oil and Gas Storage and Transportation Technology | 27 | 1 492 | 1 111 | 4 043 | 1 583 |
| 油气地质勘探技术<br>Oil and Gas Geological Exploration Technology | 10 | 848 | 272 | 1 196 | 398 |
| 油田化学应用技术<br>Oilfield Chemical Technology | 6 | 532 | 261 | 754 | 278 |
| 石油工程技术<br>Petroleum Engineering Technology | 11 | 1 539 | 844 | 3 530 | 1 465 |
| 石油与天然气类专业<br>Petroleum and Natural Gas | 2 | 81 | 0 | 205 | 205 |
| 水文与水资源工程<br>Hydrology and Water Resources Engineering | 11 | 243 | 358 | 866 | 253 |

| 专 业<br>Speciality | 专业点数<br>（个）<br>Number of<br>Speciality<br>Agencies | 学生数（人）　Number of Students (person) | | | |
|---|---|---|---|---|---|
| | | 毕业生<br>Graduates | 招 生<br>Entrants | 在校生<br>Enrollment | 预计毕业生数<br>Estimated<br>Graduates of<br>Next Year |
| 水文测报技术<br>Hydrological Forecasting Technology | 2 | 28 | 7 | 52 | 38 |
| 水政水资源管理<br>Water Administration and Water Resources<br>Management | 4 | 236 | 191 | 649 | 162 |
| 水文水资源类专业<br>Hydrology and Water Resources | 1 | 93 | 0 | 157 | 80 |
| 水利工程<br>Water Conservancy Projects | 36 | 4 043 | 3 611 | 11 850 | 3 931 |
| 水利水电工程技术<br>Water Conservancy and Hydropower<br>Engineering Technology | 15 | 608 | 1 285 | 2 717 | 717 |
| 水利水电工程管理<br>Water Conservancy and Hydropower<br>Project Management | 18 | 1 073 | 1 411 | 3 976 | 1 209 |
| 水利水电建筑工程<br>Water Conservancy and Hydropower<br>Construction | 49 | 6 258 | 4 969 | 18 155 | 6 614 |
| 水务管理<br>Water Affairs Management | 3 | 169 | 203 | 391 | 89 |
| 水利工程与管理类专业<br>Water Conservancy and Management | 4 | 217 | 443 | 980 | 214 |
| 水电站动力设备<br>Power Equipment of Hydropower Station | 9 | 231 | 192 | 779 | 235 |
| 水电站电气设备<br>Electrical Equipment of Hydropower<br>Station | 1 | 8 | 0 | 128 | 83 |
| 水电站运行与管理<br>Operation and Management of Hydropower<br>Station | 3 | 36 | 186 | 236 | 50 |
| 水利机电设备运行与管理<br>Operation and Management of Electrical<br>and Mechanical Equipment in Water<br>Conservancy | 2 | 2 | 56 | 64 | 4 |

| 专 业<br>Speciality | 专业点数<br>（个）<br>Number of<br>Speciality<br>Agencies | 学生数（人）Number of Students (person) | | | |
| --- | --- | --- | --- | --- | --- |
| | | 毕业生<br>Graduates | 招 生<br>Entrants | 在校生<br>Enrollment | 预计毕业生数<br>Estimated<br>Graduates of<br>Next Year |
| 水利水电设备类专业<br>Water Conservancy and Hydroelectric<br>Equipment | 1 | 62 | 73 | 163 | 46 |
| 水土保持技术<br>Soil and Water Conservation Technology | 14 | 251 | 303 | 963 | 340 |
| 水环境监测与治理<br>Water Environmental Monitoring and<br>Protection | 3 | 73 | 43 | 161 | 77 |
| 水土保持与水环境类专业<br>Soil Conservation and Water Environment | 2 | 152 | 0 | 199 | 134 |
| 船舶工程技术<br>Ship Engineering Technology | 38 | 3 600 | 2 233 | 9 228 | 3 569 |
| 船舶机械工程技术<br>Ship Mechanical Engineering Technology | 10 | 493 | 480 | 1 822 | 656 |
| 船舶电气工程技术<br>Ship Electrical Engineering Technology | 13 | 702 | 509 | 2 048 | 708 |
| 船舶舾装工程技术<br>Ship Equipment and Installations | 3 | 98 | 85 | 239 | 91 |
| 船舶涂装工程技术<br>Engineering Technology of Ship Painting | 2 | 81 | 33 | 156 | 60 |
| 游艇设计与制造<br>Yacht Design and Manufacturing | 8 | 221 | 215 | 657 | 185 |
| 海洋工程技术<br>Marine Engineering Technology | 6 | 196 | 152 | 752 | 299 |
| 船舶通信与导航<br>Ship Communication and Navigation | 3 | 49 | 123 | 401 | 128 |
| 船舶动力工程技术<br>Ship Power Engineering Technology | 5 | 253 | 411 | 1 152 | 384 |

| 专 业<br>Speciality | 专业点数<br>（个）<br>Number of<br>Speciality<br>Agencies | 学生数（人）Number of Students (person) | | | |
|---|---|---|---|---|---|
| | | 毕业生<br>Graduates | 招 生<br>Entrants | 在校生<br>Enrollment | 预计毕业生数<br>Estimated<br>Graduates of<br>Next Year |
| 航海技术<br>Nautical Technology | 51 | 5 080 | 5 149 | 15 456 | 5 082 |
| 国际邮轮乘务管理<br>International Cruise Ship Management | 56 | 1 221 | 4 010 | 9 958 | 2 497 |
| 船舶电子电气技术<br>Electronic and Electrical Technology of<br>Ships | 21 | 613 | 871 | 2 201 | 657 |
| 船舶检验<br>Ship Inspection | 8 | 98 | 206 | 628 | 182 |
| 港口机械与自动控制<br>Port Machinery and Automatic Control | 20 | 996 | 817 | 3 023 | 1 086 |
| 港口电气技术<br>Port Electrical Technology | 4 | 255 | 212 | 674 | 221 |
| 港口与航道工程技术<br>Port and Waterway Engineering<br>Technology | 14 | 583 | 404 | 1 520 | 535 |
| 港口与航运管理<br>Harbour and Shipping Management | 51 | 3 313 | 2 749 | 9 642 | 3 726 |
| 港口物流管理<br>Port Logistics Management | 15 | 397 | 613 | 1 650 | 484 |
| 轮机工程技术<br>Turbine Engineering Technology | 53 | 4 041 | 3 118 | 10 552 | 3 693 |
| 水路运输与海事管理<br>Waterway Transportation and Maritime<br>Management | 15 | 421 | 607 | 1 748 | 595 |
| 集装箱运输管理<br>Container Transportation Management | 15 | 704 | 509 | 1 539 | 544 |
| 水上运输类专业<br>Water Transportation | 7 | 373 | 136 | 671 | 244 |
| 报关与国际货运<br>Customs Declaration and International<br>Freight Transport | 209 | 11 823 | 8 316 | 29 749 | 10 958 |

# 7-5 全国成人高等教育各海洋专业本科学生情况
## Undergraduates from Marine Specialities in the National Adult Higher Education

| 专业<br>Speciality | 专业点数<br>（个）<br>Number of<br>Speciality<br>Agencies | 学生数（人）Number of Students (person) | | | |
|---|---|---|---|---|---|
| | | 毕业生<br>Graduates | 招生<br>Entrants | 在校生<br>Enrollment | 预计毕业生数<br>Estimated<br>Graduates of<br>Next Year |
| 合 计<br>**Total** | 61 | 2 003 | 1 791 | 4 932 | 2 367 |
| 海洋技术<br>（注：可授理学或工学学士学位）<br>Marine Technology (Note: It may confer<br>bachelor's degrees in science and<br>engineering) | 2 | 56 | 0 | 30 | 27 |
| 港口航道与海岸工程<br>Harbour Channel and Coastal Engineering | 4 | 19 | 34 | 87 | 21 |
| 航海技术<br>Navigation Technology | 9 | 194 | 203 | 596 | 245 |
| 轮机工程<br>Turbine Engineering | 12 | 358 | 352 | 820 | 327 |
| 船舶与海洋工程<br>Ship and Marine Engineering | 13 | 1 160 | 1 019 | 2 725 | 1 387 |
| 水产养殖学<br>Aquaculture | 21 | 216 | 183 | 674 | 360 |

# 7-6 全国成人高等教育各海洋专业专科学生情况
## Students from Marine Specialities of the Colleges for Professional Training in the National Adult Higher Education

| 专业<br>Speciality | 专业点数<br>（个）<br>Number of<br>Speciality<br>Agencies | 学生数（人）Number of Students (person) | | | |
|---|---|---|---|---|---|
| | | 毕业生<br>Graduates | 招生<br>Entrants | 在校生<br>Enrollment | 预计毕业生数<br>Estimated<br>Graduates of<br>Next Year |
| 合 计<br>**Total** | 344 | 14 149 | 6 706 | 23 677 | 12 884 |
| 水产养殖技术<br>Aquaculture Technology | 24 | 271 | 507 | 1 813 | 897 |
| 渔业类专业<br>Fishery | 1 | 0 | 2 | 4 | 1 |
| 钻井技术<br>Drilling Technology | 5 | 38 | 8 | 43 | 35 |
| 油气开采技术<br>Oil and Gas Exploitation Technology | 11 | 683 | 94 | 727 | 534 |
| 油气储运技术<br>Oil and Gas Storage and Transportation Technology | 12 | 235 | 144 | 497 | 257 |
| 油气地质勘探技术<br>Oil and Gas Geology Exploration Technology | 7 | 545 | 59 | 706 | 642 |
| 油田化学应用技术<br>Oilfield Chemical Technology | 1 | 0 | 1 | 1 | 0 |
| 石油工程技术<br>Petroleum Engineering Technology | 16 | 1 689 | 581 | 2 537 | 1 359 |
| 水文与水资源工程<br>Hydrology and Water Resources Engineering | 4 | 22 | 3 | 16 | 11 |
| 水文测报技术<br>Hydrological Forecasting Technology | 1 | 0 | 0 | 1 | 1 |
| 水政水资源管理<br>Water Administration and Water Resources Management | 4 | 16 | 19 | 65 | 35 |

| 专业<br>Speciality | 专业点数<br>（个）<br>Number of<br>Speciality<br>Agencies | 学生数（人）Number of Students (person) | | | |
|---|---|---|---|---|---|
| | | 毕业生<br>Graduates | 招 生<br>Entrants | 在校生<br>Enrollment | 预计毕业生数<br>Estimated<br>Graduates of<br>Next Year |
| 水文水资源类专业<br>Hydrology and Water Resources | 3 | 14 | 15 | 39 | 13 |
| 水利工程<br>Water Conservancy Projects | 18 | 711 | 291 | 888 | 549 |
| 水利水电工程技术<br>Water Conservancy and Hydropower<br>Engineering Technology | 3 | 1 | 17 | 43 | 8 |
| 水利水电工程管理<br>Water Conservancy and Hydropower<br>Project Management | 33 | 1 253 | 780 | 2 666 | 1 321 |
| 水利水电建筑工程<br>Water Conservancy and Hydropower<br>Construction | 30 | 2 016 | 1 383 | 3 692 | 1 984 |
| 水利工程与管理类专业<br>Water Conservancy and Management | 9 | 933 | 488 | 1 176 | 570 |
| 水电站动力设备<br>Power Equipment of Hydropower<br>Station | 3 | 30 | 73 | 125 | 32 |
| 水电站运行与管理<br>Operation and Management of<br>Hydropower Station | 1 | 70 | 11 | 30 | 19 |
| 水利水电设备类专业<br>Water Conservancy and Hydroelectric<br>Equipment | 1 | 28 | 13 | 21 | 8 |
| 水土保持技术<br>Soil and Water Conservation Technology | 5 | 81 | 17 | 99 | 78 |

| 专 业<br>Speciality | 专业点数<br>（个）<br>Number of<br>Speciality<br>Agencies | 学生数（人） Number of Students (person) | | | |
|---|---|---|---|---|---|
| | | 毕业生<br>Graduates | 招 生<br>Entrants | 在校生<br>Enrollment | 预计毕业生数<br>Estimated<br>Graduates of<br>Next Year |
| 船舶工程技术<br>Ship Engineering | 20 | 1 274 | 571 | 1 545 | 791 |
| 船舶机械工程技术<br>Ship Mechanical Engineering | 2 | 16 | 5 | 24 | 12 |
| 航海技术<br>Nautical Technology | 35 | 1 912 | 696 | 3 203 | 1 723 |
| 国际邮轮乘务管理<br>International Cruise Crew Management | 5 | 82 | 64 | 284 | 131 |
| 船舶电子电气技术<br>Electronic and Electrical Technology of<br>Ships | 3 | 1 | 44 | 172 | 39 |
| 船舶检验<br>Ship Inspection | 2 | 2 | 1 | 19 | 17 |
| 港口机械与自动控制<br>Port Machinery and Automatic Control | 1 | 49 | 49 | 155 | 51 |
| 港口与航运管理<br>Harbour and Shipping Management | 8 | 76 | 9 | 215 | 177 |
| 港口物流管理<br>Port Logistics Management | 3 | 49 | 1 | 17 | 16 |
| 轮机工程技术<br>Turbine Engineering | 33 | 1 456 | 466 | 2 084 | 1 226 |
| 水路运输与海事管理<br>Waterway Transportation and Maritime<br>Management | 2 | 59 | 48 | 91 | 13 |
| 水上运输类专业<br>Water Transportation | 7 | 57 | 159 | 308 | 70 |
| 报关与国际货运<br>Customs Declaration and International<br>Freight Transport | 31 | 480 | 87 | 371 | 264 |

## 7-7 全国中等职业教育各海洋专业学生情况
## Students from Marine Specialities in the National Secondary Vocational Education

| 专 业<br>Speciality | 专业点数（个）<br>Number of Speciality Agencies | 学生数（人） Number of Students (person) | | | |
|---|---|---|---|---|---|
| | | 毕业生<br>Graduates | 招生<br>Entrants | 在校生<br>Enrollment | 预计毕业生数<br>Estimated Graduates of Next Year |
| 合 计<br>**Total** | 284 | 16 003 | 17 804 | 38 756 | 16 235 |
| 海水生态养殖<br>Seawater Ecological Cultivation | 12 | 404 | 520 | 1 604 | 791 |
| 航海捕捞<br>Sea Fishing | 2 | 114 | 191 | 567 | 162 |
| 农林牧渔类新专业<br>New Specialities of Agriculture, Forestry, Animal Husbandry and Fishery | 35 | 2 671 | 3 167 | 6 533 | 2 475 |
| 水文与水资源勘测<br>Hydrological and Water Resources Survey | 3 | 83 | 52 | 259 | 127 |
| 风电场机电设备运行与维护<br>Operation and Maintenance of Electromechanical Equipment in the Wind Power Station | 34 | 1 056 | 1 114 | 3 410 | 1 252 |
| 船舶制造与修理<br>Ships Building and Repair | 34 | 2 591 | 2 495 | 6 819 | 2 600 |
| 船舶机械装置安装与维修<br>Installation and Maintenance of Ships' Mechanical Equipment | 6 | 406 | 587 | 1 507 | 424 |
| 船舶驾驶<br>Ship Piloting | 55 | 3 983 | 4 671 | 7 821 | 3 628 |

| 专 业<br>Speciality | 专业点数（个）<br>Number of<br>Speciality<br>Agencies | 学生数（人）Number of Students (person) | | | |
|---|---|---|---|---|---|
| | | 毕业生<br>Graduates | 招 生<br>Entrants | 在校生<br>Enrollment | 预计毕业生数<br>Estimated<br>Graduates of<br>Next Year |
| 轮机管理<br>Engines Management | 45 | 2 923 | 3 405 | 5 344 | 3 017 |
| 船舶水手与机工<br>Ship Sailors and Mechanics | 13 | 412 | 412 | 929 | 218 |
| 船舶电气技术<br>Ship Electric Technology | 12 | 366 | 152 | 942 | 524 |
| 外轮理货<br>Foreign Ships Freight<br>Forwarding | 7 | 181 | 186 | 554 | 186 |
| 船舶检验<br>Ships Inspection | 3 | 12 | 29 | 59 | 30 |
| 港口机械运行与维护<br>Operation and Maintenance of<br>Harbour Machinery | 21 | 781 | 788 | 2 323 | 789 |
| 工程潜水<br>Engineering Diving | 2 | 20 | 35 | 85 | 12 |

注：此表不包含技工学校相关数据。

Note: Data related to Technical Schools are not included in the table.

# 7-8 分地区各海洋专业博士研究生情况
## Doctoral Students in Marine Specialities by Regions

| 地 区<br>Region | 专业点数（个）<br>Number of Speciality Agencies | 学生数（人）Number of Students (person) | | | |
|---|---|---|---|---|---|
| | | 毕业生<br>Graduates | 招 生<br>Entrants | 在校生<br>Enrollment | 预计毕业生数<br>Estimated Graduates of Next Year |
| 合 计<br>**Total** | 138 | 712 | 1 019 | 4 723 | 2 384 |
| 北 京<br>Beijing | 13 | 176 | 208 | 709 | 272 |
| 天 津<br>Tianjin | 3 | 1 | 6 | 32 | 9 |
| 辽 宁<br>Liaoning | 8 | 42 | 53 | 353 | 184 |
| 上 海<br>Shanghai | 17 | 57 | 100 | 478 | 226 |
| 江 苏<br>Jiangsu | 11 | 54 | 97 | 558 | 307 |
| 浙 江<br>Zhejiang | 5 | 10 | 40 | 157 | 77 |
| 福 建<br>Fujian | 8 | 26 | 66 | 241 | 62 |
| 山 东<br>Shandong | 13 | 173 | 193 | 953 | 574 |
| 广 东<br>Guangdong | 12 | 30 | 44 | 151 | 69 |
| 广 西<br>Guangxi | 1 | 0 | 2 | 6 | 2 |
| 海 南<br>Hainan | 1 | 1 | 3 | 9 | 4 |
| 其 他<br>Others | 46 | 142 | 207 | 1 076 | 598 |

# 7-9 分地区各海洋专业硕士研究生情况
## Postgraduate Students in Marine Specialities by Regions

| 地 区<br>Region | 专业点数<br>（个）<br>Number of<br>Speciality<br>Agencies | 学生数（人）Number of Students (person) | | | |
|---|---|---|---|---|---|
| | | 毕业生<br>Graduates | 招生<br>Entrants | 在校生<br>Enrollment | 预计毕业生数<br>Estimated<br>Graduates of<br>Next Year |
| 合 计<br>**Total** | 316 | 3 168 | 3 464 | 10 226 | 3 503 |
| 北 京<br>Beijing | 22 | 176 | 254 | 770 | 252 |
| 天 津<br>Tianjin | 9 | 81 | 77 | 231 | 82 |
| 河 北<br>Hebei | 4 | 8 | 8 | 36 | 17 |
| 辽 宁<br>Liaoning | 24 | 372 | 353 | 1 012 | 325 |
| 上 海<br>Shanghai | 32 | 390 | 410 | 1 132 | 402 |
| 江 苏<br>Jiangsu | 24 | 327 | 368 | 1 115 | 389 |
| 浙 江<br>Zhejiang | 25 | 208 | 290 | 861 | 279 |
| 福 建<br>Fujian | 21 | 184 | 172 | 522 | 175 |
| 山 东<br>Shandong | 32 | 388 | 384 | 1 146 | 377 |
| 广 东<br>Guangdong | 16 | 179 | 166 | 472 | 160 |
| 广 西<br>Guangxi | 3 | 13 | 19 | 50 | 15 |
| 海 南<br>Hainan | 4 | 24 | 23 | 65 | 21 |
| 其 他<br>Others | 100 | 818 | 940 | 2 814 | 1 009 |

## 7-10 分地区普通高等教育各海洋专业本科学生情况
## Undergraduates in the Marine Specialities of Ordinary Higher Education by Regions

| 地 区<br>Region | 专业点数<br>（个）<br>Number of<br>Speciality<br>Agencies | 学生数（人）Number of Students (person) | | | |
|---|---|---|---|---|---|
| | | 毕业生<br>Graduates | 招 生<br>Entrants | 在校生<br>Enrollment | 预计毕业生数<br>Estimated<br>Graduates of<br>Next Year |
| 合 计<br>**Total** | 275 | 15 653 | 18 749 | 70 603 | 17 092 |
| 北 京<br>Beijing | 2 | 86 | 129 | 423 | 85 |
| 天 津<br>Tianjin | 13 | 864 | 861 | 3 321 | 831 |
| 河 北<br>Hebei | 10 | 253 | 468 | 1 788 | 411 |
| 辽 宁<br>Liaoning | 26 | 2 019 | 2 372 | 8 944 | 2 151 |
| 上 海<br>Shanghai | 16 | 1 093 | 1 389 | 4 950 | 1 189 |
| 江 苏<br>Jiangsu | 34 | 1 412 | 1 597 | 5 775 | 1 480 |
| 浙 江<br>Zhejiang | 32 | 1 014 | 1 247 | 4 703 | 1 085 |
| 福 建<br>Fujian | 15 | 1 441 | 1 492 | 6 109 | 1 559 |
| 山 东<br>Shandong | 32 | 2 072 | 2 446 | 8 782 | 2 034 |
| 广 东<br>Guangdong | 20 | 929 | 1 664 | 6 796 | 1 514 |
| 广 西<br>Guangxi | 8 | 219 | 483 | 1 401 | 294 |
| 海 南<br>Hainan | 6 | 145 | 463 | 1 039 | 147 |
| 其 他<br>Others | 61 | 4 106 | 4 138 | 16 572 | 4 312 |

# 7-11 分地区普通高等教育各海洋专业专科学生情况
## Students from of the Marine Specialities Colleges for Professional Training in the Ordinary Higher Education by Regions

| 地 区<br>Region | 专业点数<br>（个）<br>Number of Speciality Agencies | 学生数（人）Number of Students (person) | | | |
|---|---|---|---|---|---|
| | | 毕业生<br>Graduates | 招生<br>Entrants | 在校生<br>Enrollment | 预计毕业生数<br>Estimated Graduates of Next Year |
| 合 计<br>**Total** | 935 | 56 839 | 49 412 | 164 622 | 57 863 |
| 北 京<br>Beijing | 2 | 56 | 69 | 196 | 80 |
| 天 津<br>Tianjin | 27 | 3 290 | 2 864 | 9 590 | 3 426 |
| 河 北<br>Hebei | 50 | 1 926 | 1 597 | 5 283 | 1 825 |
| 辽 宁<br>Liaoning | 64 | 4 980 | 4 050 | 13 268 | 4 470 |
| 上 海<br>Shanghai | 28 | 1 802 | 1 084 | 3 683 | 1 492 |
| 江 苏<br>Jiangsu | 85 | 5 170 | 4 145 | 14 378 | 5 098 |
| 浙 江<br>Zhejiang | 45 | 3 369 | 2 354 | 9 124 | 3 342 |
| 福 建<br>Fujian | 48 | 2 356 | 2 424 | 7 240 | 2 224 |
| 山 东<br>Shandong | 106 | 7 485 | 6 855 | 23 493 | 8 110 |
| 广 东<br>Guangdong | 41 | 2 726 | 2 461 | 7 121 | 2 355 |
| 广 西<br>Guangxi | 43 | 1 691 | 1 568 | 5 126 | 1 833 |
| 海 南<br>Hainan | 14 | 768 | 442 | 2 663 | 1 610 |
| 其 他<br>Others | 382 | 21 220 | 19 499 | 63 457 | 21 998 |

## 7-12 分地区成人高等教育各海洋专业本科学生情况
## Students from Marine Specialities in the Adult Higher Education by Regions

| 地 区<br>Region | 专业点数<br>（个）<br>Number of<br>Speciality<br>Agencies | 学生数（人） Number of Students (person) | | | |
|---|---|---|---|---|---|
| | | 毕业生<br>Graduates | 招生<br>Entrants | 在校生<br>Enrollment | 预计毕业生数<br>Estimated<br>Graduates of<br>Next Year |
| 合 计<br>**Total** | 61 | 2 003 | 1 791 | 4 932 | 2 367 |
| 天 津<br>Tianjin | 2 | 51 | 9 | 59 | 29 |
| 河 北<br>Hebei | 1 | 10 | 16 | 28 | 4 |
| 辽 宁<br>Liaoning | 5 | 148 | 219 | 517 | 298 |
| 上 海<br>Shanghai | 4 | 218 | 109 | 435 | 172 |
| 江 苏<br>Jiangsu | 4 | 919 | 907 | 2 187 | 1 173 |
| 浙 江<br>Zhejiang | 5 | 93 | 60 | 263 | 100 |
| 福 建<br>Fujian | 1 | 15 | 0 | 0 | 0 |
| 山 东<br>Shandong | 10 | 51 | 91 | 252 | 108 |
| 广 东<br>Guangdong | 7 | 162 | 99 | 289 | 88 |
| 广 西<br>Guangxi | 2 | 1 | 6 | 9 | 3 |
| 其 他<br>Others | 20 | 335 | 275 | 893 | 392 |

# 7-13 分地区成人高等教育各海洋专业专科学生情况
## Students from Marine Specialities of the Colleges for Professional Training in the Adult Higher Education by Regions

| 地 区<br>Region | 专业点数<br>（个）<br>Number of Speciality Agencies | 学生数（人）Number of Students (person) | | | |
|---|---|---|---|---|---|
| | | 毕业生<br>Graduates | 招生<br>Entrants | 在校生<br>Enrollment | 预计毕业生数<br>Estimated Graduates of Next Year |
| 合 计<br>**Total** | 344 | 14 149 | 6 706 | 23 677 | 12 884 |
| 天 津<br>Tianjin | 6 | 161 | 8 | 155 | 91 |
| 河 北<br>Hebei | 11 | 208 | 236 | 600 | 215 |
| 辽 宁<br>Liaoning | 30 | 1 610 | 966 | 2 172 | 946 |
| 上 海<br>Shanghai | 13 | 258 | 386 | 1 480 | 524 |
| 江 苏<br>Jiangsu | 33 | 2 198 | 983 | 3 018 | 1 722 |
| 浙 江<br>Zhejiang | 13 | 182 | 48 | 656 | 608 |
| 福 建<br>Fujian | 8 | 105 | 363 | 1 364 | 660 |
| 山 东<br>Shandong | 32 | 546 | 321 | 1 297 | 669 |
| 广 东<br>Guangdong | 19 | 426 | 169 | 636 | 290 |
| 广 西<br>Guangxi | 5 | 36 | 29 | 69 | 40 |
| 海 南<br>Hainan | 3 | 3 | 5 | 8 | 3 |
| 其 他<br>Others | 171 | 8 416 | 3 192 | 12 222 | 7 116 |

# 7-14 分地区中等职业教育各海洋专业学生情况
## Students from Marine Specialities in the Secondary Vocational Education by Regions

| 地 区<br>Region | 专业点数<br>（个）<br>Number of Speciality Agencies | 学生数（人） Number of Students (person) | | | |
|---|---|---|---|---|---|
| | | 毕业生<br>Graduates | 招生<br>Entrants | 在校生<br>Enrollment | 预计毕业生数<br>Estimated Graduates of Next Year |
| 合 计<br>**Total** | 284 | 16 003 | 17 804 | 38 756 | 16 235 |
| 天 津<br>Tianjin | 4 | 592 | 583 | 1 489 | 768 |
| 河 北<br>Hebei | 18 | 675 | 958 | 2 450 | 1 181 |
| 辽 宁<br>Liaoning | 24 | 848 | 537 | 1 460 | 449 |
| 上 海<br>Shanghai | 16 | 973 | 1 470 | 3 556 | 1 025 |
| 江 苏<br>Jiangsu | 25 | 973 | 999 | 2 684 | 1 028 |
| 浙 江<br>Zhejiang | 16 | 1 278 | 1 286 | 2 855 | 1 046 |
| 福 建<br>Fujian | 27 | 4 630 | 5 053 | 6 945 | 4 664 |
| 山 东<br>Shandong | 47 | 1 694 | 1 326 | 3 782 | 1 531 |
| 广 东<br>Guangdong | 11 | 370 | 510 | 1 172 | 219 |
| 广 西<br>Guangxi | 8 | 427 | 891 | 2 474 | 711 |
| 海 南<br>Hainan | 2 | 46 | 72 | 145 | 49 |
| 其 他<br>Others | 86 | 3 497 | 4 119 | 9 744 | 3 564 |

# 7-15 分地区开设海洋专业高等学校教职工数
## Number of Teaching and Administrative Staff in the Universities and Colleges Offering Marine Specialities by Regions

| 地 区<br>Region | 学校（机构）数（个）<br>Number of Colleges<br>(Institutions) | 教职工数（人）<br>Number of Teaching and<br>Administrative Staff<br>(person) | 专任教师数（人）<br>Number of Full-Time<br>Teachers<br>(person) |
|---|---|---|---|
| 合 计<br>**Total** | 537 | 591 928 | 388 477 |
| 北 京<br>Beijing | 4 | 6 869 | 3 892 |
| 天 津<br>Tianjin | 14 | 16 455 | 11 484 |
| 河 北<br>Hebei | 31 | 28 783 | 18 603 |
| 辽 宁<br>Liaoning | 25 | 21 866 | 14 303 |
| 上 海<br>Shanghai | 17 | 21 581 | 11 025 |
| 江 苏<br>Jiangsu | 50 | 67 505 | 44 335 |
| 浙 江<br>Zhejiang | 29 | 34 936 | 22 207 |
| 福 建<br>Fujian | 21 | 21 421 | 13 092 |
| 山 东<br>Shandong | 48 | 58 619 | 39 750 |
| 广 东<br>Guangdong | 27 | 41 188 | 25 795 |
| 广 西<br>Guangxi | 20 | 18 652 | 12 505 |
| 海 南<br>Hainan | 8 | 7 389 | 4 538 |
| 其 他<br>Others | 243 | 246 664 | 166 948 |

# 主要统计指标解释

**海洋专业**  指高等教育和中等职业教育所设的与海洋有关的专业。

# Explanatory Notes on Main Statistical Indicators

**Marine Speciality**   refers to the ocean-related speciality in higher education and the professional secondary vocational education.

# 8

# 海洋环境保护
## Marine Environmental Protection

# 8-1 海区海水水质评价结果
## Seawater Quality Assessment Results by Sea Area

| 海 区<br>Sea Area | 季 节<br>Season | 合 计<br>（平方千米）<br>Total<br>(km²) | 第二类水质海域面积<br>（平方千米）<br>Area of the Second<br>Grade Sea Waters<br>(km²) | 第三类水质海域面积<br>（平方千米）<br>Area of the Third Grade<br>Sea Waters<br>(km²) |
|---|---|---|---|---|
| 全海域<br>Total Area | 春季<br>Spring | 147 940 | 45 260 | 42 420 |
| | 夏季<br>Summer | 135 520 | 49 310 | 31 020 |
| 渤 海<br>Bohai Sea | 春季<br>Spring | 23 720 | 11 660 | 6 670 |
| | 夏季<br>Summer | 23 770 | 9 950 | 5 690 |
| 黄 海<br>Yellow Sea | 春季<br>Spring | 28 770 | 7 310 | 9 980 |
| | 夏季<br>Summer | 25 390 | 12 160 | 7 440 |
| 东 海<br>East China Sea | 春季<br>Spring | 72 910 | 19 510 | 17 040 |
| | 夏季<br>Summer | 60 820 | 22 740 | 8 070 |
| 南 海<br>South China Sea | 春季<br>Spring | 22 540 | 6 780 | 8 730 |
| | 夏季<br>Summer | 25 540 | 4 460 | 9 820 |

8-1 续表　continued

| 海　区<br>Sea Area | 季　节<br>Season | 第四类水质海域<br>面积<br>（平方千米）<br>Area of the Fourth<br>Grade Sea Waters<br>(km²) | 劣于第四类水质<br>海域面积<br>（平方千米）<br>Sea Area of the Sea<br>Waters Inferior to the<br>Fourth Grade<br>(km²) | 首要超标污染物<br>Prime Pollutants<br>Exceeding the Set<br>Standard |
|---|---|---|---|---|
| 全海域<br>Total Area | 春季<br>Spring | 17 830 | 42 430 | 无机氮、活性磷酸盐、<br>石油类<br>InorganicNitrogen,<br>Active Phosphate, Oils |
| | 夏季<br>Summer | 17 770 | 37 420 | |
| 渤　海<br>Bohai Sea | 春季<br>Spring | 2 340 | 3 050 | 无机氮<br>Inorganic Nitrogen |
| | 夏季<br>Summer | 3 130 | 5 000 | |
| 黄　海<br>Yellow Sea | 春季<br>Spring | 5 060 | 6 420 | 无机氮<br>Inorganic Nitrogen |
| | 夏季<br>Summer | 3 260 | 2 530 | |
| 东　海<br>East China Sea | 春季<br>Spring | 8 590 | 27 770 | 无机氮、活性磷酸盐<br>Inorganic Nitrogen,<br>Active Phosphate |
| | 夏季<br>Summer | 8 060 | 21 950 | |
| 南　海<br>South China Sea | 春季<br>Spring | 1 840 | 5 190 | 无机氮、活性磷酸盐、<br>石油类<br>Inorganic Nitrogen,<br>Active Phosphate, Oils |
| | 夏季<br>Summer | 3 320 | 7 940 | |

# 8-2 海区废弃物海洋倾倒情况
## Ocean Dumping of Wastes by Sea Area

| 海 区<br>Sea Area | 疏浚物<br>（万立方米）<br>Dredged Materials<br>(10 000 m³) | 惰性无机地质废料<br>（立方米）<br>Inert, Inorganic Geologic Wastes<br>(m³) |
|---|---|---|
| 合 计<br>Total | 15 582.9 | |
| 渤黄海<br>Bohai Sea and Yellow Sea | 1 690.5 | |
| 东 海<br>East China Sea | 10 284.0 | |
| 南 海<br>South China Sea | 3 608.4 | |

## 8-3 海区海洋石油勘探开发污染物排放入海情况
## Discharge of Pollutants into the Sea from Offshore Oil Exploration and Exploitation

| 海 区<br>Sea Area | 生产污水<br>（万立方米）<br>Production<br>Sewage<br>(10 000 m³) | 泥浆<br>（立方米）<br>Sludge<br>(m³) | 钻屑<br>（立方米）<br>Debris from<br>Drilling<br>(m³) | 机舱污水<br>（立方米）<br>Sewage from<br>Engineroom<br>(m³) | 食品废弃物<br>（立方米）<br>Food Wastes<br>(m³) | 生活污水<br>（立方米）<br>Domestic<br>Sewage<br>(m³) |
|---|---|---|---|---|---|---|
| 合 计<br>**Total** | 18 636. 1 | 29 245. 3 | 47 438. 3 | 3 448. 1 | 1 118. 2 | 662 014. 9 |
| 渤黄海<br>Bohai Sea<br>and<br>Yellow Sea | 662. 6 | 4 239. 0 | 26 678. 0 | | | 342 176. 0 |
| 东 海<br>East China<br>Sea | 97. 6 | 146. 3 | 2 588. 0 | | 416. 0 * | 51 000. 0 * |
| 南 海<br>South China<br>Sea | 17 875. 9 | 24 860. 0 | 18 172. 3 | 3 448. 1 | 702. 2 | 268 838. 9 |

注：*单位为吨。

Note: *Unit is ton.

# 8-4 沿海地区工业废水排放及处理情况（2015年）
## Discharge and Treatment of Industrial Waste Water
## by Coastal Regions, 2015

单位：万吨                                                                                        (10 000 t)

| 地 区<br>Region | | 工业废水排放总量<br>Total Volume of<br>Industrial Waste<br>Water Discharged | 直排入海<br>Discharged Directly<br>into the Sea | 工业废水处理量<br>Industrial Waste<br>Water Treated |
|---|---|---|---|---|
| 总 计 **Total** | | 1 105 711. 6 | 95 750. 6 | 2 524 566. 9 |
| 环渤海地区<br>Round-the-Bohai<br>Sea Region | 合 计 **Total** | 382 663. 5 | 30 787. 9 | 1 306 764. 0 |
| | 辽 宁 Liaoning | 83 140. 3 | 21 529. 3 | 340 622. 8 |
| | 河 北 Hebei | 94 110. 4 | 1 315. 7 | 598 193. 2 |
| | 天 津 Tianjin | 18 972. 5 | 0. 0 | 34 268. 4 |
| | 山 东 Shandong | 186 440. 3 | 7 942. 9 | 333 679. 5 |
| 长江三角洲地区<br>Yangtze River Delta<br>Region | 合 计 **Total** | 400 719. 5 | 19 085. 4 | 706 024. 7 |
| | 江 苏 Jiangsu | 206 427. 5 | 1 393. 0 | 418 384. 0 |
| | 上 海 Shanghai | 46 938. 8 | 9 824. 8 | 61 219. 9 |
| | 浙 江 Zhejiang | 147 353. 3 | 7 867. 6 | 226 420. 9 |
| 海峡西岸地区<br>Region<br>on the West Side of<br>the Taiwan Straits | 合 计 **Total** | 90 741. 4 | 36 330. 7 | 143 089. 4 |
| | 福 建 Fujian | 90 741. 4 | 36 330. 7 | 143 089. 4 |
| 珠江三角洲地区<br>Zhujiang River<br>Delta Region | 合 计 **Total** | 161 454. 8 | 3 119. 9 | 188 722. 0 |
| | 广 东 Guangdong | 161 454. 8 | 3 119. 9 | 188 722. 0 |
| 环北部湾地区<br>Round-the-Beibu<br>Gulf Region | 合 计 **Total** | 70 132. 3 | 6 426. 7 | 179 966. 8 |
| | 广 西 Guangxi | 63 253. 4 | 3 175. 6 | 173 492. 8 |
| | 海 南 Hainan | 6 879. 0 | 3 251. 1 | 6 474. 0 |

## 8-5 沿海城市工业废水排放及处理情况（2015年）
## Discharge and Treatment of Industrial Waste Water
## by Coastal Cities, 2015

单位：万吨 (10 000 t)

| 沿海城市<br>Coastal City | 工业废水排放总量<br>Total Volume of<br>Industrial Waste<br>Water Discharged | 直排入海<br>Discharged Directly<br>into the Sea | 工业废水处理量<br>Industrial Waste<br>Water Treated |
|---|---|---|---|
| 天 津 Tianjin | 18 972.5 | 0.0 | 34 268.4 |
| 唐 山 Tangshan | 11 914.0 | 1 273.3 | 240 339.0 |
| 秦皇岛 Qinhuangdao | 7 263.7 | 42.4 | 12 648.6 |
| 沧 州 Cangzhou | 8 926.2 | 0.0 | 9 685.6 |
| 大 连 Dalian | 34 564.7 | 19 906.9 | 23 577.4 |
| 丹 东 Dandong | 3 624.6 | 0.9 | 3 998.0 |
| 锦 州 Jinzhou | 3 851.4 | 31.0 | 4 248.2 |
| 营 口 Yingkou | 3 040.8 | 1 005.7 | 3 483.3 |
| 盘 锦 Panjin | 4 307.5 | 0.0 | 4 135.9 |
| 葫芦岛 Huludao | 2 405.5 | 584.8 | 3 487.0 |
| 上 海 Shanghai | 46 938.8 | 9 824.8 | 61 219.9 |
| 南 通 Nantong | 15 744.9 | 0.0 | 14 601.7 |
| 连云港 Lianyungang | 7 338.9 | 295.8 | 29 956.1 |
| 盐 城 Yancheng | 16 193.2 | 1 097.3 | 22 145.9 |

8-5 续表1 continued

| 沿海城市<br>Coastal City | | 工业废水排放总量<br>Total Volume of<br>Industrial Waste<br>Water Discharged | 直排入海<br>Discharged Directly<br>into the Sea | 工业废水处理量<br>Industrial Waste<br>Water Treated |
|---|---|---|---|---|
| 杭 州 | Hangzhou | 33 807.1 | 0.0 | 93 693.3 |
| 宁 波 | Ningbo | 16 097.7 | 6 698.9 | 30 532.8 |
| 温 州 | Wenzhou | 6 277.8 | 0.4 | 5 675.2 |
| 嘉 兴 | Jiaxing | 21 947.2 | 146.3 | 26 565.2 |
| 绍 兴 | Shaoxing | 26 068.6 | 0.0 | 28 189.2 |
| 舟 山 | Zhoushan | 2 202.2 | 876.1 | 1 318.1 |
| 台 州 | Taizhou | 6 251.5 | 145.9 | 5 591.0 |
| 福 州 | Fuzhou | 4 439.0 | 438.6 | 10 881.9 |
| 厦 门 | Xiamen | 21 398.4 | 17 106.6 | 22 225.0 |
| 莆 田 | Putian | 2 644.3 | 1 100.1 | 2 525.6 |
| 泉 州 | Quanzhou | 19 184.7 | 2 296.8 | 23 934.9 |
| 漳 州 | Zhangzhou | 21 197.5 | 15 187.8 | 19 257.2 |
| 宁 德 | Ningde | 1 529.7 | 77.5 | 1 743.5 |
| 青 岛 | Qingdao | 10 566.0 | 2 064.8 | 43 835.9 |
| 东 营 | Dongying | 7 819.1 | 0.0 | 27 235.9 |
| 烟 台 | Yantai | 9 762.1 | 2 387.2 | 15 886.3 |
| 潍 坊 | Weifang | 27 402.2 | 0.0 | 43 241.8 |
| 威 海 | Weihai | 2 597.8 | 83.4 | 3 192.4 |
| 日 照 | Rizhao | 6 735.2 | 3 407.5 | 7 158.9 |
| 滨 州 | Binzhou | 22 521.8 | 0.0 | 19 514.2 |

| 沿海城市<br>Coastal City | 工业废水排放总量<br>Total Volume of Industrial Waste Water Discharged | 直排入海<br>Discharged Directly into the Sea | 工业废水处理量<br>Industrial Waste Water Treated |
|---|---|---|---|
| 广　州　Guangzhou | 18 958.6 | 0.0 | 20 343.9 |
| 深　圳　Shenzhen | 19 076.8 | 477.8 | 12 848.7 |
| 珠　海　Zhuhai | 5 933.6 | 407.4 | 5 123.2 |
| 汕　头　Shantou | 5 839.6 | 46.2 | 5 465.3 |
| 江　门　Jiangmen | 9 300.3 | 44.6 | 12 731.2 |
| 湛　江　Zhanjiang | 6 049.0 | 389.7 | 6 227.1 |
| 茂　名　Maoming | 4 110.5 | 592.0 | 5 937.8 |
| 惠　州　Huizhou | 8 594.6 | 723.6 | 7 969.1 |
| 汕　尾　Shanwei | 2 073.6 | 5.4 | 715.2 |
| 阳　江　Yangjiang | 2 966.0 | 433.4 | 1 854.8 |
| 东　莞　Dongguan | 20 428.9 | 0.0 | 32 350.6 |
| 中　山　Zhongshan | 7 455.2 | 0.0 | 9 405.3 |
| 潮　州　Chaozhou | 2 544.2 | 0.0 | 1 288.2 |
| 揭　阳　Jieyang | 5 594.3 | 0.0 | 4 616.4 |
| 北　海　Beihai | 1 816.9 | 849.5 | 1 811.9 |
| 防城港　Fangchenggang | 1 432.6 | 254.8 | 4 272.3 |
| 钦　州　Qinzhou | 3 712.1 | 2 068.2 | 3 610.9 |
| 海　口　Haikou | 696.9 | 23.2 | 629.1 |
| 三　亚　Sanya | 52.8 | 0.0 | 40.2 |

# 8-6 沿海地带工业废水排放及处理情况（2015年）
## Discharge and Treatment of Industrial Waste Water by Coastal Counties, 2015

单位：万吨 (10 000 t)

| 地 区 Region | 工业废水排放总量 Total Volume of Industrial Waste Water Discharged | 直排入海 Discharged Directly into the Sea | 工业废水处理量 Industrial Waste Water Treated |
|---|---|---|---|
| 天 津 **Tianjin** | 8 944.6 | 0.0 | 9 624.7 |
| 河 北 **Hebei** | 7 125.2 | 1.3 | 32 509.2 |
| 唐 山 Tangshan | 1 785.8 | 0.5 | 22 457.1 |
| 秦皇岛 Qinhuangdao | 4 434.1 | 0.8 | 9 255.6 |
| 沧 州 Cangzhou | 905.3 | 0.0 | 796.4 |
| 辽 宁 **Liaoning** | 26 597.8 | 14 652.2 | 25 477.6 |
| 大 连 Dalian | 19 673.0 | 13 064.3 | 15 855.4 |
| 丹 东 Dandong | 564.1 | 0.9 | 810.8 |
| 锦 州 Jinzhou | 1 129.6 | 0.0 | 2 122.4 |
| 营 口 Yingkou | 2 224.1 | 1 005.7 | 2 829.1 |
| 盘 锦 Panjin | 753.1 | 0.0 | 660.3 |
| 葫芦岛 Huludao | 2 254.0 | 581.2 | 3 199.5 |
| 上 海 **Shanghai** | 31 840.7 | 9 824.8 | 53 135.0 |
| 江 苏 **Jiangsu** | 22 967.3 | 1 393.0 | 51 743.2 |
| 南 通 Nantong | 7 432.9 | 0.0 | 6 701.4 |
| 连云港 Lianyungang | 5 514.9 | 295.8 | 28 417.9 |
| 盐 城 Yancheng | 10 019.6 | 1 097.3 | 16 623.9 |

8-6 续表1 continued

| 地 区<br>Region | | 工业废水排放总量<br>Total Volume of<br>Industrial Waste<br>Water Discharged | 直排入海<br>Discharged Directly into<br>the Sea | 工业废水处理量<br>Industrial Waste<br>Water Treated |
|---|---|---|---|---|
| 浙 江 | **Zhejiang** | 59 927.4 | 7 591.2 | 65 157.3 |
| 杭 州 | Hangzhou | 7 481.3 | 0.0 | 8 217.6 |
| 宁 波 | Ningbo | 14 841.8 | 6 568.6 | 20 207.0 |
| 温 州 | Wenzhou | 4 770.0 | 0.4 | 4 308.6 |
| 嘉 兴 | Jiaxing | 7 605.1 | 0.2 | 9 192.9 |
| 绍 兴 | Shaoxing | 18 498.0 | 0.0 | 17 642.9 |
| 舟 山 | Zhoushan | 2 202.2 | 876.1 | 1 318.1 |
| 台 州 | Taizhou | 4 529.1 | 145.9 | 4 270.4 |
| | | | | |
| 福 建 | **Fujian** | 62 222.2 | 35 292.3 | 60 856.5 |
| 福 州 | Fuzhou | 3 529.0 | 438.6 | 9 496.2 |
| 厦 门 | Xiamen | 21 398.4 | 17 106.6 | 22 225.0 |
| 莆 田 | Putian | 1 720.4 | 184.9 | 1 602.9 |
| 泉 州 | Quanzhou | 16 720.1 | 2 296.8 | 21 448.9 |
| 漳 州 | Zhangzhou | 17 829.5 | 15 187.8 | 5 022.7 |
| 宁 德 | Ningde | 1 024.8 | 77.5 | 1 060.8 |
| | | | | |
| 山 东 | **Shandong** | 43 319.9 | 4 859.4 | 115 732.1 |
| 青 岛 | Qingdao | 8 569.6 | 2 064.8 | 42 043.7 |
| 东 营 | Dongying | 6 933.3 | 0.0 | 26 434.0 |
| 烟 台 | Yantai | 7 647.0 | 2 387.2 | 13 903.3 |
| 潍 坊 | Weifang | 11 505.3 | 0.0 | 25 512.3 |
| 威 海 | Weihai | 1 870.4 | 81.6 | 2 371.4 |
| 日 照 | Rizhao | 853.1 | 325.9 | 1 567.2 |
| 滨 州 | Binzhou | 5 941.3 | 0.0 | 3 900.2 |

| 地 区<br>Region | 工业废水排放总量<br>Total Volume of<br>Industrial Waste<br>Water Discharged | 直排入海<br>Discharged Directly into<br>the Sea | 工业废水处理量<br>Industrial Waste<br>Water Treated |
|---|---|---|---|
| 广 东 **Guangdong** | 79 597. 2 | 1 076. 0 | 93 285. 0 |
| 广 州 Guangzhou | 10 292. 0 | 0. 0 | 11 187. 0 |
| 深 圳 Shenzhen | 11 923. 7 | 456. 3 | 8 766. 4 |
| 珠 海 Zhuhai | 2 413. 2 | 0. 0 | 2 167. 0 |
| 汕 头 Shantou | 5 807. 5 | 46. 2 | 5 459. 1 |
| 江 门 Jiangmen | 6 420. 1 | 44. 6 | 9 754. 1 |
| 湛 江 Zhanjiang | 5 634. 8 | 69. 7 | 5 702. 9 |
| 茂 名 Maoming | 2 021. 9 | 4. 0 | 3 689. 4 |
| 惠 州 Huizhou | 1 674. 1 | 16. 5 | 1 589. 7 |
| 汕 尾 Shanwei | 1 915. 0 | 5. 4 | 659. 9 |
| 阳 江 Yangjiang | 1 965. 0 | 433. 4 | 1 159. 9 |
| 东 莞 Dongguan | 20 428. 9 | 0. 0 | 32 350. 6 |
| 中 山 Zhongshan | 7 455. 2 | 0. 0 | 9 405. 3 |
| 潮 州 Chaozhou | 1 097. 9 | 0. 0 | 596. 2 |
| 揭 阳 Jieyang | 547. 9 | 0. 0 | 797. 6 |
| 广 西 **Guangxi** | 5 605. 2 | 3 172. 5 | 7 330. 2 |
| 北 海 Beihai | 1 816. 9 | 849. 5 | 1 811. 9 |
| 防城港 Fangchenggang | 1 024. 5 | 254. 8 | 2 711. 9 |
| 钦 州 Qinzhou | 2 763. 8 | 2 068. 2 | 2 806. 5 |
| 海 南 **Hainan** | 717. 9 | 216. 5 | 643. 1 |
| 海 口 Haikou | 665. 1 | 0. 0 | 603. 0 |
| 三 亚 Sanya | 52. 8 | 216. 5 | 40. 2 |

注：1. 表中数据为沿海地带合计数（表8-9、表8-13同）。
　　2. 沿海地带是指有海岸线的县、县级市、区（包括直辖市和地级市的区）。

Note: 1. The data in the table are the total numbers for the coastal regions (The same for Tables 8-9, 8-13).
　　2. Coastal Zone refers to the counties, county-level cities and districts with coastlines (including the districts under the municipalities directly under the Central Government and the prefecture-level districts)

# 8-7 沿海地区一般工业固体废物倾倒丢弃、处理及综合利用情况（2015年）

## Discharge, Treatment and Multipurpose Utilization of Common Industrial Solid Wastes by Coastal Regions, 2015

单位：万吨 (10 000 t)

| 地 区<br>Region | | 一般工业固体废物倾倒丢弃量<br>Volume of Common Industrial Solid Wastes Discharged | 一般工业固体废物处置量<br>Volume of Common Industrial Solid Wastes Treated | 一般工业固体废物综合利用量<br>Volume of Common Industrial Solid Wastes Comprehensively Utilized |
|---|---|---|---|---|
| 总 计 Total | | 9.1 | 26 424.0 | 79 570.5 |
| 环渤海地区<br>Round-the-Bohai Sea Region | 合 计 Total | 7.5 | 23 555.1 | 49 761.4 |
| | 辽 宁 Liaoning | 7.5 | 8 067.3 | 10 028.9 |
| | 河 北 Hebei | 0.0 | 14 729.1 | 19 900.0 |
| | 天 津 Tianjin | 0.0 | 21.5 | 1 524.0 |
| | 山 东 Shandong | 0.0 | 737.2 | 18 308.6 |
| 长江三角洲地区<br>Yangtze River Delta Region | 合 计 Total | 0.0 | 684.9 | 16 266.3 |
| | 江 苏 Jiangsu | 0.0 | 407.4 | 10 207.0 |
| | 上 海 Shanghai | 0.0 | 72.2 | 1 796.2 |
| | 浙 江 Zhejiang | 0.0 | 205.3 | 4 263.2 |
| 海峡西岸地区<br>Region on the West Side of the Taiwan Straits | 合 计 Total | 0.0 | 1 157.4 | 3 784.3 |
| | 福 建 Fujian | 0.0 | 1 157.4 | 3 784.3 |
| 珠江三角洲地区<br>Zhujiang River Delta Region | 合 计 Total | 1.1 | 438.8 | 5 102.7 |
| | 广 东 Guangdong | 1.1 | 438.8 | 5 102.7 |
| 环北部湾地区<br>Round-the-Beibu Gulf Region | 合 计 Total | 0.5 | 587.8 | 4 655.8 |
| | 广 西 Guangxi | 0.4 | 546.2 | 4 387.7 |
| | 海 南 Hainan | 0.1 | 41.6 | 268.1 |

# 8-8 沿海城市一般工业固体废物倾倒丢弃、处理及综合利用情况（2015年）

## Discharge, Treatment and Multipurposed Utilization of Common Industrial Solid Wastes by Coastal Cities, 2015

单位：万吨 (10 000 t)

| 沿海城市<br>Coastal City | 一般工业固体废物<br>倾倒丢弃量<br>Volume of Common<br>Industrial Solid Wastes<br>Discharged | 一般工业固体废物<br>处置量<br>Volume of Common<br>Industrial Solid Wastes<br>Treated | 一般工业固体废物<br>综合利用量<br>Volume of Common<br>Industrial Solid Wastes<br>Comprehensively<br>Utilized |
|---|---|---|---|
| 天 津 Tianjin | 0.0 | 21.5 | 1 524.0 |
| 唐 山 Tangshan | 0.0 | 2 653.7 | 7 231.0 |
| 秦皇岛 Qinhuangdao | 0.0 | 195.5 | 789.0 |
| 沧 州 Cangzhou | 0.0 | 0.3 | 464.9 |
| 大 连 Dalian | 0.0 | 99.8 | 397.2 |
| 丹 东 Dandong | 0.0 | 303.3 | 251.5 |
| 锦 州 Jinzhou | 0.0 | 27.4 | 274.8 |
| 营 口 Yingkou | 0.0 | 1.9 | 707.3 |
| 盘 锦 Panjin | 0.0 | 8.3 | 187.2 |
| 葫芦岛 Huludao | 0.0 | 15.0 | 451.4 |
| 上 海 Shanghai | 0.0 | 72.2 | 1 796.2 |
| 南 通 Nantong | 0.0 | 5.4 | 518.1 |
| 连云港 Lianyungang | 0.0 | 11.5 | 583.3 |
| 盐 城 Yancheng | 0.0 | 24.7 | 535.6 |

| 沿海城市<br>Coastal City | | 一般工业固体废物<br>倾倒丢弃量<br>Volume of Common<br>Industrial Solid Wastes<br>Discharged | 一般工业固体废物<br>处置量<br>Volume of Common<br>Industrial Solid Wastes<br>Treated | 一般工业固体废物<br>综合利用量<br>Volume of Common<br>Industrial Solid Wastes<br>Comprehensively<br>Utilized |
|---|---|---|---|---|
| 杭 州 | Hangzhou | 0. 0 | 73. 5 | 575. 2 |
| 宁 波 | Ningbo | 0. 0 | 28. 6 | 1 117. 9 |
| 温 州 | Wenzhou | 0. 0 | 4. 8 | 269. 5 |
| 嘉 兴 | Jiaxing | 0. 0 | 30. 0 | 501. 2 |
| 绍 兴 | Shaoxing | 0. 0 | 9. 8 | 357. 3 |
| 舟 山 | Zhoushan | 0. 0 | 0. 5 | 132. 6 |
| 台 州 | Taizhou | 0. 0 | 4. 8 | 243. 1 |
| 福 州 | Fuzhou | 0. 0 | 27. 8 | 573. 7 |
| 厦 门 | Xiamen | 0. 0 | 13. 4 | 89. 6 |
| 莆 田 | Putian | 0. 0 | 8. 4 | 59. 7 |
| 泉 州 | Quanzhou | 0. 0 | 7. 3 | 795. 2 |
| 漳 州 | Zhangzhou | 0. 0 | 6. 9 | 259. 9 |
| 宁 德 | Ningde | 0. 0 | 41. 1 | 412. 9 |
| 青 岛 | Qingdao | 0. 0 | 28. 9 | 664. 5 |
| 东 营 | Dongying | 0. 0 | 11. 7 | 342. 7 |
| 烟 台 | Yantai | 0. 0 | 305. 5 | 1 905. 0 |
| 潍 坊 | Weifang | 0. 0 | 18. 3 | 1 081. 2 |
| 威 海 | Weihai | 0. 0 | 18. 2 | 330. 2 |
| 日 照 | Rizhao | 0. 0 | 6. 1 | 810. 5 |
| 滨 州 | Binzhou | 0. 0 | 21. 9 | 2 090. 4 |

| 沿海城市<br>Coastal City | 一般工业固体废物<br>倾倒丢弃量<br>Volume of Common<br>Industrial Solid Wastes<br>Discharged | 一般工业固体废物<br>处置量<br>Volume of Common<br>Industrial Solid Wastes<br>Treated | 一般工业固体废物<br>综合利用量<br>Volume of Common<br>Industrial Solid Wastes<br>Comprehensively<br>Utilized |
|---|---|---|---|
| 广 州 Guangzhou | 0.0 | 20.8 | 436.0 |
| 深 圳 Shenzhen | 0.0 | 40.5 | 52.4 |
| 珠 海 Zhuhai | 0.0 | 16.4 | 276.0 |
| 汕 头 Shantou | 0.0 | 2.2 | 105.2 |
| 江 门 Jiangmen | 0.0 | 33.4 | 190.6 |
| 湛 江 Zhanjiang | 0.0 | 1.6 | 221.0 |
| 茂 名 Maoming | 0.0 | 4.8 | 204.0 |
| 惠 州 Huizhou | 0.0 | 3.2 | 70.9 |
| 汕 尾 Shanwei | 0.0 | 0.4 | 111.1 |
| 阳 江 Yangjiang | 0.7 | 0.1 | 473.1 |
| 东 莞 Dongguan | 0.1 | 55.2 | 433.2 |
| 中 山 Zhongshan | 0.0 | 6.8 | 86.4 |
| 潮 州 Chaozhou | 0.0 | 0.1 | 104.0 |
| 揭 阳 Jieyang | 0.1 | 1.0 | 114.5 |
| 北 海 Beihai | 0.1 | 3.8 | 296.9 |
| 防城港 Fangchenggang | 0.0 | 0.1 | 259.8 |
| 钦 州 Qinzhou | 0.0 | 1.6 | 99.4 |
| 海 口 Haikou | 0.0 | 0.5 | 4.1 |
| 三 亚 Sanya | 0.0 | 8.3 | 0.0 |

# 8-9 沿海地带一般工业固体废物倾倒丢弃、处理及综合利用情况（2015年）

## Discharge, Treatment and Multipurposed Utilization of Common Industrial Solid Wastes by Coastal Counties, 2015

单位：万吨 (10 000 t)

| 地区<br>Region | 一般工业固体废物<br>倾倒丢弃量<br>Volume of Common<br>Industrial Solid Wastes<br>Discharged | 一般工业固体废物<br>处置量<br>Volume of Common<br>Industrial Solid Wastes<br>Treated | 一般工业固体废物<br>综合利用量<br>Volume of Common<br>Industrial Solid Wastes<br>Comprehensively<br>Utilized |
|---|---|---|---|
| 天 津 **Tianjin** | 0.0 | 17.3 | 418.5 |
| 河 北 **Hebei** | 0.0 | 195.7 | 2 205.9 |
| 唐 山 Tangshan | 0.0 | 5.3 | 1 514.7 |
| 秦皇岛 Qinhuangdao | 0.0 | 190.4 | 689.1 |
| 沧 州 Cangzhou | 0.0 | 0.0 | 2.2 |
| 辽 宁 **Liaoning** | 0.0 | 99.1 | 1 283.5 |
| 大 连 Dalian | 0.0 | 80.9 | 324.5 |
| 丹 东 Dandong | 0.0 | 0.0 | 41.9 |
| 锦 州 Jinzhou | 0.0 | 2.5 | 17.6 |
| 营 口 Yingkou | 0.0 | 1.9 | 672.1 |
| 盘 锦 Panjin | 0.0 | 0.0 | 13.2 |
| 葫芦岛 Huludao | 0.0 | 13.8 | 214.1 |
| 上 海 **Shanghai** | 0.0 | 45.3 | 1 635.0 |
| 江 苏 **Jiangsu** | 0.0 | 27.8 | 1 171.4 |
| 南 通 Nantong | 0.0 | 1.9 | 220.3 |
| 连云港 Lianyungang | 0.0 | 10.2 | 487.3 |
| 盐 城 Yancheng | 0.0 | 15.7 | 463.8 |

| 地 区<br>Region | 一般工业固体废物<br>倾倒丢弃量<br>Volume of Common<br>Industrial Solid Wastes<br>Discharged | 一般工业固体废物<br>处置量<br>Volume of Common<br>Industrial Solid Wastes<br>Treated | 一般工业固体废物<br>综合利用量<br>Volume of Common<br>Industrial Solid Wastes<br>Comprehensively<br>Utilized |
|---|---|---|---|
| 浙 江 **Zhejiang** | 0. 0 | 55. 9 | 2 259. 2 |
| 杭 州 Hangzhou | 0. 0 | 12. 7 | 98. 1 |
| 宁 波 Ningbo | 0. 0 | 27. 0 | 1 083. 5 |
| 温 州 Wenzhou | 0. 0 | 3. 6 | 232. 6 |
| 嘉 兴 Jiaxing | 0. 0 | 1. 8 | 217. 8 |
| 绍 兴 Shaoxing | 0. 0 | 5. 7 | 277. 7 |
| 舟 山 Zhoushan | 0. 0 | 0. 5 | 132. 6 |
| 台 州 Taizhou | 0. 0 | 4. 7 | 216. 9 |
| | | | |
| 福 建 **Fujian** | 0. 0 | 52. 7 | 1 438. 2 |
| 福 州 Fuzhou | 0. 0 | 26. 9 | 467. 6 |
| 厦 门 Xiamen | 0. 0 | 13. 4 | 89. 6 |
| 莆 田 Putian | 0. 0 | 0. 1 | 33. 5 |
| 泉 州 Quanzhou | 0. 0 | 6. 3 | 354. 6 |
| 漳 州 Zhangzhou | 0. 0 | 3. 2 | 163. 0 |
| 宁 德 Ningde | 0. 0 | 2. 9 | 329. 9 |
| | | | |
| 山 东 **Shandong** | 0. 0 | 371. 9 | 3 945. 4 |
| 青 岛 Qingdao | 0. 0 | 28. 2 | 455. 9 |
| 东 营 Dongying | 0. 0 | 11. 7 | 267. 9 |
| 烟 台 Yantai | 0. 0 | 304. 5 | 1 829. 5 |
| 潍 坊 Weifang | 0. 0 | 1. 8 | 496. 8 |
| 威 海 Weihai | 0. 0 | 17. 7 | 138. 7 |
| 日 照 Rizhao | 0. 0 | 1. 1 | 489. 5 |
| 滨 州 Binzhou | 0. 0 | 6. 8 | 267. 1 |

| 地 区<br>Region | | 一般工业固体废物<br>倾倒丢弃量<br>Volume of Common<br>Industrial Solid Wastes<br>Discharged | 一般工业固体废物<br>处置量<br>Volume of Common<br>Industrial Solid Wastes<br>Treated | 一般工业固体废物<br>综合利用量<br>Volume of Common<br>Industrial Solid Wastes<br>Comprehensively<br>Utilized |
|---|---|---|---|---|
| 广 东 | **Guangdong** | 0. 5 | 163. 1 | 2 099. 1 |
| 广 州 | Guangzhou | 0. 0 | 14. 9 | 355. 7 |
| 深 圳 | Shenzhen | 0. 0 | 39. 0 | 50. 8 |
| 珠 海 | Zhuhai | 0. 0 | 8. 6 | 3. 8 |
| 汕 头 | Shantou | 0. 0 | 2. 2 | 105. 2 |
| 江 门 | Jiangmen | 0. 0 | 27. 5 | 168. 3 |
| 湛 江 | Zhanjiang | 0. 0 | 1. 1 | 175. 3 |
| 茂 名 | Maoming | 0. 0 | 4. 8 | 107. 2 |
| 惠 州 | Huizhou | 0. 0 | 2. 1 | 30. 1 |
| 汕 尾 | Shanwei | 0. 0 | 0. 4 | 63. 5 |
| 阳 江 | Yangjiang | 0. 4 | 0. 0 | 333. 8 |
| 东 莞 | Dongguan | 0. 1 | 55. 2 | 433. 2 |
| 中 山 | Zhongshan | 0. 0 | 6. 8 | 86. 4 |
| 潮 州 | Chaozhou | 0. 0 | 0. 1 | 100. 5 |
| 揭 阳 | Jieyang | 0. 0 | 0. 3 | 85. 1 |
| | | | | |
| 广 西 | **Guangxi** | 0. 1 | 4. 5 | 552. 4 |
| 北 海 | Beihai | 0. 1 | 3. 8 | 296. 9 |
| 防城港 | Fangchenggang | 0. 0 | 0. 1 | 195. 7 |
| 钦 州 | Qinzhou | 0. 0 | 0. 6 | 59. 9 |
| | | | | |
| 海 南 | **Hainan** | 0. 0 | 8. 8 | 3. 7 |
| 海 口 | Haikou | 0. 0 | 0. 5 | 3. 7 |
| 三 亚 | Sanya | 0. 0 | 8. 3 | 0. 0 |

## 8-10 主要沿海城市工业废气排放及处理情况（2015年）
## Emission and Treatment of Industrial Waste Gas in Major Coastal Cities, 2015

| 城市<br>City | 工业废气<br>排放量<br>（亿立方米）<br>Industrial Waste<br>Gas Emission<br>(100 000 000 m³) | 工业二氧化硫<br>排放量<br>（吨）<br>Industrial<br>Sulphur Dioxide<br>Emission<br>(t) | 工业二氧化硫<br>去除量（吨）<br>Industrial<br>Sulphur Dioxide<br>Treated<br>(t) | 工业氮氧化物<br>排放量<br>（吨）<br>Industrial<br>Nitrogen Oxide<br>Emission<br>(t) | 工业氮氧化物<br>处理量<br>（吨）<br>Industrial<br>Nitrogen Oxide<br>Treated<br>(t) |
|---|---|---|---|---|---|
| 天津<br>Tianjin | 8 355.2 | 154 605.0 | 367 668.4 | 150 209.6 | 93 366.9 |
| 唐山<br>Tangshan | 35 891.5 | 214 723.2 | 413 294.5 | 228 451.8 | 81 021.8 |
| 秦皇岛<br>Qinhuangdao | 3 391.6 | 46 688.5 | 74 193.1 | 41 223.1 | 22 457.7 |
| 沧州<br>Cangzhou | 2 864.0 | 32 712.5 | 118 816.2 | 27 710.0 | 23 409.9 |
| 大连<br>Dalian | 2 846.8 | 95 796.1 | 198 340.8 | 83 523.9 | 16 332.2 |
| 丹东<br>Dandong | 2 322.5 | 32 720.8 | 49 528.2 | 16 209.0 | 16 109.3 |
| 锦州<br>Jinzhou | 928.4 | 42 437.5 | 42 003.5 | 14 522.8 | 8 408.1 |
| 营口<br>Yingkou | 4 985.0 | 46 052.4 | 58 135.0 | 41 986.6 | 18 882.5 |
| 盘锦<br>Panjin | 977.4 | 50 123.4 | 35 265.1 | 22 840.3 | 8 004.3 |
| 葫芦岛<br>Huludao | 1 374.7 | 53 752.5 | 640 071.3 | 37 452.9 | 27 371.3 |
| 上海<br>Shanghai | 12 801.7 | 104 851.8 | 409 097.0 | 121 492.2 | 112 340.3 |
| 南通<br>Nantong | 2 451.7 | 55 061.8 | 205 975.2 | 43 586.6 | 21 456.2 |
| 连云港<br>Lianyungang | 3 117.9 | 41 579.2 | 54 742.2 | 28 781.9 | 10 255.0 |
| 盐城<br>Yancheng | 2 701.6 | 41 337.9 | 141 662.9 | 26 161.3 | 27 731.4 |
| 杭州<br>Hangzhou | 4 204.4 | 63 814.5 | 76 285.5 | 55 972.9 | 19 679.3 |
| 宁波<br>Ningbo | 6 269.0 | 101 979.6 | 405 393.3 | 131 615.9 | 78 951.7 |
| 温州<br>Wenzhou | 4 226.7 | 37 316.4 | 94 413.0 | 31 735.5 | 15 323.0 |

| 城 市<br>City | 工业废气<br>排放量<br>（亿立方米）<br>Industrial Waste<br>Gas Emission<br>(100 000 000 m$^3$) | 工业二氧化硫<br>排放量<br>（吨）<br>Industrial<br>Sulphur Dioxide<br>Emission<br>(t) | 工业二氧化硫<br>去除量（吨）<br>Industrial<br>Sulphur Dioxide<br>Treated<br>(t) | 工业氮氧化物<br>排放量<br>（吨）<br>Industrial<br>Nitrogen Oxide<br>Emission<br>(t) | 工业氮氧化物<br>处理量<br>（吨）<br>Industrial<br>Nitrogen Oxide<br>Treated<br>(t) |
|---|---|---|---|---|---|
| 嘉 兴<br>Jiaxing | 2 240.6 | 67 924.0 | 110 201.1 | 40 060.6 | 26 783.2 |
| 绍 兴<br>Shaoxing | 1 645.4 | 59 979.7 | 69 473.1 | 39 789.5 | 9 500.1 |
| 舟 山<br>Zhoushan | 539.2 | 12 379.5 | 56 480.8 | 11 554.4 | 8 081.6 |
| 台 州<br>Taizhou | 1 319.0 | 31 867.6 | 112 086.5 | 26 254.7 | 5 369.3 |
| 福 州<br>Fuzhou | 3 134.8 | 55 370.4 | 120 775.3 | 64 751.0 | 35 699.3 |
| 厦 门<br>Xiamen | 953.4 | 17 028.1 | 30 676.6 | 11 778.0 | 13 031.6 |
| 莆 田<br>Putian | 503.1 | 11 081.6 | 21 898.3 | 11 214.2 | 5 165.5 |
| 泉 州<br>Quanzhou | 3 794.2 | 94 698.6 | 206 112.9 | 69 431.9 | 19 515.4 |
| 漳 州<br>Zhangzhou | 1 772.5 | 35 538.0 | 67 903.4 | 38 373.5 | 32 075.4 |
| 宁 德<br>Ningde | 1 379.9 | 17 678.6 | 35 203.4 | 15 453.3 | 27 122.3 |
| 青 岛<br>Qingdao | 2 213.7 | 65 003.4 | 231 029.0 | 63 680.1 | 27 189.6 |
| 东 营<br>Dongying | 1 346.0 | 47 859.5 | 408 546.9 | 27 669.2 | 15 100.1 |
| 烟 台<br>Yantai | 4 052.0 | 67 531.2 | 490 820.7 | 57 240.6 | 43 607.8 |
| 潍 坊<br>Weifang | 4 454.9 | 106 598.6 | 348 119.2 | 59 941.7 | 31 993.5 |
| 威 海<br>Weihai | 913.3 | 24 662.6 | 102 708.8 | 24 210.8 | 23 338.8 |
| 日 照<br>Rizhao | 5 070.6 | 42 127.8 | 138 302.4 | 42 705.5 | 30 920.5 |
| 滨 州<br>Binzhou | 5 901.1 | 93 908.9 | 1434 969.3 | 97 082.5 | 115 252.5 |
| 广 州<br>Guangzhou | 3 550.9 | 48 840.8 | 423 826.1 | 44 349.1 | 49 396.9 |

| 城 市<br>City | 工业废气<br>排放量<br>（亿立方米）<br>Industrial Waste<br>Gas Emission<br>(100 000 000 m³) | 工业二氧化硫<br>排放量<br>（吨）<br>Industrial<br>Sulphur Dioxide<br>Emission<br>(t) | 工业二氧化硫<br>去除量（吨）<br>Industrial<br>Sulphur Dioxide<br>Treated<br>(t) | 工业氮氧化物<br>排放量<br>（吨）<br>Industrial<br>Nitrogen Oxide<br>Emission<br>(t) | 工业氮氧化物<br>处理量<br>（吨）<br>Industrial<br>Nitrogen Oxide<br>Treated<br>(t) |
|---|---|---|---|---|---|
| 深 圳<br>Shenzhen | 2 312.2 | 4 131.9 | 32 115.3 | 10 672.9 | 14 921.0 |
| 珠 海<br>Zhuhai | 2 045.6 | 21 946.4 | 65 938.0 | 26 000.0 | 20 106.8 |
| 汕 头<br>Shantou | 798.9 | 22 423.4 | 49 374.3 | 14 911.1 | 8 898.3 |
| 江 门<br>Jiangmen | 1 372.4 | 43 703.5 | 95 605.1 | 42 157.7 | 26 156.6 |
| 湛 江<br>Zhanjiang | 1 078.3 | 29 599.0 | 74 593.5 | 15 813.3 | 9 105.3 |
| 茂 名<br>Maoming | 915.4 | 31 792.8 | 438 104.0 | 16 712.0 | 4 919.7 |
| 惠 州<br>Huizhou | 1 611.5 | 28 683.1 | 33 494.4 | 34 682.4 | 22 124.9 |
| 汕 尾<br>Shanwei | 647.3 | 12 807.3 | 76 717.1 | 5 631.5 | 11 571.6 |
| 阳 江<br>Yangjiang | 1 217.2 | 24 066.2 | 56 361.6 | 21 989.8 | 10 696.2 |
| 东 莞<br>Dongguan | 3 218.8 | 103 309.9 | 185 613.8 | 71 824.8 | 81 036.3 |
| 中 山<br>Zhongshan | 852.3 | 24 429.8 | 8 744.4 | 18 371.0 | 1 459.5 |
| 潮 州<br>Chaozhou | 710.9 | 12 867.8 | 54 873.5 | 8 757.6 | 11 708.7 |
| 揭 阳<br>Jieyang | 702.7 | 23 385.5 | 72 405.9 | 8 659.1 | 10 895.1 |
| 北 海<br>Beihai | 748.6 | 12 184.0 | 24 766.6 | 6 364.4 | 1 970.7 |
| 防城港<br>Fangchenggang | 576.6 | 27 854.7 | 37 436.7 | 14 788.8 | 2 290.2 |
| 钦 州<br>Qinzhou | 518.9 | 15 967.1 | 23 604.6 | 7 082.6 | 5 725.8 |
| 海 口<br>Haikou | 78.0 | 2 517.4 | 986.6 | 198.9 | 1.1 |
| 三 亚<br>Sanya | 48.4 | 207.7 | 821.4 | 675.6 | 742.9 |

8-10 续表3 continued

| 城 市<br>City | 工业烟（粉）尘<br>排放量<br>（亿立方米）<br>Industrial Soot<br>(Dust) Emission<br>(100 000 000 m³) | 工业烟粉尘<br>处理量<br>（吨）<br>Industrial Soot<br>(Dust) Treated<br>(t) | 生活二氧化硫<br>排放量<br>（吨）<br>Household<br>Sulphur Dioxide<br>Emission<br>(t) | 生活氮氧化物<br>排放量<br>（吨）<br>Household<br>Nitrogen Oxide<br>Emission<br>(t) | 生活烟尘<br>排放量<br>（吨）<br>Household Soot<br>Emission<br>(t) |
|---|---|---|---|---|---|
| 天 津<br>Tianjin | 73 794. 6 | 4 241 857. 3 | 13 767. 2 | 9 516. 6 | 21 072. 1 |
| 唐 山<br>Tangshan | 466 902. 3 | 14718 491. 0 | 33 909. 9 | 7 232. 9 | 133 573. 6 |
| 秦皇岛<br>Qinhuangdao | 34 702. 4 | 1 825 163. 7 | 13 146. 4 | 7 819. 6 | 6 144. 3 |
| 沧 州<br>Cangzhou | 50 878. 8 | 1 110 111. 5 | 19 581. 0 | 4 679. 0 | 26 600. 0 |
| 大 连<br>Dalian | 54 111. 7 | 7311 902. 0 | 16 365. 9 | 2 661. 6 | 11 666. 4 |
| 丹 东<br>Dandong | 28 820. 1 | 1 116 360. 3 | 6 294. 0 | 2 857. 6 | 8 035. 0 |
| 锦 州<br>Jinzhou | 40 391. 0 | 803 918. 6 | 5 686. 7 | 1 544. 0 | 9 105. 5 |
| 营 口<br>Yingkou | 89 113. 3 | 2 606 992. 4 | 4 730. 0 | 1 578. 8 | 5 577. 3 |
| 盘 锦<br>Panjin | 15 334. 4 | 617 015. 0 | 3 876. 0 | 876. 9 | 3 028. 0 |
| 葫芦岛<br>Huludao | 21 592. 9 | 1 368 022. 7 | 9 640. 4 | 2 170. 0 | 8 506. 3 |
| 上 海<br>Shanghai | 111 370. 3 | 5 834 121. 8 | 29 869. 0 | 10 492. 3 | 3 816. 3 |
| 南 通<br>Nantong | 32 904. 6 | 2 444 446. 2 | 3 672. 0 | 461. 0 | 1 440. 0 |
| 连云港<br>Lianyungang | 33 979. 3 | 1 791 048. 8 | 5 662. 2 | 767. 2 | 2 731. 2 |
| 盐 城<br>Yancheng | 36 416. 1 | 2 274 861. 6 | 2 308. 0 | 336. 2 | 1 281. 1 |
| 杭 州<br>Hangzhou | 49 175. 6 | 4 002 281. 9 | 967. 3 | 358. 0 | 137. 1 |
| 宁 波<br>Ningbo | 28 127. 7 | 5 413 887. 5 | 1 564. 0 | 400. 0 | 2 500. 0 |
| 温 州<br>Wenzhou | 16 448. 7 | 1 268 489. 1 | 668. 6 | 423. 3 | 467. 5 |

| 城 市<br>City | 工业烟（粉）尘<br>排放量<br>（亿立方米）<br>Industrial Soot<br>(Dust) Emission<br>(100 000 000 m³) | 工业烟粉尘<br>处理量<br>（吨）<br>Industrial Soot<br>(Dust) Treated<br>(t) | 生活二氧化硫<br>排放量<br>（吨）<br>Household<br>Sulphur Dioxide<br>Emission<br>(t) | 生活氮氧化物<br>排放量<br>（吨）<br>Household<br>Nitrogen Oxide<br>Emission<br>(t) | 生活烟尘<br>排放量<br>（吨）<br>Household Soot<br>Emission<br>(t) |
|---|---|---|---|---|---|
| 嘉 兴<br>Jiaxing | 20 975. 0 | 1 883 132. 8 | 385. 0 | 93. 0 | 45. 0 |
| 绍 兴<br>Shaoxing | 32 588. 3 | 1 462 965. 9 | 734. 4 | 224. 0 | 144. 0 |
| 舟 山<br>Zhoushan | 3 049. 6 | 566 733. 3 | 288. 0 | 98. 3 | 180. 6 |
| 台 州<br>Taizhou | 16 263. 1 | 1 701 005. 0 | 1 036. 7 | 160. 1 | 108. 9 |
| 福 州<br>Fuzhou | 90 911. 3 | 2 259 171. 9 | 1 726. 0 | 306. 0 | 1 096. 0 |
| 厦 门<br>Xiamen | 2 414. 0 | 379 750. 2 | 265. 5 | 92. 0 | 85. 1 |
| 莆 田<br>Putian | 4 908. 8 | 204 834. 5 | 1 702. 8 | 530. 6 | 1 370. 7 |
| 泉 州<br>Quanzhou | 84 653. 3 | 1 996 240. 6 | 3 820. 3 | 752. 6 | 2 115. 1 |
| 漳 州<br>Zhangzhou | 20 687. 1 | 712 705. 5 | 817. 0 | 96. 1 | 480. 6 |
| 宁 德<br>Ningde | 8 472. 5 | 516 989. 1 | 1 112. 5 | 70. 0 | 534. 4 |
| 青 岛<br>Qingdao | 28 767. 1 | 2 057 343. 6 | 27 088. 6 | 2 647. 9 | 9 805. 8 |
| 东 营<br>Dongying | 5 155. 7 | 1 474 179. 3 | 1 720. 9 | 864. 7 | 925. 5 |
| 烟 台<br>Yantai | 30 315. 8 | 4 502 953. 8 | 15 664. 2 | 5 369. 0 | 6 457. 8 |
| 潍 坊<br>Weifang | 55 380. 2 | 5 639 869. 6 | 15 461. 0 | 2 000. 8 | 7 011. 7 |
| 威 海<br>Weihai | 12 541. 6 | 1 308 652. 8 | 17 190. 1 | 2 701. 6 | 2 956. 2 |
| 日 照<br>Rizhao | 103 306. 0 | 3 578 992. 0 | 16 721. 8 | 5 704. 9 | 12 900. 0 |
| 滨 州<br>Binzhou | 30 122. 7 | 10 171 866. 9 | 3 661. 2 | 1 525. 5 | 6 680. 7 |
| 广 州<br>Guangzhou | 9 297. 7 | 3 354 930. 9 | 2 363. 0 | 1 963. 0 | 214. 0 |

8-10 续表5 continued

| 城市<br>City | 工业烟（粉）尘<br>排放量<br>（亿立方米）<br>Industrial Soot<br>(Dust) Emission<br>(100 000 000  m³) | 工业烟粉尘<br>处理量<br>（吨）<br>Industrial Soot<br>(Dust) Treated<br>(t) | 生活二氧化硫<br>排放量<br>（吨）<br>Household<br>Sulphur Dioxide<br>Emission<br>(t) | 生活氮氧化物<br>排放量<br>（吨）<br>Household<br>Nitrogen Oxide<br>Emission<br>(t) | 生活烟尘<br>排放量<br>（吨）<br>Household Soot<br>Emission<br>(t) |
|---|---|---|---|---|---|
| 深 圳<br>Shenzhen | 1 078. 7 | 266 417. 0 | 238. 0 | 885. 0 | 82. 0 |
| 珠 海<br>Zhuhai | 10 446. 3 | 822 534. 6 | 0. 0 | 0. 0 | 0. 0 |
| 汕 头<br>Shantou | 4 351. 6 | 598 592. 0 | 134. 0 | 28. 6 | 73. 0 |
| 江 门<br>Jiangmen | 13 031. 3 | 1 397 594. 2 | 110. 0 | 7. 0 | 70. 0 |
| 湛 江<br>Zhanjiang | 9 361. 4 | 1 001 627. 7 | 2 350. 0 | 366. 9 | 239. 6 |
| 茂 名<br>Maoming | 11 476. 0 | 695 585. 1 | 2 392. 8 | 215. 4 | 501. 6 |
| 惠 州<br>Huizhou | 15 714. 6 | 2 196 564. 6 | 239. 0 | 83. 4 | 67. 3 |
| 汕 尾<br>Shanwei | 3 656. 8 | 560 896. 0 | 624. 3 | 755. 0 | 480. 8 |
| 阳 江<br>Yangjiang | 19 577. 3 | 599 927. 7 | 823. 0 | 242. 0 | 207. 0 |
| 东 莞<br>Dongguan | 14 411. 5 | 1 532 805. 8 | 1 560. 0 | 156. 0 | 450. 0 |
| 中 山<br>Zhongshan | 12 276. 0 | 311 929. 4 | 276. 6 | 52. 9 | 234. 7 |
| 潮 州<br>Chaozhou | 2 213. 6 | 629 256. 6 | 1 027. 2 | 4. 0 | 3. 0 |
| 揭 阳<br>Jieyang | 3 424. 9 | 268 591. 0 | 4 318. 0 | 635. 0 | 2 540. 0 |
| 北 海<br>Beihai | 4 692. 0 | 250 963. 0 | 1 282. 0 | 145. 4 | 408. 5 |
| 防城港<br>Fangchenggang | 48 783. 6 | 1 224 796. 3 | 971. 0 | 104. 0 | 406. 5 |
| 钦 州<br>Qinzhou | 4 624. 0 | 200 695. 6 | 1 117. 0 | 76. 7 | 237. 3 |
| 海 口<br>Haikou | 854. 4 | 2 602. 7 | 19. 5 | 26. 8 | 240. 7 |
| 三 亚<br>Sanya | 935. 1 | 62 936. 9 | 71. 6 | 13. 7 | 7. 0 |

# 8-11 沿海地区污染治理项目情况（2015年）
# Pollution Treatment Projects in Coastal Regions, 2015

单位：个 (unit)

| 地 区<br>Region | | | 当年安排施工项目<br>Arranged for Construction<br>in the Year | | 当年竣工项目<br>Completed in the Year | |
|---|---|---|---|---|---|---|
| | | | 治理废水<br>Treatment of<br>Waste Water | 治理固体废物<br>Treatment of<br>Solid Wastes | 治理废水<br>Treatment of<br>Waste Water | 治理固体废物<br>Treatment of<br>Solid Wastes |
| 总 计 Total | | | 1 074 | 124 | 793 | 105 |
| 环渤海地区<br>Round-the-Bohai<br>Sea Region | 合 计 Total | | 151 | 23 | 117 | 17 |
| | 辽 宁 | Liaoning | 19 | 11 | 13 | 8 |
| | 河 北 | Hebei | 16 | 1 | 13 | 1 |
| | 天 津 | Tianjin | 23 | 2 | 18 | 2 |
| | 山 东 | Shandong | 93 | 9 | 73 | 6 |
| 长江三角洲地区<br>Yangtze River Delta<br>Region | 合 计 Total | | 607 | 26 | 463 | 22 |
| | 江 苏 | Jiangsu | 219 | 6 | 173 | 4 |
| | 上 海 | Shanghai | 79 | 1 | 62 | 1 |
| | 浙 江 | Zhejiang | 309 | 19 | 228 | 17 |
| 海峡西岸地区<br>Region<br>on the West Side of<br>the Taiwan Straits | 合 计 Total | | 89 | 62 | 45 | 56 |
| | 福 建 | Fujian | 89 | 62 | 45 | 56 |
| 珠江三角洲地区<br>Zhujiang River<br>Delta Region | 合 计 Total | | 188 | 6 | 138 | 5 |
| | 广 东<br>Guangdong | | 188 | 6 | 138 | 5 |
| 环北部湾地区<br>Round-the-Beibu<br>Gulf Region | 合 计 Total | | 39 | 7 | 30 | 5 |
| | 广 西 | Guangxi | 36 | 7 | 29 | 5 |
| | 海 南 | Hainan | 3 | 0 | 1 | 0 |

# 8-12  沿海城市污染治理项目情况（2015年）
# Pollution Treatment Projects in Coastal Cities, 2015

单位：个 （unit)

| 沿海城市<br>Coastal City | 当年安排施工项目<br>Arranged for Construction in the Year | | 当年竣工项目<br>Completed in the Year | |
|---|---|---|---|---|
| | 治理废水<br>Treatment of<br>Waste Water | 治理固体废物<br>Treatment of<br>Solid Wastes | 治理废水<br>Treament of<br>Waste Water | 治理固体废物<br>Treatment of<br>Solid Wastes |
| 天　津　Tianjin | 23 | 2 | 18 | 2 |
| 唐　山　Tangshan | 0 | 0 | 0 | 0 |
| 秦皇岛　Qinhuangdao | 0 | 1 | 0 | 1 |
| 沧　州　Cangzhou | 1 | 0 | 1 | 0 |
| 大　连　Dalian | 0 | 0 | 0 | 0 |
| 丹　东　Dandong | 0 | 0 | 0 | 0 |
| 锦　州　Jinzhou | 4 | 0 | 2 | 0 |
| 营　口　Yingkou | 0 | 0 | 0 | 0 |
| 盘　锦　Panjin | 1 | 6 | 1 | 5 |
| 葫芦岛　Huludao | 3 | 0 | 2 | 0 |
| 上　海　Shanghai | 79 | 1 | 62 | 1 |
| 南　通　Nantong | 21 | 3 | 19 | 2 |
| 连云港　Lianyungang | 29 | 0 | 24 | 0 |
| 盐　城　Yancheng | 57 | 1 | 43 | 1 |

| 沿海城市<br>Coastal City | | 当年安排施工项目<br>Arranged for Construction in the Year | | 当年竣工项目<br>Completed in the Year | |
|---|---|---|---|---|---|
| | | 治理废水<br>Treatment of<br>Waste Water | 治理固体废物<br>Treatment of<br>Solid Wastes | 治理废水<br>Treament of<br>Waste Water | 治理固体废物<br>Treatment of<br>Solid Wastes |
| 杭 州 | Hangzhou | 12 | 2 | 11 | 2 |
| 宁 波 | Ningbo | 24 | 1 | 14 | 0 |
| 温 州 | Wenzhou | 5 | 0 | 5 | 0 |
| 嘉 兴 | Jiaxing | 56 | 4 | 45 | 4 |
| 绍 兴 | Shaoxing | 51 | 4 | 31 | 3 |
| 舟 山 | Zhoushan | 11 | 0 | 8 | 0 |
| 台 州 | Taizhou | 42 | 2 | 29 | 2 |
| 福 州 | Fuzhou | 2 | 1 | 1 | 1 |
| 厦 门 | Xiamen | 8 | 1 | 5 | 1 |
| 莆 田 | Putian | 0 | 0 | 0 | 0 |
| 泉 州 | Quanzhou | 37 | 55 | 7 | 51 |
| 漳 州 | Zhangzhou | 19 | 1 | 14 | 1 |
| 宁 德 | Ningde | 1 | 0 | 1 | 0 |
| 青 岛 | Qingdao | 0 | 0 | 0 | 0 |
| 东 营 | Dongying | 7 | 0 | 3 | 0 |
| 烟 台 | Yantai | 19 | 4 | 15 | 3 |
| 潍 坊 | Weifang | 5 | 0 | 4 | 0 |
| 威 海 | Weihai | 4 | 0 | 4 | 0 |
| 日 照 | Rizhao | 1 | 0 | 1 | 0 |
| 滨 州 | Binzhou | 6 | 0 | 4 | 0 |

| 沿海城市<br>Coastal City | | 当年安排施工项目<br>Arranged for Construction in the Year | | 当年竣工项目<br>Completed in the Year | |
|---|---|---|---|---|---|
| | | 治理废水<br>Treatment of<br>Waste Water | 治理固体废物<br>Treatment of<br>Solid Wastes | 治理废水<br>Treament of<br>Waste Water | 治理固体废物<br>Treatment of<br>Solid Wastes |
| 广　州 | Guangzhou | 13 | 0 | 10 | 0 |
| 深　圳 | Shenzhen | 5 | 0 | 1 | 0 |
| 珠　海 | Zhuhai | 9 | 0 | 6 | 0 |
| 汕　头 | Shantou | 20 | 1 | 19 | 1 |
| 江　门 | Jiangmen | 28 | 0 | 25 | 0 |
| 湛　江 | Zhanjiang | 29 | 0 | 10 | 0 |
| 茂　名 | Maoming | 3 | 0 | 3 | 0 |
| 惠　州 | Huizhou | 8 | 0 | 7 | 0 |
| 汕　尾 | Shanwei | 1 | 0 | 1 | 0 |
| 阳　江 | Yangjiang | 6 | 0 | 6 | 0 |
| 东　莞 | Dongguan | 14 | 1 | 11 | 1 |
| 中　山 | Zhongshan | 1 | 0 | 0 | 0 |
| 潮　州 | Chaozhou | 0 | 0 | 0 | 0 |
| 揭　阳 | Jieyang | 0 | 0 | 0 | 0 |
| 北　海 | Beihai | 2 | 0 | 2 | 0 |
| 防城港 | Fangchenggang | 1 | 0 | 1 | 0 |
| 钦　州 | Qinzhou | 1 | 0 | 1 | 0 |
| 海　口 | Haikou | 0 | 0 | 0 | 0 |
| 三　亚 | Sanya | 0 | 0 | 0 | 0 |

# 8-13 沿海地带污染治理项目情况（2015年）
## Pollution Treatment Projects in Coastal Counties, 2015

单位：个 （unit)

| 地 区<br>Region | 当年安排施工项目<br>Arranged for Construction<br>in the Year | | 当年竣工项目<br>Completed in the Year | |
| --- | --- | --- | --- | --- |
| | 治理废水<br>Treatment of<br>Waste Water | 治理固体废物<br>Treatment of<br>Solid Wastes | 治理废水<br>Treament of<br>Waste Water | 治理固体废物<br>Treatment of<br>Solid Wastes |
| 天 津 **Tianjin** | 10 | 1 | 8 | 1 |
| 河 北 **Hebei** | 0 | 1 | 0 | 1 |
| 唐 山 Tangshan | 0 | 0 | 0 | 0 |
| 秦皇岛 Qinhuangdao | 0 | 1 | 0 | 1 |
| 沧 州 Cangzhou | 0 | 0 | 0 | 0 |
| 辽 宁 **Liaoning** | 3 | 0 | 2 | 0 |
| 大 连 Dalian | 0 | 0 | 0 | 0 |
| 丹 东 Dandong | 0 | 0 | 0 | 0 |
| 锦 州 Jinzhou | 0 | 0 | 0 | 0 |
| 营 口 Yingkou | 0 | 0 | 0 | 0 |
| 盘 锦 Panjin | 0 | 0 | 0 | 0 |
| 葫芦岛 Huludao | 3 | 0 | 2 | 0 |
| 上 海 **Shanghai** | 59 | 1 | 44 | 1 |
| 江 苏 **Jiangsu** | 106 | 4 | 85 | 3 |
| 南 通 Nantong | 20 | 3 | 18 | 2 |
| 连云港 Lianyungang | 29 | 0 | 24 | 0 |
| 盐 城 Yancheng | 57 | 1 | 43 | 1 |

| 地 区<br>Region | | 当年安排施工项目<br>Arranged for Construction<br>in the Year | | 当年竣工项目<br>Completed in the Year | |
|---|---|---|---|---|---|
| | | 治理废水<br>Treatment of<br>Waste Water | 治理固体废物<br>Treatment of<br>Solid Wastes | 治理废水<br>Treament of<br>Waste Water | 治理固体废物<br>Treatment of<br>Solid Wastes |
| 浙 江 | **Zhejiang** | 128 | 8 | 91 | 6 |
| 杭 州 | Hangzhou | 7 | 0 | 7 | 0 |
| 宁 波 | Ningbo | 24 | 1 | 14 | 0 |
| 温 州 | Wenzhou | 5 | 0 | 5 | 0 |
| 嘉 兴 | Jiaxing | 26 | 4 | 21 | 4 |
| 绍 兴 | Shaoxing | 16 | 2 | 9 | 1 |
| 舟 山 | Zhoushan | 11 | 0 | 8 | 0 |
| 台 州 | Taizhou | 39 | 1 | 27 | 1 |
| 福 建 | **Fujian** | 55 | 11 | 19 | 8 |
| 福 州 | Fuzhou | 2 | 1 | 1 | 1 |
| 厦 门 | Xiamen | 8 | 1 | 5 | 1 |
| 莆 田 | Putian | 0 | 0 | 0 | 0 |
| 泉 州 | Quanzhou | 36 | 8 | 6 | 5 |
| 漳 州 | Zhangzhou | 8 | 1 | 6 | 1 |
| 宁 德 | Ningde | 1 | 0 | 1 | 0 |
| 山 东 | **Shandong** | 36 | 4 | 27 | 3 |
| 青 岛 | Qingdao | 0 | 0 | 0 | 0 |
| 东 营 | Dongying | 7 | 0 | 3 | 0 |
| 烟 台 | Yantai | 19 | 4 | 15 | 3 |
| 潍 坊 | Weifang | 2 | 0 | 2 | 0 |
| 威 海 | Weihai | 3 | 0 | 3 | 0 |
| 日 照 | Rizhao | 0 | 0 | 0 | 0 |
| 滨 州 | Binzhou | 5 | 0 | 4 | 0 |

| 地 区<br>Region | | 当年安排施工项目<br>Arranged for Construction<br>in the Year | | 当年竣工项目<br>Completed in the Year | |
|---|---|---|---|---|---|
| | | 治理废水<br>Treatment of<br>Waste Water | 治理固体废物<br>Treatment of<br>Solid Wastes | 治理废水<br>Treament of<br>Waste Water | 治理固体废物<br>Treatment of<br>Solid Wastes |
| 广 东 | **Guangdong** | 82 | 1 | 70 | 1 |
| 广 州 | Guangzhou | 11 | 0 | 9 | 0 |
| 深 圳 | Shenzhen | 1 | 0 | 1 | 0 |
| 珠 海 | Zhuhai | 0 | 0 | 0 | 0 |
| 汕 头 | Shantou | 20 | 0 | 19 | 0 |
| 江 门 | Jiangmen | 14 | 0 | 11 | 0 |
| 湛 江 | Zhanjiang | 12 | 0 | 10 | 0 |
| 茂 名 | Maoming | 1 | 0 | 1 | 0 |
| 惠 州 | Huizhou | 1 | 0 | 1 | 0 |
| 汕 尾 | Shanwei | 1 | 0 | 1 | 0 |
| 阳 江 | Yangjiang | 6 | 0 | 6 | 0 |
| 东 莞 | Dongguan | 14 | 1 | 11 | 1 |
| 中 山 | Zhongshan | 1 | 0 | 0 | 0 |
| 潮 州 | Chaozhou | 0 | 0 | 0 | 0 |
| 揭 阳 | Jieyang | 0 | 0 | 0 | 0 |
| | | | | | |
| 广 西 | **Guangxi** | 3 | 0 | 3 | 0 |
| 北 海 | Beihai | 2 | 0 | 2 | 0 |
| 防城港 | Fangchenggang | 0 | 0 | 0 | 0 |
| 钦 州 | Qinzhou | 1 | 0 | 1 | 0 |
| | | | | | |
| 海 南 | **Hainan** | 0 | 0 | 0 | 0 |
| 海 口 | Haikou | 0 | 0 | 0 | 0 |
| 三 亚 | Sanya | 0 | 0 | 0 | 0 |

# 8-14 沿海区域海洋类型保护区建设情况
## Construction of Marine-Type Reserves in Coastal Regions

| 地 区<br>Region | 保护区数量<br>（个）<br>Number of<br>Nature<br>Reserves | 按保护级别分<br>（个）<br>by Level of<br>Protection | | 保护区<br>面积<br>（平方<br>千米）<br>Area of<br>Nature<br>Reserves<br>(km²) | 其中：自然保护区按保护类型分<br>（个）<br>Including: Nature Reserves by Type of<br>Protection | | | |
|---|---|---|---|---|---|---|---|---|
| | | 国家级<br>National | 地方级<br>Provincial | | 海洋和海岸<br>自然生态<br>系统<br>Marine and<br>Coastal<br>Natural<br>Ecosystems | 海洋自然<br>遗迹和非<br>生物资源<br>Marine<br>Natural<br>Relics and<br>Abiotic<br>Resources | 海洋生物<br>物种<br>Marine<br>Species | 其他<br>Others |
| 合 计<br>Total | 245 | 108 | 137 | 51 791 | 76 | 24 | 46 | 5 |
| 环渤海地区<br>Round-the-<br>Bohai Sea<br>Region | 87 | 64 | 23 | 17 400 | 38 | 3 | 15 | 0 |
| 长江三角洲<br>地区<br>Yangtze River<br>Delta<br>Region | 26 | 14 | 12 | 4 390 | 4 | 1 | 1 | 4 |
| 海峡西岸<br>地区<br>Region<br>on the West<br>Side of the<br>Taiwan Straits | 57 | 11 | 46 | 1 422 | 14 | 1 | 4 | 1 |
| 珠江三角洲<br>地区<br>Zhujiang<br>River Delta<br>Region | 50 | 11 | 39 | 3 389 | 18 | 0 | 25 | 0 |
| 环北部湾<br>地区<br>Round-the-<br>Beibu Gulf<br>Region | 25 | 8 | 17 | 25 190 | 2 | 19 | 1 | 0 |

# 8-15　沿海地区海洋类型保护区建设情况
## Construction of Marine-Type Reserves

| 地　区<br>Region | 保护区数量<br>（个）<br>Number of Nature Reserves | 按保护级别分<br>（个）<br>by Level of Protection | | 保护区<br>面积<br>（平方<br>千米）<br>Area of Nature Reserves (km²) | 其中：自然保护区按保护类型分<br>（个）<br>Including: Nature Reserves by Type of Protection | | | |
|---|---|---|---|---|---|---|---|---|
| | | 国家级<br>National | 地方级<br>Provincial | | 海洋和海岸<br>自然生态<br>系统<br>Marine and Coastal Natural Ecosystems | 海洋自然<br>遗迹和非<br>生物资源<br>Marine Natural Relics and Abiotic Resources | 海洋生物<br>物种<br>Marine Species | 其他<br>Others |
| 合　计<br>**Total** | 245 | 108 | 137 | 51 791 | 76 | 24 | 46 | 5 |
| 天　津<br>Tianjin | 2 | 2 | 0 | 393 | 1 | 0 | 0 | 0 |
| 河　北<br>Hebei | 3 | 1 | 2 | 344 | 2 | 1 | 0 | 0 |
| 辽　宁<br>Liaoning | 22 | 15 | 7 | 10 240 | 2 | 1 | 9 | 0 |
| 上　海<br>Shanghai | 4 | 2 | 2 | 941 | 1 | 0 | 0 | 3 |
| 江　苏<br>Jiangsu | 3 | 3 | 0 | 577 | 0 | 0 | 0 | 0 |
| 浙　江<br>Zhejiang | 19 | 9 | 10 | 2 872 | 3 | 1 | 1 | 1 |
| 福　建<br>Fujian | 57 | 11 | 46 | 1 422 | 14 | 1 | 4 | 1 |
| 山　东<br>Shandong | 60 | 46 | 14 | 6 423 | 33 | 1 | 6 | 0 |
| 广　东<br>Guangdong | 50 | 11 | 39 | 3 389 | 18 | 0 | 25 | 0 |
| 广　西<br>Guangxi | 4 | 4 | 0 | 170 | 2 | 0 | 0 | 0 |
| 海　南<br>Hainan | 21 | 4 | 17 | 25 020 | 0 | 19 | 1 | 0 |

## 8-16 全国海洋生态监控区基本情况
## Basic Condition of the Marine Ecological Monitoring Areas Throughout the Country

| 生态监控区<br>Ecological<br>Monitoring<br>Area | 所在地<br>Location | 面积<br>（平方千米）<br>Area<br>(km$^2$) | 主要生态<br>系统类型<br>Major Types<br>of Ecosystem | 多样性指数<br>Diversity Indices | | |
|---|---|---|---|---|---|---|
| | | | | 浮游植物<br>Phyto-<br>plankton | 大型浮游<br>动物<br>Macrozoo-<br>plankton | 底栖生物<br>Macrobenthos |
| 双台子河口<br>Shungtaizi<br>Estuary | 辽宁省<br>Liaoning Province | 3 000 | 河 口<br>Estuary | | | |
| 锦州湾<br>Jinzhou Bay | 辽宁省<br>Liaoning Province | 650 | 海 湾<br>Bay | 2.0 | 1.2 | 0.7 |
| 滦河口-北戴<br>河<br>Luanhekou-<br>Beidaihe | 河北省<br>Hebei Province | 900 | 河 口<br>Estuary | 2.5 | 1.9 | 1.8 |
| 渤海湾<br>Bohai Bay | 天津市<br>Tianjin Municipality | 3 000 | 海 湾<br>Bay | 2.6 | 1.4 | 3.2 |
| 莱州湾<br>Laizhou Bay | 山东省<br>Shandong Province | 3 770 | 海 湾<br>Bay | 2.1 | 1.6 | 2.9 |
| 黄河口<br>Yellow River<br>Estuary | 山东省<br>Shandong Province | 2 600 | 河 口<br>Estuary | 2.9 | 1.4 | 2.3 |
| 苏北浅滩<br>North Jiangsu<br>Bank | 江苏省<br>Jiangsu Province | 15 400 | 滩涂湿地<br>Tidal flat<br>wetland | 2.3 | 2.6 | 1.6 |
| 长江口<br>Yangtze<br>Estuary | 上海市<br>Shanghai<br>Municipality | 13 668 | 河 口<br>Estuary | 0.9 | 1.8 | 2.5 |
| 杭州湾<br>Hangzhou<br>Bay | 上海市 浙江省<br>Shanghai<br>Municipality<br>Zhejiang Province | 5 000 | 海 湾<br>Bay | 1.6 | 1.7 | 0.3 |
| 乐清湾<br>Yueqing Bay | 浙江省<br>Zhejiang Province | 464 | 海 湾<br>Bay | 2.2 | 2.6 | 2.0 |

| 生态监控区<br>Ecological<br>Monitoring<br>Area | 所在地<br>Location | 面积<br>（平方千米）<br>Area<br>(km$^2$) | 主要生态<br>系统类型<br>Major Types<br>of Ecosystem | 多样性指数<br>Diversity Indices | | |
|---|---|---|---|---|---|---|
| | | | | 浮游植物<br>Phyto-<br>plankton | 大型浮游<br>动物<br>Macrozoo-<br>plankton | 底栖生物<br>Macrobenthos |
| 闽东沿岸<br>Coastal East<br>Fujian | 福建省<br>Fujian Province | 5 063 | 海 湾<br>Bay | 2.9 | 2.6 | 2.9 |
| 大亚湾<br>Daya Bay | 广东省<br>Guangdong Province | 1 200 | 海 湾<br>Bay | 2.1 | 2.2 | 1.4 |
| 珠江口<br>Zhujiang<br>Estuary | 广东省<br>Guangdong Province | 3 980 | 河 口<br>Estuary | 2.1 | 2.6 | 0.9 |
| 雷州半岛<br>西南沿岸<br>Southwest<br>Coast of<br>Leizhou<br>Peninsula | 广东省<br>Guangdong Province | 1 150 | 珊瑚礁<br>Coral Reef | | | |
| 广西北海<br>Beihai,<br>Guangxi | 广西壮族自治区<br>Guangxi Zhuang<br>Nationality<br>Autonomous Region | 120 | 红树林<br>海草床<br>Coral Reef<br>Mangroves<br>Seagrass Bed | | | |
| 北仑河口<br>Beilun<br>Estuary | 广西壮族自治区<br>Guangxi Zhuang<br>Nationality<br>Autonomous Region | 150 | 红树林<br>Mangroves | | | |
| 海南东海岸<br>East Coast of<br>Hainan | 海南省<br>Hainan Province | 3 750 | 珊瑚礁<br>海草床<br>Coral Reef<br>Seagrass Bed | | | |
| 西沙珊瑚礁<br>Xisha Coral<br>Reef | 海南省<br>Hainan Province | 400 | 珊瑚礁<br>Coral Reef | | | |

注：生物多样性指数是生物种数和种类间个体数量分配均匀性的综合表现，用Shannon-Wiener多样性指数表
Note: Biodiversity index refers to the comprehensive expression of the distributive homogeneity of the number
　　of biological species and the number of individuals between varieties characterized by the Shannon-Wiener
　　biodiversity index.

# 8-17 沿海地区风暴潮灾害情况
# Survey of Storm Surges by Coastal Regions

| 受灾地区<br>Disaster Area | 受灾人口<br>（万人）<br>Disaster-stricken<br>Population<br>(10 000 persons) | 死亡人数*<br>（人）<br>Death Toll<br>(person) | 受灾面积<br>Disaster-stricken area | |
|---|---|---|---|---|
| | | | 农田<br>（千公顷）<br>Disaster-affected<br>farmland<br>(1 000 hm²) | 水产养殖<br>（千公顷）<br>Affected Area<br>of Mariculture<br>(1 000 hm²) |
| 合 计<br>**Total** | 339. 4 | 0 | 0. 9 | 52. 5 |
| 辽 宁<br>Liaoning | – | 0 | 0. 0 | 0. 0 |
| 河 北<br>Hebei | – | 0 | 0. 0 | 0. 0 |
| 天 津<br>Tianjin | – | 0 | 0. 0 | 0. 4 |
| 山 东<br>Shandong | – | 0 | 0. 0 | 1. 0 |
| 江 苏<br>Jiangsu | – | 0 | 0. 0 | 0. 0 |
| 浙 江<br>Zhejiang | 116. 4 | 0 | 0. 9 | 5. 3 |
| 福 建<br>Fujian | 3. 6 | 0 | 0. 0 | 19. 5 |
| 广 东<br>Guangdong | 194. 6 | 0 | 0. 0 | 23. 0 |
| 广 西<br>Guangxi | 24. 8 | 0 | 0. 0 | 0. 1 |
| 海 南<br>Hainan | – | 0 | 0. 0 | 3. 2 |

8-17 续表 continued

| 受灾地区<br>Disaster Area | 海岸工程<br>（千米）<br>Coastal Engineering<br>（km） | 房屋<br>（间）<br>House<br>(unit) | 船只<br>（艘）<br>Boats<br>(unit) | 直接经济损失<br>（亿元）<br>Direct Economic Loss<br>(100 million yuan) |
|---|---|---|---|---|
| 合 计<br>**Total** | 259.4 | 696 | 1 821 | 45.90 |
| 辽 宁<br>Liaoning | 6.0 | 0 | 1 | 0.09 |
| 河 北<br>Hebei | 14.5 | 5 | 35 | 9.35 |
| 天 津<br>Tianjin | 17.5 | 0 | 2 | 0.80 |
| 山 东<br>Shandong | 126.3 | 86 | 2 | 1.75 |
| 江 苏<br>Jiangsu | 0.0 | 6 | 0 | 0.00 |
| 浙 江<br>Zhejiang | 4.3 | 2 | 69 | 2.40 |
| 福 建<br>Fujian | 41.4 | 571 | 712 | 16.06 |
| 广 东<br>Guangdong | 20.3 | 12 | 857 | 9.26 |
| 广 西<br>Guangxi | 23.9 | 14 | 0 | 2.69 |
| 海 南<br>Hainan | 5.2 | 0 | 143 | 3.54 |

注：*包括失踪人数。 "−"表示未统计。
Notes:*Includes lost people. "-" indicates no statistics.

# 8-18 沿海地区赤潮灾害情况
## Survey of Red Tide by Coastal Regions

| 时 间<br>Date | 影响区域<br>Area | 最大面积<br>（平方千米）<br>Max Area<br>(km²) |
|---|---|---|
| 合 计<br>**Total** | | 6 335 |
| 2月17日至29日<br>Feb.17-Feb.29 | 惠州平海湾、东山海附近至汕尾小漠镇对出海域<br>Sea area from Huizhou's Ping Bay and Dongshan Sea nearby to Shanwei's Xiaomo Town | 215 |
| 3月28日至4月8日<br>Mar.28-Apr.8 | 湛江鉴江河口以南至东海岛龙海天对出海域<br>South Jian River Estuary of Zhanjiang to Longhaitian Desert of Donghai Island sea area | 300 |
| 4月22日至5月4日<br>Apr.22-May.4 | 湛江雷州半岛西南沿岸海域<br>Southwest coast sea area of Leizhou Peninsula, Zhanjiang | 200 |
| 5月9日至12日<br>May.9-May.12 | 花鸟山以东海域<br>East Sea area east of Bird and Flower Mountain | 470 |
| 5月12日至16日<br>May.12-May.16 | 舟山朱家尖东南海域<br>Southeast sea area of Zhujiajian, Zhoushan | 200 |
| 5月12日至22日<br>May.12-May.22 | 渔山列岛至檀头山海域<br>Yushan Islands to Tantoushan sea area | 480 |
| 5月16日至21日<br>May.16-May.21 | 舟山嵊山海域<br>Shengshan sea area, Zhoushan | 120 |
| 5月17日至20日<br>May.17-May.20 | 长江口以东海域<br>Sea area east of Yangtze Estuary | 820 |

| 时 间<br>Date | 影响区域<br>Area | 最大面积<br>（平方千米）<br>Max Area<br>(km$^2$) |
|---|---|---|
| 5月22日至30日<br>May.22-May.30 | 苍南鳌江口至霞关海域<br>Cangnan Aojiang Estuary to Xiaguan sea area | 100 |
| 7月5日至14日<br>Jul.5-Jul.14 | 舟山朱家尖以东海域<br>Sea area east of Zhujiajian, Zhoushan | 100 |
| 7月18日至21日<br>Jul.18-Jul.21 | 舟山嵊山至花鸟附近海域<br>Sea area near Zhoushan Shengshan to Bird and Flower Mountain | 350 |
| 7月24日至27日<br>Jul.24-Jul.27 | 舟山朱家尖东南海域<br>Southeast sea area of Zhujiajian, Zhoushan | 150 |
| 8月8日至11日<br>Aug.8-Aug.11 | 嵊山东南海域<br>Southeast sea area of Shengshan | 200 |
| 8月16日至21日<br>Aug.16-Aug.21 | 长江口海域<br>Yangtze Estuary sea area | 2 000 |
| 8月18日至10月24日<br>Aug.8-Oct.24 | 渤海湾北部海域<br>North Sea Area of Bohai Bay | 630 |

注：本表仅列出最大面积超过100平方千米（含）的赤潮过程。

Note: This table only lists the red tide process that the maximum area is more than 100 km$^2$.

# 主要统计指标解释

**1. 工业废水排放量**　指经过企业厂区所有排放口排到企业外部的工业废水量。包括生产废水、外排的直接冷却水、超标排放的矿井地下水和与工业废水混排的厂区生活污水,不包括外排的间接冷却水(清污不分流的间接冷却水应计算在内)。

**2. 直接排入海的工业废水量**　指经企业位于海边的排放口,直接排入海中的废水量。直接排入海是指废水经过工厂的排污口直接排入海,而未经过城市下水道或其他中间体,也不受其他水体的影响。

**3. 工业废水处理量**　指报告期内各种水治理设施实际处理的工业废水量,包括处理后外排的和处理后回用的工业废水量,虽经处理但未达到国家或地方排放标准的废水量也应计算在内。计算时,如遇车间和厂排放口均有治理设施,并对同一废水分级处理时,不应重复计算工业废水处理量。

**4. 一般工业固体废物处置量**　指将固体废物焚烧或者最终置于符合环境保护规定要求的场所并不再回取的工业固体废物量(包括当年处置往年的工业固体废物累计贮存量)。

**5. 一般工业固体废物倾倒丢弃量**　指将所产生的固体废物倾倒丢弃到固体废物污染防治设施、场所以外的量。不包括矿山开采的剥离废石和掘进废石(煤矸石和呈酸性或碱性的废石除外)。

**6. 当年安排施工项目数**　指报告期内由国家、部门、地方或企业单位安排开工的,并以治理废水、废气、固体废物、噪声和其他（如电磁波、恶臭等）环境污染的环境治理工程的总数。不包括"三同时"项目。

**7. 当年竣工项目数**　指报告期内竣工投入运行的治理废水、废气、固体废物、噪声及其他污染的环境工程项目的总数。

# Explanatory Notes on Main Statistical Indicators

**1. Volume of Industrial Waste Water Discharged**　refers to the quantity of industrial waste water discharged externally through all the outlets in the factory area of the enterprise, including the waste water from production, externally discharged direct cooling water, mine-shaft groundwater discharged exceeding the set standard and the domestic sewage of the factory area discharged together with the industrial waste water, but not including the indirect cooling water discharge externally.

**2. Volume of Industrial Waste Water Discharged Directly to Sea**　refers to the quantity of waste water directly discharged into the sea through the outlets of the enterprise by the sea. Direct discharge means the direct discharge into the sea of waste water through the outlets of the factory, which is not discharged via the urban sewers or other intermediates and is not affected by other water bodies.

**3. Volume of Industrial Waste Water Treated**　refers to the industrial waste water volume actually treated by various water treatment facilities in the period covered by the report, including the quantity of the industrial waste water discharged and reused after treatment. The amount of the waste water which is not up to the state or local standard of discharge upon treatment should be included. If the workshops and outlets of the factory are provided with treatment facilities and carry out graded treatment of the same waste water, the processed volume of industrial waste water cannot be calculated repeatedly.

**4. Volume of Common Industrial Solid Wastes Discharged**  refers to the amount of solid wastes discharged out of the facilities and sites for the solid wastes pollution prevention and control, not including the stripped and tunneled waste ores in the excavation of mines (other than gangues and acid or alkaline waste ores).

**5. Volume of Common Industrial Solid Wastes Treated**  refers to the volume of industrial solid wastes which are to be burned or finally placed at the sites in keeping with the requirement of environmental protection and will not be recovered (including the accumulated amount of storage in former years of industrial solid radioactive matter disposed of in the year).

**6. Arranged for Construction in the Year**  refers to the total number of environmental pollution control projects for controlling waste water, waste gas, solid wastes, noise and other environmental pollutions (such as electromagnetic wave, offensive odor) started by the state, governmental departments, local governments or enterprises in the period covered by the report mainly for the purpose of pollution control and multipurpose utilization of "three wastes".

**7. Number of Pollution Treatment Projects Completed in the Current Year**  refers to the total number of environmental engineering projects for controlling waste water, waste gas, solid wastes, noise and other pollutions which are completed and put into operation in the period covered by the report.

# 9

# 海洋行政管理及公益服务
## Marine Administration and
## Public-Good Service

# 9-1 海域使用管理情况
## Sea Area Use Management

| 地 区<br>Region | 颁发海域使用权证书<br>（本）<br>Certificates of Right of<br>Sea Area Use Issued<br>(volume) | 确权海域面积<br>（公顷）<br>Area of Waters with<br>Established Rights<br>(hm²) | 征收海域使用金<br>（万元）<br>Charge for Sea Area<br>Utilization<br>(10 000 yuan) |
|---|---|---|---|
| 全国总计<br>**National Total** | 3 413 | 291 308. 2 | 654 638. 2 |
| 天 津<br>Tianjin | 27 | 789. 3 | 82 854. 2 |
| 河 北<br>Hebei | 478 | 10 238. 4 | 27 681. 6 |
| 辽 宁<br>Liaoning | 627 | 106 517. 0 | 74 843. 4 |
| 上 海<br>Shanghai | 6 | 362. 2 | 11 813. 1 |
| 江 苏<br>Jiangsu | 134 | 25 158. 1 | 42 398. 5 |
| 浙 江<br>Zhejiang | 154 | 3 240. 0 | 92 771. 6 |
| 福 建<br>Fujian | 171 | 5 624. 2 | 87 302. 3 |
| 山 东<br>Shandong | 1 513 | 130 997. 9 | 138 699. 1 |
| 广 东<br>Guangdong | 101 | 2 911. 0 | 44 637. 4 |
| 广 西<br>Guangxi | 180 | 5 128. 4 | 24 116. 2 |
| 海 南<br>Hainan | 21 | 327. 8 | 25 971. 3 |
| 其 他<br>Others | 1 | 13. 9 | 1 549. 5 |

注：其他为沿海省（自治区、直辖市）管理海域以外（指渤海中部海域）。

Note: Others are the sea areas outside the control of coastal provinces of autonomous regions and municipalities directly under the Central Government. (Referring to the mid-Bohai Sea area)

# 9-2 依法批准无居民海岛开发利用情况
## Development and Utilization
## of Uninhabited Islands Legally Approved

| 地 区<br>Region | 海岛名称<br>Island Name | 用 途<br>Use | 用岛面积（公顷）<br>Island Area（hm²） | 批准年份<br>Approved Year |
|---|---|---|---|---|
| 辽 宁<br>Liaoning | 大笔架山<br>Dàbǐjià Shān | 旅游娱乐<br>Tourist Recreation | 3.2 | 2011 |
| | 西沙坨子岛<br>Xīshātuózi Dǎo | 渔业开发<br>Fishery Development | 1.4 | 2013 |
| | 空坨子<br>Kōng Tuózi | 渔业开发<br>Fishery Development | 0.1 | 2015 |
| 河 北<br>Hebei | 祥云岛<br>Xiángyún Dǎo | 旅游娱乐<br>Tourist Recreation | 1 492.8 | 2011 |
| 山 东<br>Shandong | 桃花岛<br>Táohuā Dǎo | 旅游娱乐<br>Tourist Recreation | 0.4 | 2012 |
| 浙 江<br>Zhejiang | 旦门山岛<br>Dànménshān Dǎo | 旅游娱乐<br>Tourist Recreation | 101.8 | 2011 |
| | 大羊屿<br>Dàyáng Yǔ | 旅游娱乐<br>Tourist Recreation | 26.5 | 2013 |
| | 扁鳗屿<br>Biǎnmán Yǔ | 公共服务<br>Public Service | 0.2 | 2015 |
| 福 建<br>Fujian | 箭屿<br>Jiàn Yǔ | 旅游娱乐<br>Tourist Recreation | 1.5 | 2013 |
| | 小岁屿<br>Xiǎosuì Yǔ | 交通运输<br>Transportation | 8.7 | 2012 |
| | 连江洋屿<br>Liánjiāng Yángyǔ | 旅游娱乐<br>Tourist Recreation | 8.4 | 2012 |
| | 东埔石岛<br>Dōngpǔ Shídǎo | 工业仓储<br>Industrial Warehousing | 5.1 | 2015 |
| 广 东<br>Guangdong | 大三洲<br>Dàsān Zhōu | 旅游娱乐<br>Tourist Recreation | 1.5 | 2013 |
| | 小三洲<br>Xiǎosān Zhōu | 旅游娱乐<br>Tourist Recreation | 1.7 | 2013 |
| | 三角岛<br>Sānjiǎo dǎo | 公共服务<br>Public Service | 96.5 | 2016 |
| 广 西<br>Guangxi | 大娥眉岭<br>Dà'éméi Lǐng | 交通运输<br>Transportation | 1.0 | 2011 |
| 海 南<br>Hainan | 东锣岛<br>Dōngluó Dǎo | 旅游娱乐<br>Tourist Recreation | 11.4 | 2012 |

# 9-3　海洋倾废管理情况
# Management on the Ocean Dumping of Wastes

| 海　区<br>Sea Area | 签发疏浚物海洋倾倒许可证<br>（份）<br>Permit Issued for Ocean Dumping of<br>Dredged Materials<br>(unit) | 新选划倾倒区数<br>（个）<br>Number of Newly Designated<br>Dumping Zones<br>(unit) |
|---|---|---|
| 合　计<br>**Total** | 412 | 18 |
| 渤黄海<br>Bohai Sea and Yellow Sea | 26 | 4 |
| 东　海<br>East China Sea | 352 | 10 |
| 南　海<br>South China Sea | 34 | 4 |

# 9-4 海洋行政执法情况
## Marine Administrative Enforcement

| 执法领域<br>Law Enforcement Area | 检查项目<br>（个）<br>Number of Items<br>Subject to<br>Inspection | 检查次数<br>（次）<br>Times of<br>Inspection<br>(number) | 发现违法行为<br>（起）<br>Illegal Acts Found<br>(case) | 作出行政处罚<br>（件）<br>Inflict<br>Administrative<br>Punishments<br>(case) |
|---|---|---|---|---|
| 合 计<br>**Total** | 6 405 | 16 039 | 86 | 51 |
| 海域使用<br>Sea Area Use | 1 720 | 3 280 | 37 | 12 |
| 涉外海洋科研<br>Foreign-related Marine Scientific<br>Research | 39 | 50 | | |
| 海底电缆管道<br>Submarine Cable Protection | 37 | 322 | | |
| 海洋工程建设项目环境保护<br>Environmental Protection for the<br>Marine Engineering Construction<br>Projects | 1 733 | 3 300 | 11 | 11 |
| 海洋倾废<br>Oceanic Dumping of Wastes | 572 | 5 102 | 34 | 28 |
| 海洋生态保护<br>Marine Ecological Conservation | 70 | 298 | | |
| 海岛保护<br>Island Protection | 2 234 | 3 687 | 4 | |

## 9-5　沿海地区海滨观测台站分布概况
## Distribution of Coastal Observation Stations by Coastal Regions

单位：个 　　　　　　　　　　　　　　　　　　　　　　　　　　　　　　　　　　　　　　(unit)

| 地　区<br>Region | 合　计<br>Total | 海洋站<br>Marine<br>Station | 验潮站①<br>Tide<br>Station | 气象台站<br>Meteorological<br>Station | 地震台站<br>Seismic<br>Station |
|---|---|---|---|---|---|
| 合　计 Total | 1 195 | 124 | 253 | 536 | 282 |
| 天　津 Tianjin | 22 | 1 | | 14 | 7 |
| 河　北 Hebei | 30 | 6 | | 3 | 21 |
| 辽　宁 Liaoning | 156 | 9 | 3 | 115 | 29 |
| 上　海 Shanghai | 137 | 7 | 64 | 56 | 10 |
| 江　苏 Jiangsu | 89 | 11 | 26 | 34 | 18 |
| 浙　江 Zhejiang | 121 | 21 | 37 | 42 | 21 |
| 福　建 Fujian | 196 | 15 | 11 | 123 | 47 |
| 山　东 Shandong | 133 | 20 | 22 | 52 | 39 |
| 广　东 Guangdong | 190 | 20 | 82 | 32 | 56 |
| 广　西 Guangxi | 37 | 5 | 5 | 19 | 8 |
| 海　南 Hainan | 84 | 9 | 3 | 46 | 26 |

注：①潮流量观测站43处，潮水位观测站210处。

Notes: ①There are 43 tidal current observation stations and 210 tidal level observation stations.

# 9-6 海洋预报服务概况
## Marine Forecast Service

单位：次 (time)

| 预报项目<br>Item | 预报服务次数<br>Frequency | 数值预报<br>Numerical Forecast | | |
|---|---|---|---|---|
| | | 发布次数<br>Frequency of Release | | |
| | | 广播电视<br>Radio and TV | 互联网<br>Internet | 纸 质<br>Paper Media |
| 合 计 **Total** | 43 711 | 1 653 | 37 196 | 470 |
| 海 浪 Sea Wave | 12 806 | 732 | 10 976 | |
| 海 温 Sea Surface Temperature | 8 051 | 366 | 6 587 | |
| 潮 汐 Tide | 6 222 | 366 | 4 758 | |
| 海 流 Sea Current | 8 051 | | 6 953 | |
| 海平面 Sea Level | | | | |
| 盐 度 Salinity | 2 927 | | 2 927 | |
| 赤 潮 Red Tide | 26 | | 13 | 13 |
| 滨海旅游 Coastal Tourism | 918 | 184 | 734 | |
| 海 冰 Sea Ice | 342 | | 336 | 6 |
| 绿 潮 Green Seaweed | 177 | | 111 | 66 |
| 溢 油 Oil Spill | 8 | | 4 | 4 |
| 厄尔尼诺 El Niño | 33 | 5 | 12 | 16 |
| 专 项 Special Item | 4 150 | | 3 785 | 365 |
| 其 他 Others | | | | |

9-6 续表 continued

| 预报项目<br>Item | 统计预报<br>Statistical Forecast | | | |
|---|---|---|---|---|
| | 预报服务次数<br>Frequency | 发布次数<br>Frequency of Release | | |
| | | 广播电视<br>Radio and TV | 互联网<br>Internet | 纸 质<br>Paper Media |
| 合 计<br>**Total** | 228 752 | 78 473 | 124 248 | 87 289 |
| 海 浪<br>Sea Wave | 68 177 | 29 382 | 44 246 | 16 515 |
| 海 温<br>Sea Surface Temperature | 52 284 | 23 623 | 33 313 | 15 843 |
| 潮 汐<br>Tide | 37 492 | 13 638 | 21 918 | 7 425 |
| 海 流<br>Sea Current | | | | |
| 海平面<br>Sea Level | | | | |
| 盐 度<br>Salinity | | | | |
| 赤 潮<br>Red Tide | 562 | 366 | 428 | 445 |
| 滨海旅游<br>Coastal Tourism | 12 263 | 9 163 | 8 773 | 5 856 |
| 海 冰<br>Sea Ice | 2 027 | 98 | 206 | 1 723 |
| 绿 潮<br>Green Seaweed | 145 | | 100 | 45 |
| 溢 油<br>Oil Spill | | | | |
| 厄尔尼诺<br>EL Niño | 35 | 5 | 12 | 18 |
| 专 项<br>Special Item | 54 536 | 1 830 | 14 423 | 39 381 |
| 其 他<br>Others | 1 231 | 368 | 829 | 38 |

注：本表只包含国家海洋局资料。

Note: This table only contains the data from the State Oceanic Administration.

# 9-7 海洋观测调查情况
## Basic Statistics on Ocean Observation

| 项目<br>Item | 合 计<br>**Total** | 志愿船观测<br>Volunteer Ship Observation | 断面观测<br>Sectional Observation | 台站观测<br>Station Observation | 浮标观测<br>Buoy Monitoring |
|---|---|---|---|---|---|
| 站点数（个）<br>Stations (unit) | 340 | 57 | 119 | 127 | 37 |
| 观测数据（MB）<br>Data(MB) | 13 785.3 | 1 024.0 | 475.4 | 11 857.9 | 428.0 |

# 9-8 海洋调查概况
## Marine Survey Statistics

| 调查类别<br>Name | 站点数（个）<br>Number of Stations (unit) | 船舶数（艘）<br>Number of Ships (unit) | 项目数（个）<br>Number of Items (unit) | 实际获得数据（个）<br>Quantity of Data Actually Obtained (unit) | 发布通（公、简）报量（期）<br>Quantity of Circulars (Bulletin, Brief Reports) (unit) |
|---|---|---|---|---|---|
| 合 计<br>**Total** | 3 925 | 658 | 705 | 850 363 | 18 |
| 大洋调查<br>Oceanic Survey | 760 | 5 | 28 | 301 261 | 17 |
| 极地调查<br>Polar Survey | 310 | 2 | 26 | 2 359 | |
| 专项调查<br>Special Survey | 1 730 | 113 | 128 | 387 313 | 1 |
| 其他调查<br>Other Surveys | 1 125 | 538 | 523 | 159 430 | |

## 9-9 涉外海洋科学研究审批情况
## Examination and Approval of Foreign-Related Marine Scientific Research

单位：份 (unit)

| 审批单位<br>Examination and Approval Authority | 研究活动申请审批<br>Examination and Approval of Application of Research Activities | 船只作业计划审批<br>Examination and Approval of the Ship Operating Plan |
|---|---|---|
| 国家海洋局<br>State Oceanic Administration, People's Republic of China | 2 | 2 |

## 9-10 海洋档案及利用情况
## Marine File and Its Use

| 指 标<br>Item | 指 标 值<br>Data |
|---|---|
| 室（馆）存档案<br>Files Deposited in the Archives | |
| 纸质档案（卷、册）<br>Paper Media Files (reel, volume) | 157 978 |
| 电子档案（GB）<br>Electronic Media Files (GB) | 92 100 |
| 本年接收档案<br>Files Received this Year | |
| 纸质档案（卷、册）<br>Paper Media Files (reel, volume) | 19 397 |
| 电子档案（GB）<br>Electronic Media Files (GB) | 5 376 |
| 本年利用档案<br>Files Utilized this Year | |
| 纸质档案（件）<br>Paper Media Files (piece) | 11 762 |
| 电子档案（GB）<br>Electronic Media Files (GB) | 135 |

# 9-11 卫星遥感接收应用情况
## Remote-Sensing Receiving and Utilization

| 指 标<br>Item | 指 标 值<br>Data |
|---|---|
| 卫星接收次数（轨）<br>Number of Satellite Receptions (orbit/track) | 56 796 |
| 全年接收时间（天）<br>Whole Year Receiving Time (day) | 3 012 |
| 全年实际接收存档数据量（GB）<br>Amount of Data Actually Received and Placed on File in the Whole Year (GB) | 109 223.7 |
| 累计存档数据量（GB）<br>Total Amount of Data Placed on File (GB) | 151 590.9 |
| 卫星数据分发<br>Satellite Data Distribution | |
| 类别用户（个）<br>Classified Users (unit) | 6 |
| 分发数据量（GB）<br>Amount of Data Distributed (GB) | 71 856.8 |

# 9-12 海洋标准化监督管理情况
# Supervision and Management of Marine Standardization

单位：项 (item)

| 指 标<br>Item | 指 标 值<br>Data |
|---|---|
| 标准立项审查<br>Examination of the Standards for Authorization | 68 |
| 国家标准<br>National Standards | 12 |
| 行业标准<br>Professional Standards | 56 |
| 标准审查<br>Examination of Standards | 34 |
| 国家标准<br>National Standards | 7 |
| 行业标准<br>Professional Standards | 27 |
| 标准出版<br>Standards Publication | 32 |
| 国家标准<br>National Standards | 12 |
| 行业标准<br>Professional Standards | 20 |
| 标准实施监督检查（次）<br>Supervision and Examination<br>of Standards Implementation (time) | 6 |

# 主要统计指标解释

**1. 海域使用检查**　针对不同类型的用海行为进行的监督检查。

**2. 涉外海洋科研项目检查**　主要针对国际组织、外国组织和个人为和平目的，单独或者与中华人民共和国的组织合作，使用船舶或者其他运载工具、设施，在中华人民共和国内海、领海以及中华人民共和国管辖的其他海域内进行的对海洋环境和海洋资源等的调查研究活动进行监督检查。

**3. 海底电缆管道检查**　主要是针对铺设海底电缆管道路由调查、铺设施工和维修改造等的监督检查。

**4. 海洋工程建设项目环境保护检查**　主要是针对防治海洋工程建设项目对海洋环境的污染损害的监督检查。

**5. 海洋倾废检查**　主要是针对防治倾倒废弃物对海洋环境的污染损害的监督检查。

**6. 海洋生态保护检查**　主要是针对红树林、珊瑚礁、滨海湿地、海岛、海湾、入海河口、重要渔业水域等具有典型性、代表性的海洋生态系统，珍稀、濒危海洋生物的天然集中分布区，具有重要经济价值的海洋生物生存区域及有重大科学文化价值的海洋自然历史遗迹和自然景观等海洋自然保护区以及其他需要予以特殊保护的区域的监督检查。

**7. 断面观测**　按照国家海洋局"断面监测方案"，每年定期利用船舶在沿海设定的断面上进行海洋水文、气象、生物、化学等项目的监测活动。

**8. 浮标观测**　在海上固定站位获取长期、连续海洋环境观测资料的海上锚定资料浮标。

**9. 船舶测报**　利用在固定航线上走航的商船或渔船，每日定时所在地的海洋环境状况（主要是水文气象要素），并将监测数据实时发送给有关单位，供海洋环境预报使用。

**10. 大洋调查**　以大洋科考、研究为目的的远洋调查。

**11. 专项调查**　为完成国家专项任务进行的海洋调查。

**12. 全年接收时间**　指全年整个应用系统接收的各类遥感卫星数据时，接收设备工作时间。

**13. 全年实际接收存档数据量**　指全年整个应用系统接收的各类遥感卫星数据原始数据量。

**14. 累计存档数据量**　指全年整个应用系统制作的各类遥感产品数据量。

**15. 分发数据量**　指应用系统提供数据产品用于开展各类应用的数据量。

**16. 卫星接收次数**　地面观测系统接收卫星数据的数量。

**17. 国家标准**　针对海洋领域内需要在全国范围内统一的有关技术要求所制定的国家标准。海洋国家标准由国家标准化主管部门统一批准、编号和发布。

**18. 行业标准**　对没有海洋国家标准而又需要在海洋领域内统一的技术要求所制定的标准。海洋行业标准由国家海洋局统一批准、编号和发布。

# Explanatory Notes on Main Statistical Indicators

**1. Sea Area Use Supervision and Inspection**   refers to the various types of sea area use conducts.

**2. Inspection of Foreign-Related Marine Scientific Research Projects**   refers to the supervision and inspection of the activities of surveying marine environment and resources conducted by international organizations, foreign organizations and individuals for peaceful purposes, alone or in cooperation with PRC organizations, by using ships or other means of delivery as facilities in the internal seas and territorial waters of the People's Republic of China as well as in the other water under the jurisdiction of the People's Republic of China.

**3. Inspection of Submarine Cables and Pipelines**   is mainly aimed at the survey of the submarine cables and pipelines laying route and supervision and inspection of the laying construction, repair and transformation.

**4. Environmental Protection Inspection for the Marine Engineering Construction Projects**   is mainly directed against preventing and controlling the pollution damage of the marine engineering construction project to the marine environment.

**5. Inspection of Oceanic Dumping of Wastes**   mainly refers to the supervision and inspection aimed at preventing and controlling the pollution damage of wastes dumping to the marine environment.

**6. Inspection of Marine Ecological Protection**   mainly refers to the supervision and inspection of the typical and representative marine ecosystems such as mangroves, coral reef, coastal wetland, sea island, bay, estuaries open to the sea, important fishery waters, etc, the natural centralized distribution zones of rare and endangered marine life, the living areas for the marine life with significant economic values and the marine nature reserves such as the marine natural and historical remains and natural landscapes with important scientific and cultural values as well as other areas needing to be specially protected.

**7. Sectional Monitoring**   According to the "*Sectional Monitoring Plan*" of the State Oceanic Administration, monitoring activities concerning such items as marine hydrology, meteorology, biology and chemistry are carried out regularly every year on the sections set in the coastal area.

**8. Buoy Monitoring**   refers to the monitoring carried out by the offshore mooring data buoys which acquire long-term, continuous marine environmental observations at the fixed stations at sea.

**9. Ship Monitoring**   Monitoring the marine environmental condition in the sea area of fixed times every day by using the merchant or fishing vessels cruising on the fixed navigation line (mainly the hydro meteorological elements) and transmitting the monitored data in real time to the related units for use in the marine environmental forecast.

**10. Oceanic Survey**   refers to the oceanic surveys aimed at the oceanic scientific investigations and research.

**11. Special-Subject Survey**   refers to the oceanic investigation for the purpose of fulfilling the state's special tasks.

**12. Whole Year Receiving Time**   refers to the operating time of receiving equipment in the whole year when the whole application system receives all types of remote sensing satellite data.

**13. Amount of Data Actually Received and Placed on File throughout the year**   refers to the raw data of remote-sensing satellite data of various kinds received by the whole application system throughout the year.

**14. Total Amount of Date Placed on File**   refers to the date amount of various remote-sensing products made by the whole application systems throughout the year.

**15. Amount of Data Distributed**   refers to the amount of data products provided by the application system for various uses.

**16. Number of Satellite Receptions**   refers to the amount of data received by the ground observation system.

**17. National Standards**   refers to the standards formulated in view of the relevant technical requirements in the marine field that need to be unified throughout the country. The Marine National standards are approved, numbered and issued uniformly by the state department responsible for standardization.

**18. Professional Standards**   refers to the standards formulated for the technical requirements which have no national standards but need to be unified in the marine field. The Marine Professional Standards are approved, numbered and issued by the State Oceanic Administration.

# 10

# 全国及沿海社会经济
## National and Coastal
## Socioeconomy

## 10-1　国内生产总值
## Gross Domestic Product

单位：亿元 　　　　　　　　　　　　　　　　　　　　　　　　　　　　　　　(100 million yuan)

| 年　份<br>Year | 国内生产总值<br>Gross Domestic Product | 第一产业<br>Primary Industry | 第二产业<br>Secondary Industry | 第三产业<br>Tertiary Industry |
|---|---|---|---|---|
| 2001 | 110 863.1 | 15 502.5 | 49 660.7 | 45 700.0 |
| 2002 | 121 717.4 | 16 190.2 | 54 105.5 | 51 421.7 |
| 2003 | 137 422.0 | 16 970.2 | 62 697.4 | 57 754.4 |
| 2004 | 161 840.2 | 20 904.3 | 74 286.9 | 66 648.9 |
| 2005 | 187 318.9 | 21 806.7 | 88 084.4 | 77 427.8 |
| 2006 | 219 438.5 | 23 317.0 | 104 361.8 | 91 759.7 |
| 2007 | 270 232.3 | 27 788.0 | 126 633.6 | 115 810.7 |
| 2008 | 319 515.5 | 32 753.2 | 149 956.6 | 136 805.8 |
| 2009 | 349 081.4 | 34 161.8 | 160 171.7 | 154 747.9 |
| 2010 | 413 030.3 | 39 362.6 | 191 629.8 | 182 038.0 |
| 2011 | 489 300.6 | 46 163.1 | 227 038.8 | 216 098.6 |
| 2012 | 540 367.4 | 50 902.3 | 244 643.3 | 244 821.9 |
| 2013 | 595 244.4 | 55 329.1 | 261 956.1 | 277 959.3 |
| 2014 | 643 974.0 | 58 343.5 | 277 571.8 | 308 058.6 |
| 2015 | 689 052.1 | 60 862.1 | 282 040.3 | 346 149.7 |
| 2016 | 744 127.2 | 63 670.7 | 296 236.0 | 384 220.5 |

## 10-2　国内生产总值增长速度
## Growth Rate of Gross Domestic Product

单位：% 　　　　　　　　　　　　　　　　　　　　　　　　　　　　　　　　　　(%)

| 年　份<br>Year | 国内生产总值<br>Gross Domestic Product | 第一产业<br>Primary Industry | 第二产业<br>Secondary Industry | 第三产业<br>Tertiary Industry |
|---|---|---|---|---|
| 2001 | 8.3 | 2.6 | 8.5 | 10.3 |
| 2002 | 9.1 | 2.7 | 9.9 | 10.5 |
| 2003 | 10.0 | 2.4 | 12.7 | 9.5 |
| 2004 | 10.1 | 6.1 | 11.1 | 10.1 |
| 2005 | 11.4 | 5.1 | 12.1 | 12.4 |
| 2006 | 12.7 | 4.8 | 13.5 | 14.1 |
| 2007 | 14.2 | 3.5 | 15.1 | 16.1 |
| 2008 | 9.7 | 5.2 | 9.8 | 10.5 |
| 2009 | 9.4 | 4.0 | 10.3 | 9.6 |
| 2010 | 10.6 | 4.3 | 12.7 | 9.7 |
| 2011 | 9.5 | 4.2 | 10.7 | 9.5 |
| 2012 | 7.9 | 4.5 | 8.4 | 8.0 |
| 2013 | 7.8 | 3.8 | 8.0 | 8.3 |
| 2014 | 7.3 | 4.1 | 7.4 | 7.8 |
| 2015 | 6.9 | 3.9 | 6.2 | 8.2 |
| 2016 | 6.7 | 3.3 | 6.1 | 7.8 |

注：本表按可比价格计算（上年为基期）。

Note:This table is calculated at the comparable price (with the previous year as the base period).

# 10-3 沿海地区生产总值
## Gross Regional Product of Coastal Regions

单位：亿元 （100 million yuan）

| 地 区<br>Region | 地区生产总值<br>Gross Regional<br>Product | 第一产业<br>Primary<br>Industry | 第二产业<br>Secondary<br>Industry | 第三产业<br>Tertiary<br>Industry |
|---|---|---|---|---|
| 合 计<br>**Total** | 425 082.0 | 26 769.9 | 185 381.8 | 212 930.5 |
| 天 津<br>Tianjin | 17 885.4 | 220.2 | 7 571.4 | 10 093.8 |
| 河 北<br>Hebei | 32 070.5 | 3 492.8 | 15 256.9 | 13 320.7 |
| 辽 宁<br>Liaoning | 22 246.9 | 2 173.1 | 8 606.5 | 11 467.3 |
| 上 海<br>Shanghai | 28 178.7 | 109.5 | 8 406.3 | 19 662.9 |
| 江 苏<br>Jiangsu | 77 388.3 | 4 077.2 | 34 619.5 | 38 691.6 |
| 浙 江<br>Zhejiang | 47 251.4 | 1 965.2 | 21 194.6 | 24 091.6 |
| 福 建<br>Fujian | 28 810.6 | 2 363.2 | 14 093.5 | 12 353.9 |
| 山 东<br>Shandong | 68 024.5 | 4 929.1 | 31 343.7 | 31 751.7 |
| 广 东<br>Guangdong | 80 854.9 | 3 694.4 | 35 109.7 | 42 050.9 |
| 广 西<br>Guangxi | 18 317.6 | 2 796.8 | 8 273.7 | 7 247.2 |
| 海 南<br>Hainan | 4 053.2 | 948.4 | 906.0 | 2 198.9 |

# 10-4 沿海地区生产总值增长速度
## Growth Rate of Gross Regional Product of Coastal Regions

单位：%                                                                                                                      (%)

| 地 区<br>Region | 2010 | 2011 | 2012 | 2013 | 2014 | 2015 | 2016 |
|---|---|---|---|---|---|---|---|
| 天　津<br>Tianjin | 17.4 | 16.4 | 13.8 | 12.5 | 10.0 | 9.3 | 9.1 |
| 河　北<br>Hebei | 12.2 | 11.3 | 9.6 | 8.2 | 6.5 | 6.8 | 6.8 |
| 辽　宁<br>Liaoning | 14.2 | 12.2 | 9.5 | 8.7 | 5.8 | 3.0 | -2.5 |
| 上　海<br>Shanghai | 10.3 | 8.2 | 7.5 | 7.7 | 7.0 | 6.9 | 6.9 |
| 江　苏<br>Jiangsu | 12.7 | 11.0 | 10.1 | 9.6 | 8.7 | 8.5 | 7.8 |
| 浙　江<br>Zhejiang | 11.9 | 9.0 | 8.0 | 8.2 | 7.6 | 8.0 | 7.6 |
| 福　建<br>Fujian | 13.9 | 12.3 | 11.4 | 11.0 | 9.9 | 9.0 | 8.4 |
| 山　东<br>Shandong | 12.3 | 10.9 | 9.8 | 9.6 | 8.7 | 8.0 | 7.6 |
| 广　东<br>Guangdong | 12.4 | 10.0 | 8.2 | 8.5 | 7.8 | 8.0 | 7.5 |
| 广　西<br>Guangxi | 14.2 | 12.3 | 11.3 | 10.2 | 8.5 | 8.1 | 7.3 |
| 海　南<br>Hainan | 16.0 | 12.0 | 9.1 | 9.9 | 8.5 | 7.8 | 7.5 |

注：本表按可比价格计算（上年为基期）。

Note: This table is calculated at the comparable price (with the previous year as the base period).

# 10-5 沿海城市生产总值（2015年）
# Gross Regional Product of Coastal Cities, 2015

单位：亿元 (100 million yuan)

| 沿海城市<br>Coastal City | | 地区生产总值<br>Gross Regional<br>Product | 第一产业<br>Primary<br>Industry | 第二产业<br>Secondary<br>Industry | 第三产业<br>Tertiary<br>Industry |
|---|---|---|---|---|---|
| 合 计 | **Total** | 234 075.7 | 11 149.0 | 103 526.1 | 119 400.7 |
| 天 津 | **Tianjin** | 16 538.2 | 208.8 | 7 704.2 | 8 625.2 |
| 河 北 | **Hebei** | 10 674.1 | 1 066.1 | 5 456.0 | 4 152.0 |
| 唐 山 | Tangshan | 6 103.1 | 569.1 | 3 364.5 | 2 169.5 |
| 秦皇岛 | Qinhuangdao | 1 250.4 | 177.6 | 445.1 | 627.7 |
| 沧 州 | Cangzhou | 3 320.6 | 319.4 | 1 646.4 | 1 354.8 |
| 辽 宁 | **Liaoning** | 13 534.3 | 1 157.5 | 6 016.1 | 6 360.7 |
| 大 连 | Dalian | 7 731.6 | 453.3 | 3 348.7 | 3 929.6 |
| 丹 东 | Dandong | 984.9 | 156.7 | 402.9 | 425.3 |
| 锦 州 | Jinzhou | 1 327.3 | 211.4 | 568.8 | 547.2 |
| 营 口 | Yingkou | 1 513.8 | 110.8 | 727.3 | 675.6 |
| 盘 锦 | Panjin | 1 256.5 | 121.1 | 672.0 | 463.5 |
| 葫芦岛 | Huludao | 720.2 | 104.4 | 296.3 | 319.5 |
| 上 海 | **Shanghai** | 25 123.5 | 109.8 | 7 991.0 | 17 022.6 |
| 江 苏 | **Jiangsu** | 12 521.5 | 1 154.1 | 5 860.0 | 5 507.4 |
| 南 通 | Nantong | 6 148.4 | 354.9 | 2 977.5 | 2 816.0 |
| 连云港 | Lianyungang | 2 160.6 | 282.7 | 959.0 | 919.0 |
| 盐 城 | Yancheng | 4 212.5 | 516.5 | 1 923.5 | 1 772.5 |
| 浙 江 | **Zhejiang** | 35 302.4 | 1 381.0 | 16 150.7 | 17 770.7 |
| 杭 州 | Hangzhou | 10 050.2 | 288.0 | 3 909.0 | 5 853.3 |
| 宁 波 | Ningbo | 8 003.6 | 284.7 | 4 098.2 | 3 620.7 |
| 温 州 | Wenzhou | 4 618.1 | 129.6 | 2 022.6 | 2 465.9 |
| 嘉 兴 | Jiaxing | 3 517.8 | 139.1 | 1 850.7 | 1 528.0 |
| 绍 兴 | Shaoxing | 4 466.0 | 198.9 | 2 252.9 | 2 014.2 |
| 舟 山 | Zhoushan | 1 092.9 | 111.0 | 449.6 | 532.2 |
| 台 州 | Taizhou | 3 553.9 | 229.8 | 1 567.7 | 1 756.5 |
| 福 建 | **Fujian** | 21 132.1 | 1 376.2 | 10 692.9 | 9 063.1 |
| 福 州 | Fuzhou | 5 618.1 | 434.7 | 2 449.6 | 2 733.8 |
| 厦 门 | Xiamen | 3 466.0 | 23.9 | 1 511.3 | 1 930.8 |
| 莆 田 | Putian | 1 655.6 | 115.1 | 949.3 | 591.2 |
| 泉 州 | Quanzhou | 6 137.7 | 178.5 | 3 679.7 | 2 279.6 |
| 漳 州 | Zhangzhou | 2 767.4 | 370.9 | 1 343.1 | 1 053.4 |
| 宁 德 | Ningde | 1 487.4 | 253.1 | 760.0 | 474.3 |

| 沿海城市<br>Coastal City | | 地区生产总值<br>Gross Regional<br>Product | 第一产业<br>Primary<br>Industry | 第二产业<br>Secondary<br>Industry | 第三产业<br>Tertiary<br>Industry |
|---|---|---|---|---|---|
| 山 东 | **Shandong** | 31 395.0 | 1 953.0 | 15 456.7 | 13 985.3 |
| 青 岛 | Qingdao | 9 300.1 | 364.0 | 4 026.5 | 4 909.6 |
| 东 营 | Dongying | 3 450.6 | 117.8 | 2 230.6 | 1 102.3 |
| 烟 台 | Yantai | 6 446.1 | 440.9 | 3 323.5 | 2 681.8 |
| 潍 坊 | Weifang | 5 170.5 | 455.2 | 2 490.8 | 2 224.6 |
| 威 海 | Weihai | 3 001.6 | 217.1 | 1 422.2 | 1 362.2 |
| 日 照 | Rizhao | 1 670.8 | 140.6 | 813.1 | 717.1 |
| 滨 州 | Binzhou | 2 355.3 | 217.5 | 1 150.2 | 987.6 |
| 广 东 | **Guangdong** | 63 799.7 | 2 186.3 | 26 700.4 | 34 913.1 |
| 广 州 | Guangzhou | 18 100.4 | 226.8 | 5 726.1 | 12 147.5 |
| 深 圳 | Shenzhen | 17 502.9 | 6.7 | 7 207.9 | 10 288.3 |
| 珠 海 | Zhuhai | 2 025.4 | 45.1 | 1 007.3 | 973.0 |
| 汕 头 | Shantou | 1 868.0 | 96.7 | 961.7 | 809.6 |
| 江 门 | Jiangmen | 2 240.0 | 174.5 | 1 084.7 | 980.8 |
| 湛 江 | Zhanjiang | 2 380.0 | 454.7 | 908.1 | 1 017.3 |
| 茂 名 | Maoming | 2 445.6 | 387.4 | 1 000.2 | 1 058.1 |
| 惠 州 | Huizhou | 3 140.0 | 151.5 | 1 726.1 | 1 262.4 |
| 汕 尾 | Shanwei | 762.1 | 118.0 | 348.7 | 295.3 |
| 阳 江 | Yangjiang | 1 250.0 | 205.3 | 564.1 | 480.6 |
| 东 莞 | Dongguan | 6 275.1 | 21.0 | 2 922.1 | 3 332.0 |
| 中 山 | Zhongshan | 3 010.0 | 66.5 | 1 632.7 | 1 310.9 |
| 潮 州 | Chaozhou | 910.1 | 64.3 | 484.3 | 361.6 |
| 揭 阳 | Jieyang | 1 890.0 | 167.7 | 1 126.5 | 595.8 |
| 广 西 | **Guangxi** | 2 457.1 | 439.2 | 1 184.9 | 833.0 |
| 北 海 | Beihai | 891.9 | 159.4 | 450.1 | 282.5 |
| 防城港 | Fangchenggang | 620.7 | 75.5 | 353.0 | 192.2 |
| 钦 州 | Qinzhou | 944.4 | 204.4 | 381.8 | 358.3 |
| 海 南 | **Hainan** | 1 597.8 | 116.9 | 313.2 | 1 167.7 |
| 海 口 | Haikou | 1 162.0 | 57.1 | 223.7 | 881.2 |
| 三 亚 | Sanya | 435.8 | 59.9 | 89.5 | 286.4 |

注：本表各省数据为合计数。

Note: The data for the provinces are the totals.

# 10-6 县级单位主要统计指标
## Main Indicators of Regions at County Level

单位：万元      (10 000 yuan)

| 沿海县<br>Coastal County | | 第一产业<br>增加值<br>Value-added of Primary Industry | | 第二产业<br>增加值<br>Value-added of Secondary Industry | |
|---|---|---|---|---|---|
| | | 2014 | 2015 | 2014 | 2015 |
| 合 计 | **Total** | 56 066 227 | 58 361 610 | 240 883 612 | 244 177 321 |
| 河 北 | **Hebei** | 3 487 284 | 3 476 907 | 8 770 212 | 7 872 780 |
| 丰 南 | Fengnan | 423 336 | 471 462 | 4 129 243 | 3 714 337 |
| 滦 南 | Luannan | 832 163 | 856 425 | 1 094 262 | 944 010 |
| 乐 亭 | Laoting | 799 764 | 863 597 | 1 049 363 | 985 083 |
| 昌 黎 | Changli | 633 151 | 556 470 | 782 162 | 734 255 |
| 抚 宁 | Funing | 450 530 | 333 399 | 496 288 | 280 367 |
| 黄 骅 | Huanghua | 276 511 | 324 994 | 1 051 158 | 1 028 216 |
| 海 兴 | Haixing | 71 829 | 70 560 | 167 736 | 186 512 |
| 辽 宁 | **Liaoning** | 6 863 883 | 7 193 167 | 22 102 760 | 19 781 223 |
| 长 海 | Changhai | 504 888 | 470 014 | 72 092 | 72 123 |
| 瓦房店 | Wafangdian | 902 108 | 943 210 | 6 729 380 | 5 909 195 |
| 普兰店 | Pulandian | 916 613 | 980 254 | 4 258 829 | 3 921 754 |
| 庄 河 | Zhuanghe | 1 216 647 | 1 270 383 | 3 412 284 | 3 078 274 |
| 东 港 | Donggang | 715 405 | 775 879 | 1 583 145 | 1 325 368 |
| 凌 海 | Linghai | 545 290 | 552 864 | 1 548 569 | 1 331 563 |
| 盖 州 | Gaizhou | 374 047 | 377 750 | 919 607 | 775 337 |
| 大 洼 | Dawa | 639 749 | 676 612 | 1 756 472 | 1 793 923 |
| 盘 山 | Panshan | 470 944 | 498 065 | 690 885 | 676 643 |
| 绥 中 | Suizhong | 393 418 | 449 281 | 619 881 | 465 476 |
| 兴 城 | Xingcheng | 184 774 | 198 855 | 511 616 | 431 567 |

10-6 续表1 continued

| 沿海县<br>Coastal County | | 第一产业<br>增加值<br>Value-added of Primary Industry | | 第二产业<br>增加值<br>Value-added of Secondary Industry | |
|---|---|---|---|---|---|
| | | 2014 | 2015 | 2014 | 2015 |
| 江 苏 | **Jiangsu** | 7 769 267 | 8 138 946 | 28 924 504 | 30 770 161 |
| 海 安 | Hai'an | 512 687 | 537 710 | 3 041 312 | 3 231 845 |
| 如 东 | Rudong | 621 674 | 649 665 | 2 971 100 | 3 148 317 |
| 启 东 | Qidong | 629 331 | 654 460 | 3 690 256 | 3 891 337 |
| 海 门 | Haimen | 490 663 | 517 975 | 4 431 636 | 4 715 945 |
| 赣 榆 | Ganyu | 738 037 | 699 700 | 2 121 900 | 2 302 700 |
| 东 海 | Donghai | 589 420 | 618 900 | 1 631 300 | 1 737 100 |
| 灌 云 | Guanyun | 551 289 | 598 100 | 1 255 000 | 1 335 200 |
| 灌 南 | Guannan | 447 523 | 482 300 | 1 287 600 | 1 368 600 |
| 响 水 | Xiangshui | 388 050 | 403 500 | 1 051 100 | 1 136 752 |
| 滨 海 | Binhai | 538 755 | 559 741 | 1 386 300 | 1 489 758 |
| 射 阳 | Sheyang | 731 092 | 784 100 | 1 394 700 | 1 476 102 |
| 东 台 | Dongtai | 828 646 | 879 195 | 2 618 100 | 2 792 105 |
| 大 丰 | Dafeng | 702 100 | 753 600 | 2 044 200 | 2 144 400 |
| 浙 江 | **Zhejiang** | 6 298 914 | 6 606 480 | 55 669 748 | 56 675 069 |
| 象 山 | Xiangshan | 579 451 | 613 666 | 1 806 461 | 1 846 924 |
| 宁 海 | Ninghai | 393 016 | 411 164 | 2 131 959 | 2 242 975 |
| 余 姚 | Yuyao | 413 400 | 423 578 | 4 677 312 | 4 683 538 |
| 慈 溪 | Cixi | 484 849 | 497 096 | 6 379 252 | 6 560 527 |
| 奉 化 | Fenghua | 285 034 | 290 288 | 1 405 983 | 1 432 944 |
| 洞 头 | Dongtou | 42 100 | 54 000 | 206 700 | 290 000 |
| 平 阳 | Pingyang | 134 546 | 144 839 | 1 568 716 | 1 458 333 |
| 苍 南 | Cangnan | 272 537 | 296 232 | 1 696 965 | 1 754 813 |
| 瑞 安 | Rui'an | 189 618 | 206 440 | 3 226 595 | 3 290 000 |
| 乐 清 | Yueqing | 199 926 | 209 106 | 3 884 521 | 3 909 661 |
| 海 盐 | Haiyan | 210 604 | 207 391 | 2 044 989 | 2 288 589 |
| 海 宁 | Haining | 227 531 | 215 675 | 3 798 051 | 3 844 508 |
| 平 湖 | Pinghu | 164 822 | 147 090 | 2 896 938 | 2 846 236 |

| 沿海县<br>Coastal County | | | 第一产业<br>增加值<br>Value-added of Primary Industry | | 第二产业<br>增加值<br>Value-added of Secondary Industry | |
|---|---|---|---|---|---|---|
| | | | 2014 | 2015 | 2014 | 2015 |
| 越 | 城 | Yuecheng | | | | |
| 柯 | 桥 | Keqiao | 329 185 | 339 097 | 6 306 940 | 6 446 215 |
| 上 | 虞 | Shangyu | 413 559 | 426 260 | 3 720 940 | 3 909 580 |
| 岱 | 山 | Daishan | 291 326 | 324 500 | 999 869 | 1 065 014 |
| 嵊 | 泗 | Shengsi | 200 466 | 232 345 | 122 411 | 130 184 |
| 玉 | 环 | Yuhuan | 269 149 | 293 853 | 2 485 695 | 2 407 779 |
| 三 | 门 | Sanmen | 229 206 | 247 308 | 609 870 | 642 074 |
| 温 | 岭 | Wenling | 582 928 | 623 656 | 3 698 582 | 3 563 446 |
| 临 | 海 | Linhai | 385 661 | 402 896 | 2 000 999 | 2 061 729 |
| 福 | 建 | **Fujian** | 7 550 588 | 8 034 107 | 46 270 569 | 44 880 248 |
| 连 | 江 | Lianjiang | 1 109 635 | 1 199 308 | 1 312 150 | 1 391 522 |
| 罗 | 源 | Luoyuan | 306 094 | 336 836 | 1 140 537 | 1 120 198 |
| 平 | 潭 | Pingtan | 343 482 | 359 540 | 552 200 | 594 296 |
| 福 | 清 | Fuqing | 882 698 | 909 498 | 3 775 704 | 192 445 |
| 长 | 乐 | Changle | 427 178 | 432 828 | 3 592 249 | 3 731 900 |
| 仙 | 游 | Xianyou | 290 440 | 305 583 | 1 383 067 | 1 590 065 |
| 惠 | 安 | Hui'an | 278 549 | 289 695 | 4 654 900 | 5 025 210 |
| 金 | 门 | Jinmen | | | | |
| 石 | 狮 | Shishi | 194 937 | 200 167 | 3 797 337 | 3 835 133 |
| 晋 | 江 | Jinjiang | 186 351 | 195 941 | 9 989 613 | 10 324 385 |
| 南 | 安 | Nan'an | 232 767 | 247 201 | 4 943 300 | 5 180 200 |
| 云 | 霄 | Yunxiao | 237 386 | 289 943 | 663 630 | 744 143 |
| 漳 | 浦 | Zhangpu | 600 945 | 622 951 | 1 445 208 | 1 291 365 |
| 诏 | 安 | Zhao'an | 356 475 | 392 790 | 742 071 | 835 472 |
| 东 | 山 | Dongshan | 277 883 | 308 588 | 677 356 | 742 825 |
| 龙 | 海 | Longhai | 558 234 | 575 369 | 3 257 882 | 3 636 115 |
| 霞 | 浦 | Xiapu | 476 248 | 516 629 | 531 575 | 563 927 |
| 福 | 安 | Fu'an | 413 169 | 438 556 | 2 082 277 | 2 214 758 |
| 福 | 鼎 | Fuding | 378 117 | 412 684 | 1 729 513 | 1 866 289 |

| 沿海县<br>Coastal County | | 第一产业<br>增加值<br>Value-added of Primary Industry | | 第二产业<br>增加值<br>Value-added of Secondary Industry | |
|---|---|---|---|---|---|
| | | 2014 | 2015 | 2014 | 2015 |
| 山 东 | **Shandong** | 8 705 289 | 9 538 043 | 55 822 768 | 58 984 260 |
| 胶 州 | Jiaozhou | 492 947 | 532 000 | 4 972 800 | 5 178 000 |
| 即 墨 | Jimo | 592 823 | 601 922 | 5 187 100 | 5 980 400 |
| 胶 南 | Jiaonan | | | | |
| 垦 利 | Kenli | 189 047 | 714 657 | 2 410 200 | 5 132 557 |
| 利 津 | Lijin | 266 796 | 270 753 | 1 322 458 | 1 326 837 |
| 广 饶 | Guangrao | 415 152 | 421 601 | 5 195 486 | 5 133 361 |
| 长 岛 | Changdao | 351 583 | 361 040 | 57 625 | 36 817 |
| 龙 口 | Longkou | 348 511 | 361 854 | 5 942 369 | 6 064 091 |
| 莱 阳 | Laiyang | 432 042 | 448 185 | 1 627 987 | 1 522 801 |
| 莱 州 | Laizhou | 667 172 | 681 153 | 3 649 423 | 3 734 380 |
| 蓬 莱 | Penglai | 275 768 | 280 713 | 2 610 451 | 2 485 597 |
| 招 远 | Zhaoyuan | 379 569 | 400 114 | 3 538 602 | 3 383 443 |
| 海 阳 | Haiyang | 602 496 | 629 594 | 1 389 194 | 1 045 117 |
| 寿 光 | Shouguang | 892 238 | 931 600 | 3 591 339 | 3 675 400 |
| 昌 邑 | Changyi | 334 906 | 347 350 | 1 976 000 | 2 040 400 |
| 文 登 | Wendeng | 550 520 | 580 521 | 3 356 564 | 3 329 730 |
| 荣 成 | Rongcheng | 805 360 | 831 341 | 4 803 159 | 4 747 443 |
| 乳 山 | Rushan | 375 266 | 395 467 | 2 305 684 | 2 266 586 |
| 无 棣 | Wudi | 360 197 | 361 158 | 1 271 130 | 1 283 785 |
| 沾 化 | Zhanhua | 372 896 | 387 020 | 615 197 | 617 515 |
| 广 东 | **Guangdong** | 8 625 865 | 9 181 658 | 18 519 117 | 20 662 373 |
| 南 澳 | Nan'ao | 37 676 | 39 438 | 52 970 | 55 816 |
| 台 山 | Taishan | 554 180 | 564 884 | 1 806 306 | 1 725 306 |
| 恩 平 | Enping | 189 710 | 200 362 | 468 192 | 515 142 |
| 遂 溪 | Suixi | 931 110 | 991 268 | 739 055 | 772 990 |
| 徐 闻 | Xuwen | 672 370 | 677 456 | 135 064 | 139 451 |

10-6 续表4 continued

| 沿海县<br>Coastal County | | 第一产业<br>增加值<br>Value-added of Primary Industry | | 第二产业<br>增加值<br>Value-added of Secondary Industry | |
|---|---|---|---|---|---|
| | | 2014 | 2015 | 2014 | 2015 |
| 廉 江 | Lianjiang | 884 831 | 947 462 | 1 608 910 | 1 775 284 |
| 雷 州 | Leizhou | 921 538 | 950 578 | 338 018 | 383 995 |
| 吴 川 | Wuchuan | 267 081 | 280 913 | 903 816 | 953 563 |
| 电 白 | Dianbai | 982 388 | 1 052 795 | 1 785 346 | 2 200 606 |
| 惠 东 | Huidong | 401 500 | 426 805 | 2 161 935 | 2 464 554 |
| 海 丰 | Haifeng | 335 164 | 358 032 | 1 129 948 | 1 217 964 |
| 陆 丰 | Lufeng | 457 228 | 491 261 | 1 029 704 | 1 048 885 |
| 阳 西 | Yangxi | 524 660 | 535 615 | 678 382 | 748 148 |
| 阳 东 | Yangdong | 415 140 | 436 987 | 1 493 432 | 1 586 331 |
| 饶 平 | Raoping | 380 244 | 397 902 | 935 549 | 980 189 |
| 揭 东 | Jiedong | 190 571 | 321 835 | 1 952 031 | 2 695 076 |
| 惠 来 | Huilai | 480 474 | 508 065 | 1 300 459 | 1 399 073 |
| 广 西 | **Guangxi** | 878 384 | 943 151 | 886 245 | 887 990 |
| 合 浦 | Hepu | 740 524 | 786 996 | 536 734 | 525 725 |
| 东 兴 | Dongxing | 137 860 | 156 155 | 349 511 | 362 265 |
| 海 南 | **Hainan** | 5 886 753 | 5 249 151 | 3 917 689 | 3 663 217 |
| 琼 海 | Qionghai | 691 510 | 721 525 | 259 124 | 273 935 |
| 儋 州 | Danzhou | 998 440 | | 295 937 | |
| 文 昌 | Wenchang | 643 924 | 669 711 | 399 987 | 413 954 |
| 万 宁 | Wanning | 462 942 | 521 005 | 380 135 | 354 400 |
| 东 方 | Dongfang | 351 419 | 379 493 | 648 459 | 687 921 |
| 澄 迈 | Chengmai | 608 809 | 649 517 | 1 070 100 | 1 092 000 |
| 临 高 | Lingao | 963 935 | 1 016 172 | 87 802 | 91 841 |
| 昌 江 | Changjiang | 233 346 | 250 098 | 458 536 | 376 988 |
| 乐 东 | Ledong | 558 742 | 632 074 | 94 288 | 128 746 |
| 陵 水 | Lingshui | 373 686 | 409 556 | 223 321 | 243 432 |

| 沿海县<br>Coastal County | | 公共财政收入<br>Public Revenue of Local Governments | | 公共财政支出<br>Public Expenditure of Local Governments | |
|---|---|---|---|---|---|
| | | 2014 | 2015 | 2014 | 2015 |
| 合　计 | **Total** | 36 716 567 | 38 107 159 | 51 824 713 | 60 155 149 |
| 河　北 | **Hebei** | 754 202 | 831 030 | 1 538 601 | 1 887 392 |
| 丰　南 | Fengnan | 258 316 | 290 948 | 359 025 | 410 245 |
| 滦　南 | Luannan | 95 000 | 95 589 | 226 999 | 254 088 |
| 乐　亭 | Laoting | 100 117 | 111 160 | 213 035 | 288 112 |
| 昌　黎 | Changli | 81 383 | 91 359 | 211 209 | 249 471 |
| 抚　宁 | Funing | 74 838 | 81 506 | 181 787 | 203 111 |
| 黄　骅 | Huanghua | 117 705 | 130 088 | 246 113 | 344 852 |
| 海　兴 | Haixing | 26 843 | 30 380 | 100 433 | 137 513 |
| 辽　宁 | **Liaoning** | 3 319 447 | 1 742 812 | 4 714 433 | 3 999 912 |
| 长　海 | Changhai | 48 123 | 43 609 | 83 216 | 89 664 |
| 瓦房店 | Wafangdian | 728 145 | 376 450 | 806 611 | 621 085 |
| 普兰店 | Pulandian | 433 472 | 224 795 | 517 878 | 379 886 |
| 庄　河 | Zhuanghe | 418 251 | 229 103 | 583 670 | 449 470 |
| 东　港 | Donggang | 335 486 | 132 195 | 510 661 | 471 413 |
| 凌　海 | Linghai | 210 246 | 85 678 | 344 636 | 308 553 |
| 盖　州 | Gaizhou | 110 294 | 101 239 | 305 282 | 306 272 |
| 大　洼 | Dawa | 401 451 | 263 060 | 583 565 | 456 052 |
| 盘　山 | Panshan | 348 824 | 76 486 | 370 158 | 286 858 |
| 绥　中 | Suizhong | 150 155 | 90 532 | 320 000 | 312 446 |
| 兴　城 | Xingcheng | 135 000 | 119 665 | 288 756 | 318 213 |

## 10-6  续表6 continued

| 沿海县<br>Coastal County | | 公共财政收入<br>Public Revenue of Local Governments | | 公共财政支出<br>Public Expenditure of Local Governments | |
|---|---|---|---|---|---|
| | | 2014 | 2015 | 2014 | 2015 |
| 江 苏 | **Jiangsu** | 5 881 189 | 6 721 871 | 8 478 794 | 9 931 391 |
| 海 安 | Hai'an | 541 022 | 620 566 | 705 844 | 843 989 |
| 如 东 | Rudong | 500 127 | 585 447 | 791 961 | 938 165 |
| 启 东 | Qidong | 672 463 | 768 609 | 740 076 | 862 358 |
| 海 门 | Haimen | 685 712 | 783 980 | 736 171 | 855 534 |
| 赣 榆 | Ganyu | 401 689 | 445 078 | 664 898 | 755 798 |
| 东 海 | Donghai | 372 008 | 410 163 | 617 361 | 687 167 |
| 灌 云 | Guanyun | 355 892 | 393 199 | 557 402 | 618 031 |
| 灌 南 | Guannan | 351 217 | 388 511 | 525 397 | 609 084 |
| 响 水 | Xiangshui | 278 242 | 325 412 | 436 672 | 508 150 |
| 滨 海 | Binhai | 334 513 | 386 540 | 580 745 | 694 488 |
| 射 阳 | Sheyang | 175 000 | 205 588 | 450 670 | 593 838 |
| 东 台 | Dongtai | 613 138 | 715 512 | 842 577 | 1 017 151 |
| 大 丰 | Dafeng | 600 166 | 693 266 | 829 020 | 947 638 |
| | | | | | |
| 浙 江 | **Zhejiang** | 8 583 078 | 9 775 208 | 10 490 788 | 12 582 934 |
| 象 山 | Xiangshan | 331 678 | 379 485 | 527 444 | 613 051 |
| 宁 海 | Ninghai | 360 643 | 415 712 | 509 391 | 602 441 |
| 余 姚 | Yuyao | 648 070 | 750 989 | 804 673 | 925 207 |
| 慈 溪 | Cixi | 1 000 151 | 1 122 589 | 1 078 856 | 1 254 760 |
| 奉 化 | Fenghua | 290 233 | 338 192 | 476 853 | 607 125 |
| 洞 头 | Dongtou | 45 021 | 54 172 | 163 861 | 187 916 |
| 平 阳 | Pingyang | 220 002 | 256 688 | 405 822 | 457 164 |
| 苍 南 | Cangnan | 256 366 | 320 667 | 494 925 | 544 021 |
| 瑞 安 | Rui'an | 484 417 | 547 214 | 553 097 | 733 731 |
| 乐 清 | Yueqing | 556 525 | 955 544 | 613 477 | 702 225 |
| 海 盐 | Haiyan | 270 280 | 316 288 | 283 962 | 400 298 |
| 海 宁 | Haining | 600 260 | 691 221 | 606 845 | 765 612 |
| 平 湖 | Pinghu | 456 780 | 505 780 | 449 179 | 538 324 |

10-6 续表7 continued

| 沿海县<br>Coastal County | | | 公共财政收入<br>Public Revenue of Local Governments | | 公共财政支出<br>Public Expenditure of Local Governments | |
|---|---|---|---|---|---|---|
| | | | 2014 | 2015 | 2014 | 2015 |
| 越 | 城 | Yuecheng | | | | |
| 柯 | 桥 | Keqiao | 820 088 | 978 488 | 714 241 | 985 258 |
| 上 | 虞 | Shangyu | 465 581 | 535 837 | 500 112 | 600 132 |
| 岱 | 山 | Daishan | 114 443 | 126 037 | 298 684 | 355 707 |
| 嵊 | 泗 | Shengsi | 59 170 | 69 010 | 197 659 | 210 244 |
| 玉 | 环 | Yuhuan | 644 759 | 344 987 | 399 668 | 481 184 |
| 三 | 门 | Sanmen | 127 657 | 144 987 | 253 475 | 305 551 |
| 温 | 岭 | Wenling | 478 388 | 541 213 | 645 088 | 726 079 |
| 临 | 海 | Linhai | 352 566 | 380 108 | 513 476 | 586 904 |
| 福 | 建 | **Fujian** | 6 939 470 | 6 582 710 | 8 169 395 | 9 224 606 |
| 连 | 江 | Lianjiang | 334 948 | 381 306 | 453 798 | 460 637 |
| 罗 | 源 | Luoyuan | 135 766 | 108 899 | 239 158 | 201 685 |
| 平 | 潭 | Pingtan | 140 333 | 250 156 | 709 576 | 1 241 429 |
| 福 | 清 | Fuqing | 1 084 635 | 812 583 | 974 407 | 698 100 |
| 长 | 乐 | Changle | 314 854 | 336 452 | 361 596 | 473 385 |
| 仙 | 游 | Xianyou | 262 149 | 281 689 | 350 158 | 427 466 |
| 惠 | 安 | Hui'an | 308 702 | 330 203 | 477 517 | 545 591 |
| 金 | 门 | Jinmen | | | | |
| 石 | 狮 | Shishi | 604 451 | 592 933 | 449 406 | 483 711 |
| 晋 | 江 | Jinjiang | 1 141 019 | 1 172 008 | 1 263 935 | 1 297 465 |
| 南 | 安 | Nan'an | 746 988 | 627 698 | 539 271 | 621 394 |
| 云 | 霄 | Yunxiao | 86 718 | 74 722 | 191 808 | 253 458 |
| 漳 | 浦 | Zhangpu | 294 217 | 315 538 | 369 780 | 480 195 |
| 诏 | 安 | Zhao'an | 81 413 | 80 294 | 206 119 | 271 449 |
| 东 | 山 | Dongshan | 173 949 | 182 712 | 197 483 | 277 020 |
| 龙 | 海 | Longhai | 706 284 | 480 409 | 519 883 | 442 963 |
| 霞 | 浦 | Xiapu | 109 146 | 116 707 | 218 444 | 274 111 |
| 福 | 安 | Fu'an | 227 896 | 235 026 | 352 041 | 418 564 |
| 福 | 鼎 | Fuding | 186 002 | 203 375 | 295 015 | 355 983 |

| 沿海县<br>Coastal County | | 公共财政收入<br>Public Revenue of Local Governments | | 公共财政支出<br>Public Expenditure of Local Governments | |
|---|---|---|---|---|---|
| | | 2014 | 2015 | 2014 | 2015 |
| 山 东 | **Shandong** | 7 265 326 | 8 642 227 | 8 753 490 | 10 689 294 |
| 胶 州 | Jiaozhou | 675 066 | 800 616 | 788 072 | 929 001 |
| 即 墨 | Jimo | 790 400 | 930 493 | 887 600 | 1 148 887 |
| 胶 南 | Jiaonan | | | | |
| 垦 利 | Kenli | 208 659 | 705 028 | 265 887 | 853 484 |
| 利 津 | Lijin | 117 619 | 125 000 | 221 295 | 232 814 |
| 广 饶 | Guangrao | 400 020 | 424 045 | 501 813 | 513 060 |
| 长 岛 | Changdao | 11 728 | 12 901 | 83 950 | 68 781 |
| 龙 口 | Longkou | 795 057 | 900 517 | 787 677 | 869 280 |
| 莱 阳 | Laiyang | 125 021 | 138 376 | 248 186 | 295 820 |
| 莱 州 | Laizhou | 520 678 | 572 757 | 556 912 | 619 232 |
| 蓬 莱 | Penglai | 272 058 | 300 017 | 331 586 | 376 966 |
| 招 远 | Zhaoyuan | 465 000 | 502 200 | 492 671 | 534 618 |
| 海 阳 | Haiyang | 247 146 | 269 567 | 288 331 | 333 557 |
| 寿 光 | Shouguang | 792 000 | 900 517 | 826 874 | 948 700 |
| 昌 邑 | Changyi | 251 969 | 273 326 | 311 556 | 421 786 |
| 文 登 | Wendeng | 438 903 | 492 468 | 516 353 | 579 255 |
| 荣 成 | Rongcheng | 600 105 | 672 789 | 814 389 | 1 006 177 |
| 乳 山 | Rushan | 276 588 | 310 358 | 350 315 | 406 036 |
| 无 棣 | Wudi | 174 129 | 197 752 | 287 132 | 332 118 |
| 沾 化 | Zhanhua | 103 180 | 113 500 | 192 891 | 219 722 |
| 广 东 | **Guangdong** | 1 852 543 | 1 956 123 | 5 272 025 | 7 467 577 |
| 南 澳 | Nan'ao | 18 858 | 21 408 | 95 302 | 89 637 |
| 台 山 | Taishan | 227 148 | 247 639 | 386 520 | 431 940 |
| 恩 平 | Enping | 95 283 | 98 898 | 201 020 | 248 023 |
| 遂 溪 | Suixi | 61 390 | 69 476 | 230 995 | 362 115 |
| 徐 闻 | Xuwen | 40 345 | 44 664 | 273 430 | 273 562 |

10-6 续表9 continued

| 沿海县<br>Coastal County | | 公共财政收入<br>Public Revenue of Local Governments | | 公共财政支出<br>Public Expenditure of Local Governments | |
|---|---|---|---|---|---|
| | | 2014 | 2015 | 2014 | 2015 |
| 廉 江 | Lianjiang | 94 748 | 110 682 | 446 395 | 568 868 |
| 雷 州 | Leizhou | 55 289 | 58 675 | 353 353 | 553 702 |
| 吴 川 | Wuchuan | 60 018 | 68 972 | 234 658 | 316 117 |
| 电 白 | Dianbai | 208 432 | 238 197 | 612 036 | 850 149 |
| 惠 东 | Huidong | 302 328 | 347 174 | 528 164 | 654 386 |
| 海 丰 | Haifeng | 153 349 | 154 663 | 261 348 | 580 029 |
| 陆 丰 | Lufeng | 162 451 | 58 865 | 471 556 | 613 238 |
| 阳 西 | Yangxi | 40 425 | 73 496 | 127 241 | 335 012 |
| 阳 东 | Yangdong | 118 370 | 121 618 | 221 312 | 268 308 |
| 饶 平 | Raoping | 64 613 | 76 162 | 319 197 | 445 962 |
| 揭 东 | Jiedong | 88 792 | 82 088 | 205 999 | 419 962 |
| 惠 来 | Huilai | 60 704 | 83 446 | 303 499 | 456 567 |
| 广 西 | **Guangxi** | 168 967 | 185 836 | 501 326 | 654 998 |
| 合 浦 | Hepu | 61 701 | 67 349 | 289 876 | 402 512 |
| 东 兴 | Dongxing | 107 266 | 118 487 | 211 450 | 252 486 |
| 海 南 | **Hainan** | 1 952 345 | 1 669 342 | 3 905 861 | 3 717 045 |
| 琼 海 | Qionghai | 196 655 | 182 342 | 386 802 | 430 873 |
| 儋 州 | Danzhou | 134 023 | | 498 342 | |
| 文 昌 | Wenchang | 205 560 | 212 983 | 407 732 | 459 660 |
| 万 宁 | Wanning | 142 731 | 164 010 | 385 313 | 414 196 |
| 东 方 | Dongfang | 124 138 | 131 999 | 357 712 | 429 060 |
| 澄 迈 | Chengmai | 205 115 | 347 607 | 437 687 | 484 346 |
| 临 高 | Lingao | 64 149 | 45 432 | 385 908 | 322 516 |
| 昌 江 | Changjiang | 104 234 | 87 297 | 282 228 | 276 059 |
| 乐 东 | Ledong | 124 440 | 103 486 | 335 997 | 423 100 |
| 陵 水 | Lingshui | 651 300 | 394 186 | 428 140 | 477 235 |

注：本表各省数据为合计数。

Note: The data for the provinces are the totals.

# 10-7 沿海地区财政收支
## Financial Revenue and Expenditure by Coastal Regions

单位：亿元                                                       (100 million yuan)

| 地 区<br>Region | 地方一般公共预算收入<br>General Public Budget Revenue | 地方一般公共预算支出<br>General Public Budget Expenditure |
|---|---|---|
| 合 计<br>**Total** | 48 702.4 | 70 496.5 |
| 天 津<br>Tianjin | 2 723.5 | 3 699.4 |
| 河 北<br>Hebei | 2 849.9 | 6 049.5 |
| 辽 宁<br>Liaoning | 2 200.5 | 4 577.5 |
| 上 海<br>Shanghai | 6 406.1 | 6 918.9 |
| 江 苏<br>Jiangsu | 8 121.2 | 9 982.0 |
| 浙 江<br>Zhejiang | 5 302.0 | 6 974.3 |
| 福 建<br>Fujian | 2 654.8 | 4 275.4 |
| 山 东<br>Shandong | 5 860.2 | 8 755.2 |
| 广 东<br>Guangdong | 10 390.4 | 13 446.1 |
| 广 西<br>Guangxi | 1 556.3 | 4 441.7 |
| 海 南<br>Hainan | 637.5 | 1 376.5 |

# 10-8  沿海地区教育基本情况
## Basic Conditions of Education by Coastal Regions

| 地　区<br>Region | 高等学校数<br>（所）<br>Institutions of Higher Education<br>(unit) | 本、专科在校学生数<br>（人）<br>Number of Students at School in Undergraduate or Specialized Courses<br>(person) | 本、专科毕（结）业生数<br>（人）<br>Number of Students Graduated in Undergraduate or Specialized Courses<br>(person) |
|---|---|---|---|
| 全国总计<br>**National Total** | 2 596 | 26 958 433 | 7 041 800 |
| 天　津<br>Tianjin | 55 | 513 842 | 137 906 |
| 河　北<br>Hebei | 120 | 1 216 096 | 335 218 |
| 辽　宁<br>Liaoning | 116 | 998 719 | 263 530 |
| 上　海<br>Shanghai | 64 | 514 683 | 132 596 |
| 江　苏<br>Jiangsu | 166 | 1 745 847 | 481 554 |
| 浙　江<br>Zhejiang | 107 | 996 143 | 273 342 |
| 福　建<br>Fujian | 88 | 756 392 | 199 465 |
| 山　东<br>Shandong | 144 | 1 995 880 | 509 142 |
| 广　东<br>Guangdong | 147 | 1 892 878 | 489 397 |
| 广　西<br>Guangxi | 73 | 810 282 | 189 441 |
| 海　南<br>Hainan | 18 | 184 875 | 48 713 |

# 10-9　沿海地区卫生基本情况
## Basic Conditions of Public Health by Coastal Regions

| 地　区<br>Region | 卫生机构数<br>（个）<br>Health Institutions<br>(unit) | 医疗机构床位数<br>（万张）<br>Total Beds<br>(10 000 beds) | 卫生机构人员<br>（人）<br>Number of Employed<br>Personnel in Health<br>Institutions<br>(person) |
|---|---|---|---|
| 全国总计<br>**National Total** | 983 394 | 741. 0 | 11 172 945 |
| 天　津<br>Tianjin | 5 443 | 6. 6 | 122 558 |
| 河　北<br>Hebei | 78 795 | 36. 0 | 555 115 |
| 辽　宁<br>Liaoning | 36 131 | 28. 4 | 365 729 |
| 上　海<br>Shanghai | 5 016 | 12. 9 | 217 061 |
| 江　苏<br>Jiangsu | 32 117 | 44. 3 | 654 117 |
| 浙　江<br>Zhejiang | 31 546 | 29. 0 | 523 598 |
| 福　建<br>Fujian | 27 656 | 17. 5 | 288 205 |
| 山　东<br>Shandong | 76 997 | 54. 1 | 874 110 |
| 广　东<br>Guangdong | 49 079 | 46. 5 | 819 106 |
| 广　西<br>Guangxi | 34 253 | 22. 4 | 390 601 |
| 海　南<br>Hainan | 5 144 | 4. 0 | 74 585 |

# 10-10 分地区电力消费量
# Electricity Consumption by Region

单位：亿千瓦·时 (100 million kW-h)

| 地 区<br>Region | 2014 | 2015 | 2016 |
|---|---|---|---|
| 天 津<br>Tianjin | 794.4 | 800.6 | 807.9 |
| 河 北<br>Hebei | 3 314.1 | 3 175.7 | 3 264.5 |
| 辽 宁<br>Liaoning | 2 038.7 | 1 984.9 | 2 037.4 |
| 上 海<br>Shanghai | 1 369.0 | 1 405.5 | 1 486.0 |
| 江 苏<br>Jiangsu | 5 012.5 | 5 114.7 | 5 458.9 |
| 浙 江<br>Zhejiang | 3 506.4 | 3 553.9 | 3 873.2 |
| 福 建<br>Fujian | 1 855.8 | 1 851.9 | 1 968.6 |
| 山 东<br>Shandong | 4 223.5 | 5 117.0 | 5 390.7 |
| 广 东<br>Guangdong | 5 235.2 | 5 310.7 | 5 610.1 |
| 广 西<br>Guangxi | 1 308.0 | 1 334.3 | 1 359.6 |
| 海 南<br>Hainan | 251.9 | 272.4 | 287.3 |

# 10-11 沿海地区用水情况
# Water Use of Coastal Regions

| 地 区<br>Region | 全年供水总量<br>（万立方米）<br>Total Annual Volume of Water Supply<br>(10 000 m³) | 人均用水量<br>（立方米/人）<br>Per Capita Water Use<br>(m³/person) |
|---|---|---|
| 全国总计<br>**National Total** | 6 040. 2 | 438. 1 |
| 天 津<br>Tianjin | 27. 2 | 175. 0 |
| 河 北<br>Hebei | 182. 6 | 245. 2 |
| 辽 宁<br>Liaoning | 135. 4 | 309. 1 |
| 上 海<br>Shanghai | 104. 8 | 433. 5 |
| 江 苏<br>Jiangsu | 577. 4 | 722. 9 |
| 浙 江<br>Zhejiang | 181. 1 | 325. 5 |
| 福 建<br>Fujian | 189. 1 | 490. 3 |
| 山 东<br>Shandong | 214. 0 | 216. 2 |
| 广 东<br>Guangdong | 435. 0 | 398. 2 |
| 广 西<br>Guangxi | 290. 6 | 603. 3 |
| 海 南<br>Hainan | 45. 0 | 492. 3 |

# 10-12 沿海地区全社会固定资产投资
## Total Investment in Fixed Assets by the Whole Society of Coastal Regions

单位：亿元 (100 million yuan)

| 地 区<br>Region | 全社会固定资产投资<br>Total Investment in Fixed Assets in the Whole Country | #农、林、牧、渔业<br>Agriculture, Forestry, Animal Husbandry and Fishery | #交通运输、仓储和邮政业<br>Transport, Storage and Post |
|---|---|---|---|
| 全国总计<br>**National Total** | 606 465.7 | 24 853.1 | 53 890.4 |
| 天 津<br>Tianjin | 12 779.4 | 324.9 | 735.1 |
| 河 北<br>Hebei | 31 750.0 | 1 775.3 | 2 095.3 |
| 辽 宁<br>Liaoning | 6 692.2 | 245.2 | 661.2 |
| 上 海<br>Shanghai | 6 755.9 | 4.1 | 944.9 |
| 江 苏<br>Jiangsu | 49 663.2 | 481.3 | 2 551.0 |
| 浙 江<br>Zhejiang | 30 276.1 | 433.0 | 2 581.9 |
| 福 建<br>Fujian | 23 237.4 | 892.2 | 2 505.4 |
| 山 东<br>Shandong | 53 322.9 | 1 577.3 | 2 982.2 |
| 广 东<br>Guangdong | 33 303.6 | 541.3 | 3 032.3 |
| 广 西<br>Guangxi | 18 236.8 | 1 065.1 | 1 849.8 |
| 海 南<br>Hainan | 3 890.4 | 56.9 | 467.1 |

# 10-13 沿海地区按经营单位所在地分货物进出口总额
## Total Value of Imports and Exports by Location
## of Importers/Exporters of Coastal Regions

单位：万美元 (10 000 USD)

| 地 区<br>Region | 进出口<br>Total | 出口<br>Exports | 进口<br>Imports |
|---|---|---|---|
| 全国总计<br>**National Total** | 368 555 741 | 209 763 119 | 158 792 622 |
| 天 津<br>Tianjin | 10 265 595 | 4 427 869 | 5 837 725 |
| 河 北<br>Hebei | 4 667 538 | 3 057 554 | 1 609 984 |
| 辽 宁<br>Liaoning | 8 655 690 | 4 306 277 | 4 349 413 |
| 上 海<br>Shanghai | 43 376 819 | 18 335 213 | 25 041 606 |
| 江 苏<br>Jiangsu | 50 929 641 | 31 905 309 | 19 024 332 |
| 浙 江<br>Zhejiang | 33 657 591 | 26 786 375 | 6 871 216 |
| 福 建<br>Fujian | 15 682 619 | 10 367 799 | 5 314 821 |
| 山 东<br>Shandong | 23 435 585 | 13 709 609 | 9 725 976 |
| 广 东<br>Guangdong | 95 529 801 | 59 860 199 | 35 669 602 |
| 广 西<br>Guangxi | 4 762 743 | 2 292 641 | 2 470 102 |
| 海 南<br>Hainan | 1 134 843 | 212 580 | 922 263 |

# 10-14 沿海地区城镇居民平均每人全年家庭收入和消费性支出
## Per Capita Annual Income and Consumption Expenditure of Urban Households by Coastal Regions

单位：元 (yuan)

| 地 区<br>Region | 可支配收入<br>Disposable Income | #工资性收入<br>Income from Wages and Salaries | 消费支出<br>Expenses on Consumption |
|---|---|---|---|
| 全国平均水平<br>**National Average** | 33 616.3 | 20 665.0 | 23 078.9 |
| 天 津<br>Tianjin | 37 109.6 | 23 206.8 | 28 344.6 |
| 河 北<br>Hebei | 28 249.4 | 18 031.9 | 19 105.9 |
| 辽 宁<br>Liaoning | 32 876.1 | 18 315.8 | 24 995.9 |
| 上 海<br>Shanghai | 57 691.7 | 34 338.7 | 39 856.8 |
| 江 苏<br>Jiangsu | 40 151.6 | 24 213.9 | 26 432.9 |
| 浙 江<br>Zhejiang | 47 237.2 | 26 655.9 | 30 067.7 |
| 福 建<br>Fujian | 36 014.3 | 22 213.4 | 25 005.5 |
| 山 东<br>Shandong | 34 012.1 | 21 812.3 | 21 495.3 |
| 广 东<br>Guangdong | 37 684.3 | 27 965.3 | 28 613.3 |
| 广 西<br>Guangxi | 28 324.4 | 16 492.8 | 17 268.5 |
| 海 南<br>Hainan | 28 453.5 | 18 891.9 | 19 015.5 |

# 10-15 沿海地区农村居民家庭人均纯收入和生活消费支出
## Per Capita Disposable Income and Consumption Expenditure
## of Rural Residents by Coastal Regions

单位：元 (yuan)

| 地 区<br>Region | 可支配收入<br>Disposable Income | 消费支出<br>Consumption Expenditure |
|---|---|---|
| 全国平均水平<br>**National Average** | 12 363.4 | 10 129.8 |
| 天 津<br>Tianjin | 20 075.6 | 15 912.1 |
| 河 北<br>Hebei | 11 919.4 | 9 798.3 |
| 辽 宁<br>Liaoning | 12 880.7 | 9 953.2 |
| 上 海<br>Shanghai | 25 520.4 | 17 070.9 |
| 江 苏<br>Jiangsu | 17 605.6 | 14 428.2 |
| 浙 江<br>Zhejiang | 22 866.1 | 17 358.9 |
| 福 建<br>Fujian | 14 999.2 | 12 910.8 |
| 山 东<br>Shandong | 13 954.1 | 9 518.9 |
| 广 东<br>Guangdong | 14 512.2 | 12 414.8 |
| 广 西<br>Guangxi | 10 359.5 | 8 351.3 |
| 海 南<br>Hainan | 11 842.9 | 8 921.2 |

# 10-16　沿海地区年末人口数
## Year-end Population by Coastal Regions

单位：万人 　　　　　　　　　　　　　　　　　　　　　　　　　　　（10 000 persons）

| 地　区<br>Region | 2014 | 2015 | 2016 |
|---|---|---|---|
| 全国总计<br>**National Total** | 136 782 | 137 462 | 138 271 |
| 天　津<br>Tianjin | 1 517 | 1 547 | 1 562 |
| 河　北<br>Hebei | 7 384 | 7 425 | 7 470 |
| 辽　宁<br>Liaoning | 4 391 | 4 382 | 4 378 |
| 上　海<br>Shanghai | 2 426 | 2 415 | 2 420 |
| 江　苏<br>Jiangsu | 7 960 | 7 976 | 7 999 |
| 浙　江<br>Zhejiang | 5 508 | 5 539 | 5 590 |
| 福　建<br>Fujian | 3 806 | 3 839 | 3 874 |
| 山　东<br>Shandong | 9 789 | 9 847 | 9 947 |
| 广　东<br>Guangdong | 10 724 | 10 849 | 10 999 |
| 广　西<br>Guangxi | 4 754 | 4 796 | 4 838 |
| 海　南<br>Hainan | 903 | 911 | 917 |

注：本表为年度人口抽样调查推算数据。各地区数据为常住人口口径。

Note: This table is estimated from the annual national sample survey on population.Data by region are

# 10-17 沿海城市年末总人口
# Total Population at Year-end of Coastal Cities

单位: 万人 (10 000 persons )

| 沿海城市<br>Coastal City | | 2013 | 2014 | 2015 |
|---|---|---|---|---|
| 合 计 | **Total** | 24 663.4 | 25 022.9 | 26 683.5 |
| 天 津 | **Tianjin** | 989.6 | 1 018.4 | 1 547.0 |
| 河 北 | **Hebei** | 1 770.9 | 1 816.7 | 1 825.0 |
| 唐 山 | Tangshan | 738.7 | 753.2 | 755.0 |
| 秦皇岛 | Qinhuangdao | 290.7 | 295.1 | 295.6 |
| 沧 州 | Cangzhou | 741.5 | 768.4 | 774.4 |
| 辽 宁 | **Liaoning** | 1 778.3 | 1 782.3 | 1 776.5 |
| 大 连 | Dalian | 591.4 | 594.3 | 593.6 |
| 丹 东 | Dandong | 239.6 | 239.5 | 238.1 |
| 锦 州 | Jinzhou | 305.9 | 305.3 | 302.6 |
| 营 口 | Yingkou | 232.5 | 233.3 | 232.6 |
| 盘 锦 | Panjin | 129.0 | 129.2 | 129.5 |
| 葫芦岛 | Huludao | 279.9 | 280.7 | 280.1 |
| 上 海 | **Shanghai** | 1 412.3 | 1 438.7 | 2 415.0 |
| 江 苏 | **Jiangsu** | 2 110.5 | 2 122.6 | 2 125.4 |
| 南 通 | Nantong | 766.5 | 767.6 | 766.8 |
| 连云港 | Lianyungang | 520.2 | 526.5 | 530.6 |
| 盐 城 | Yancheng | 823.8 | 828.5 | 828.0 |

10-17 续表1 continued

| 沿海城市<br>Coastal City | | 2013 | 2014 | 2015 |
|---|---|---|---|---|
| 浙 江 | **Zhejiang** | 3 572.8 | 3 599.0 | 3 608.9 |
| 杭 州 | Hangzhou | 706.6 | 715.8 | 723.8 |
| 宁 波 | Ningbo | 580.1 | 583.8 | 586.6 |
| 温 州 | Wenzhou | 807.2 | 813.7 | 811.2 |
| 嘉 兴 | Jiaxing | 345.9 | 348.1 | 349.5 |
| 绍 兴 | Shaoxing | 441.7 | 443.0 | 443.1 |
| 舟 山 | Zhoushan | 97.3 | 97.5 | 97.4 |
| 台 州 | Taizhou | 594.0 | 597.1 | 597.5 |
| 福 建 | **Fujian** | 2 694.9 | 2 785.3 | 2 807.4 |
| 福 州 | Fuzhou | 623.7 | 674.9 | 678.4 |
| 厦 门 | Xiamen | 196.8 | 203.4 | 211.2 |
| 莆 田 | Putian | 334.2 | 341.2 | 344.3 |
| 泉 州 | Quanzhou | 703.5 | 716.2 | 722.5 |
| 漳 州 | Zhangzhou | 489.5 | 497.4 | 502.1 |
| 宁 德 | Ningde | 347.2 | 352.2 | 348.9 |
| 山 东 | **Shandong** | 3 420.3 | 3 446.8 | 3 460.6 |
| 青 岛 | Qingdao | 773.7 | 780.6 | 783.1 |
| 东 营 | Dongying | 187.0 | 189.1 | 190.6 |
| 烟 台 | Yantai | 651.2 | 653.4 | 653.3 |
| 潍 坊 | Weifang | 882.9 | 888.3 | 893.7 |
| 威 海 | Weihai | 253.8 | 254.8 | 254.8 |
| 日 照 | Rizhao | 290.1 | 293.9 | 296.0 |
| 滨 州 | Binzhou | 381.6 | 386.7 | 389.1 |

| 沿海城市<br>Coastal City | | 2013 | 2014 | 2015 |
|---|---|---|---|---|
| 广　东 | **Guangdong** | 6 034.0 | 6 123.7 | 6 223.4 |
| 广　州 | Guangzhou | 832.3 | 842.4 | 854.2 |
| 深　圳 | Shenzhen | 324.3 | 332.2 | 369.6 |
| 珠　海 | Zhuhai | 108.6 | 110.2 | 112.5 |
| 汕　头 | Shantou | 540.0 | 546.6 | 550.5 |
| 江　门 | Jiangmen | 393.0 | 393.4 | 391.4 |
| 湛　江 | Zhanjiang | 804.2 | 819.0 | 823.0 |
| 茂　名 | Maoming | 757.7 | 772.4 | 785.8 |
| 惠　州 | Huizhou | 343.4 | 348.5 | 357.1 |
| 汕　尾 | Shanwei | 352.5 | 359.1 | 359.0 |
| 阳　江 | Yangjiang | 285.1 | 289.4 | 292.1 |
| 东　莞 | Dongguan | 188.9 | 191.4 | 195.0 |
| 中　山 | Zhongshan | 154.1 | 156.1 | 158.7 |
| 潮　州 | Chaozhou | 267.2 | 268.8 | 272.8 |
| 揭　阳 | Jieyang | 682.7 | 694.2 | 701.7 |
| | | | | |
| 广　西 | **Guangxi** | 658.9 | 665.5 | 671.7 |
| 北　海 | Beihai | 169.4 | 169.3 | 172.0 |
| 防城港 | Fangchenggang | 93.0 | 94.2 | 95.6 |
| 钦　州 | Qinzhou | 396.5 | 402.0 | 404.1 |
| | | | | |
| 海　南 | **Hainan** | 220.9 | 223.9 | 222.6 |
| 海　口 | Haikou | 163.2 | 165.3 | 164.8 |
| 三　亚 | Sanya | 57.7 | 58.6 | 57.8 |

注：本表各省数据为合计数。
Note: The data for the provinces are the totals.

# 10-18 沿海县户籍总人口
# Total Population of Household Registration of Coastal Counties

单位：万人                                                    (10 000 persons)

| 沿海县<br>Coastal County | | 2013 | 2014 | 2015 |
|---|---|---|---|---|
| 合 计 | **Total** | 8 483 | 8 717 | 8 718 |
| | | | | |
| 河 北 | **Hebei** | 280 | 331 | 339 |
| 丰 南 | Fengnan | 57 | 53 | 53 |
| 滦 南 | Luannan | 49 | 57 | 57 |
| 乐 亭 | Laoting | | 49 | 45 |
| 昌 黎 | Changli | 56 | 53 | 53 |
| 抚 宁 | Funing | 48 | 48 | 34 |
| 黄 骅 | Huanghua | 47 | 47 | 48 |
| 海 兴 | Haixing | 23 | 24 | 49 |
| | | | | |
| 辽 宁 | **Liaoning** | 659 | 658 | 657 |
| 长 海 | Changhai | 7 | 7 | 7 |
| 瓦房店 | Wafangdian | 100 | 99 | 100 |
| 普兰店 | Pulandian | 93 | 92 | 92 |
| 庄 河 | Zhuanghe | 90 | 90 | 90 |
| 东 港 | Donggang | 61 | 61 | 61 |
| 凌 海 | Linghai | 52 | 52 | 52 |
| 盖 州 | Gaizhou | 70 | 71 | 70 |
| 大 洼 | Dawa | 39 | 39 | 38 |
| 盘 山 | Panshan | 28 | 28 | 28 |
| 绥 中 | Suizhong | 65 | 65 | 65 |
| 兴 城 | Xingcheng | 54 | 54 | 54 |

10-18 续表1 continued

| 沿海县<br>Coastal County | | 2013 | 2014 | 2015 |
|---|---|---|---|---|
| 江 苏 | **Jiangsu** | 1 298 | 1 303 | 1 305 |
| 海 安 | Hai'an | 94 | 94 | 94 |
| 如 东 | Rudong | 104 | 104 | 104 |
| 启 东 | Qidong | 112 | 112 | 112 |
| 海 门 | Haimen | 100 | 100 | 100 |
| 赣 榆 | Ganyu | 118 | 119 | 120 |
| 东 海 | Donghai | 120 | 122 | 123 |
| 灌 云 | Guanyun | 104 | 104 | 105 |
| 灌 南 | Guannan | 80 | 81 | 82 |
| 响 水 | Xiangshui | 62 | 62 | 62 |
| 滨 海 | Binhai | 120 | 121 | 122 |
| 射 阳 | Sheyang | 97 | 97 | 96 |
| 东 台 | Dongtai | 114 | 114 | 113 |
| 大 丰 | Dafeng | 73 | 73 | 72 |
| 浙 江 | **Zhejiang** | 1 484 | 1 493 | 1 496 |
| 象 山 | Xiangshan | 54 | 55 | 55 |
| 宁 海 | Ninghai | 62 | 63 | 63 |
| 余 姚 | Yuyao | 84 | 84 | 84 |
| 慈 溪 | Cixi | 104 | 105 | 105 |
| 奉 化 | Fenghua | 48 | 48 | 48 |
| 洞 头 | Dongtou | 13 | 13 | 15 |
| 平 阳 | Pingyang | 88 | 88 | 88 |
| 苍 南 | Cangnan | 132 | 133 | 133 |
| 瑞 安 | Rui'an | 122 | 123 | 123 |
| 乐 清 | Yueqing | 128 | 129 | 128 |
| 海 盐 | Haiyan | 38 | 38 | 38 |
| 海 宁 | Haining | 67 | 67 | 68 |
| 平 湖 | Pinghu | 49 | 49 | 49 |

| 沿海县<br>Coastal County | | 2013 | 2014 | 2015 |
|---|---|---|---|---|
| 越 城 | Yuecheng | | | |
| 柯 桥 | Keqiao | 64 | 65 | 65 |
| 上 虞 | Shangyu | 78 | 78 | 78 |
| 岱 山 | Daishan | 19 | 19 | 19 |
| 嵊 泗 | Shengsi | 8 | 8 | 8 |
| 玉 环 | Yuhuan | 43 | 43 | 43 |
| 三 门 | Sanmen | 44 | 44 | 44 |
| 温 岭 | Wenling | 121 | 122 | 122 |
| 临 海 | Linhai | 118 | 119 | 120 |
| | | | | |
| 福 建 | **Fujian** | 1 316 | 1 341 | 1 356 |
| 连 江 | Lianjiang | 65 | 66 | 67 |
| 罗 源 | Luoyuan | 26 | 26 | 27 |
| 平 潭 | Pingtan | 42 | 43 | 43 |
| 福 清 | Fuqing | 132 | 134 | 134 |
| 长 乐 | Changle | 70 | 71 | 71 |
| 仙 游 | Xianyou | 111 | 113 | 114 |
| 惠 安 | Hui'an | 98 | 100 | 101 |
| 金 门 | Jinmen | | | |
| 石 狮 | Shishi | 32 | 33 | 33 |
| 晋 江 | Jinjiang | 109 | 111 | 119 |
| 南 安 | Nan'an | 154 | 157 | 159 |
| 云 霄 | Yunxiao | 44 | 45 | 45 |
| 漳 浦 | Zhangpu | 87 | 89 | 90 |
| 诏 安 | Zhao'an | 62 | 65 | 65 |
| 东 山 | Dongshan | 21 | 21 | 22 |
| 龙 海 | Longhai | 84 | 85 | 86 |
| 霞 浦 | Xiapu | 54 | 55 | 54 |
| 福 安 | Fu'an | 66 | 67 | 67 |
| 福 鼎 | Fuding | 59 | 60 | 59 |

| 沿海县<br>Coastal County | | | 2013 | 2014 | 2015 |
|---|---|---|---|---|---|
| 山 东 | | **Shandong** | 1 142 | 1 138 | 1 145 |
| 胶 州 | | Jiaozhou | 82 | 82 | 83 |
| 即 墨 | | Jimo | 114 | 115 | 115 |
| 胶 南 | | Jiaonan | | | |
| 垦 利 | | Kenli | 22 | 23 | 23 |
| 利 津 | | Lijin | 30 | 28 | 30 |
| 广 饶 | | Guangrao | 50 | 51 | 52 |
| 长 岛 | | Changdao | 4 | 4 | 4 |
| 龙 口 | | Longkou | 64 | 64 | 64 |
| 莱 阳 | | Laiyang | 87 | 86 | 86 |
| 莱 州 | | Laizhou | 85 | 85 | 85 |
| 蓬 莱 | | Penglai | 45 | 45 | 45 |
| 招 远 | | Zhaoyuan | 57 | 57 | 57 |
| 海 阳 | | Haiyang | 66 | 66 | 66 |
| 寿 光 | | Shouguang | 106 | 107 | 107 |
| 昌 邑 | | Changyi | 58 | 58 | 59 |
| 文 登 | | Wendeng | 64 | 58 | 58 |
| 荣 成 | | Rongcheng | 67 | 67 | 67 |
| 乳 山 | | Rushan | 56 | 56 | 56 |
| 无 棣 | | Wudi | 46 | 47 | 48 |
| 沾 化 | | Zhanhua | 39 | 39 | 40 |
| | | | | | |
| 广 东 | | **Guangdong** | 1 639 | 1 789 | 1 858 |
| 南 澳 | | Nan'ao | 8 | 8 | 8 |
| 台 山 | | Taishan | 98 | 98 | 97 |
| 恩 平 | | Enping | 50 | 53 | 51 |
| 遂 溪 | | Suixi | 107 | 109 | 108 |
| 徐 闻 | | Xuwen | 72 | 76 | 76 |

| 沿海县<br>Coastal County | | | 2013 | 2014 | 2015 |
|---|---|---|---|---|---|
| 廉 | 江 | Lianjiang | 175 | 179 | 180 |
| 雷 | 州 | Leizhou | 172 | 177 | 177 |
| 吴 | 川 | Wuchuan | 116 | 118 | 119 |
| 电 | 白 | Dianbai | 144 | 200 | 204 |
| 惠 | 东 | Huidong | 86 | 85 | 87 |
| 海 | 丰 | Haifeng | 83 | 84 | 85 |
| 陆 | 丰 | Lufeng | 185 | 187 | 187 |
| 阳 | 西 | Yangxi | 52 | 53 | 54 |
| 阳 | 东 | Yangdong | 49 | 50 | 50 |
| 饶 | 平 | Raoping | 105 | 105 | 107 |
| 揭 | 东 | Jiedong | | 67 | 111 |
| 惠 | 来 | Huilai | 137 | 140 | 157 |
| 广 | 西 | **Guangxi** | 120 | 120 | 122 |
| 东 | 兴 | Dongxing | 14 | 106 | 107 |
| 合 | 浦 | Hepu | 106 | 14 | 15 |
| 海 | 南 | **Hainan** | 545 | 544 | 440 |
| 琼 | 海 | Qionghai | 51 | 51 | 51 |
| 儋 | 州 | Danzhou | 99 | 96 | |
| 文 | 昌 | Wenchang | 60 | 60 | 57 |
| 万 | 宁 | Wanning | 63 | 64 | 64 |
| 东 | 方 | Dongfang | 46 | 46 | 44 |
| 澄 | 迈 | Chengmai | 57 | 58 | 58 |
| 临 | 高 | Lingao | 51 | 51 | 49 |
| 昌 | 江 | Changjiang | 26 | 26 | 25 |
| 乐 | 东 | Ledong | 55 | 55 | 53 |
| 陵 | 水 | Lingshui | 37 | 37 | 39 |

注：本表各省数据为合计数。
Note: The data for the provinces are the totals.

# 10-19 沿海地区就业人员情况
## Employed Persons by Coastal Regions

单位：万人 (10 000 persons)

| 地 区<br>Region | 2014 | 2015 | 2016 |
|---|---|---|---|
| 合 计<br>**Total** | 36 259. 0 | 36 368. 9 | 36 434. 1 |
| 天 津<br>Tianjin | 877. 2 | 896. 8 | 902. 4 |
| 河 北<br>Hebei | 4 202. 7 | 4 212. 5 | 4 224. 0 |
| 辽 宁<br>Liaoning | 2 562. 2 | 2 409. 9 | 2 301. 2 |
| 上 海<br>Shanghai | 1 365. 6 | 1 361. 5 | 1 365. 2 |
| 江 苏<br>Jiangsu | 4 760. 8 | 4 758. 5 | 4 756. 2 |
| 浙 江<br>Zhejiang | 3 714. 2 | 3 733. 7 | 3 760. 0 |
| 福 建<br>Fujian | 2 648. 5 | 2 768. 4 | 2 797. 0 |
| 山 东<br>Shandong | 6 606. 5 | 6 632. 5 | 6 649. 7 |
| 广 东<br>Guangdong | 6 183. 2 | 6 219. 3 | 6 279. 2 |
| 广 西<br>Guangxi | 2 795. 0 | 2 820. 0 | 2 841. 0 |
| 海 南<br>Hainan | 543. 1 | 555. 8 | 558. 1 |

# 10-20　沿海城市城镇单位就业人员情况
## Employed Persons in Urban Units by Coastal Cities

单位：万人 (10 000 persons)

| 沿海城市<br>Coastal City | | 2013 | 2014 | 2015 |
|---|---|---|---|---|
| 合　计 | **Total** | 4 573.5 | 4 578.9 | 5 445.1 |
| 天　津 | **Tianjin** | 73.4 | | 294.8 |
| 河　北 | **Hebei** | 183.1 | 180.7 | 174.8 |
| 唐　山 | Tangshan | 96.5 | 93.7 | 89.4 |
| 秦皇岛 | Qinhuangdao | 34.2 | 33.9 | 32.8 |
| 沧　州 | Cangzhou | 52.4 | 53.1 | 52.6 |
| 辽　宁 | **Liaoning** | 301.4 | 284.9 | 266.8 |
| 大　连 | Dalian | 131.4 | 121.3 | 113.7 |
| 丹　东 | Dandong | 31.8 | 28.8 | 25.8 |
| 锦　州 | Jinzhou | 32.1 | 32.8 | 31.7 |
| 营　口 | Yingkou | 29.1 | 27.2 | 24.4 |
| 盘　锦 | Panjin | 49.8 | 48.3 | 46.4 |
| 葫芦岛 | Huludao | 27.2 | 26.5 | 24.8 |
| 上　海 | **Shanghai** | | | 637.2 |
| 江　苏 | **Jiangsu** | 321.0 | 356.8 | 346.7 |
| 南　通 | Nantong | 184.6 | 221.3 | 209.8 |
| 连云港 | Lianyungang | 47.4 | 48.2 | 47.7 |
| 盐　城 | Yancheng | 89.0 | 87.3 | 89.2 |
| 浙　江 | **Zhejiang** | 893.1 | 942.2 | 929.2 |
| 杭　州 | Hangzhou | 282.6 | 293.4 | 288.6 |
| 宁　波 | Ningbo | 171.4 | 171.7 | 166.8 |
| 温　州 | Wenzhou | 103.0 | 104.7 | 106.6 |
| 嘉　兴 | Jiaxing | 79.8 | 80.1 | 80.9 |
| 绍　兴 | Shaoxing | 135.5 | 139.7 | 138.6 |
| 舟　山 | Zhoushan | 18.5 | 45.2 | 46.6 |
| 台　州 | Taizhou | 102.3 | 107.4 | 101.1 |
| 福　建 | **Fujian** | 561.7 | 571.9 | 579.6 |
| 福　州 | Fuzhou | 142.8 | 149.2 | 156.3 |
| 厦　门 | Xiamen | 130.3 | 133.9 | 136.8 |

| 沿海城市<br>Coastal City | | 2013 | 2014 | 2015 |
|---|---|---|---|---|
| 莆 田 | Putian | 46. 6 | 49. 1 | 49. 7 |
| 泉 州 | Quanzhou | 163. 7 | 157. 1 | 150. 6 |
| 漳 州 | Zhangzhou | 50. 6 | 52. 9 | 55. 2 |
| 宁 德 | Ningde | 27. 7 | 29. 7 | 31. 0 |
| | | | | |
| 山 东 | **Shandong** | 537. 0 | 532. 9 | 527. 3 |
| 青 岛 | Qingdao | 147. 1 | 150. 1 | 150. 1 |
| 东 营 | Dongying | 48. 8 | 47. 8 | 43. 9 |
| 烟 台 | Yantai | 107. 9 | 109. 7 | 105. 2 |
| 潍 坊 | Weifang | 92. 7 | 86. 2 | 87. 0 |
| 威 海 | Weihai | 56. 0 | 56. 4 | 57. 6 |
| 日 照 | Rizhao | 32. 1 | 31. 1 | 31. 0 |
| 滨 州 | Binzhou | 52. 4 | 51. 6 | 52. 5 |
| | | | | |
| 广 东 | **Guangdong** | 1 598. 1 | 1 601. 8 | 1 580. 6 |
| 广 州 | Guangzhou | 324. 6 | 326. 4 | 320. 3 |
| 深 圳 | Shenzhen | 457. 4 | 458. 5 | 460. 0 |
| 珠 海 | Zhuhai | 74. 6 | 75. 3 | 74. 3 |
| 汕 头 | Shantou | 55. 5 | 55. 0 | 54. 7 |
| 江 门 | Jiangmen | 59. 5 | 59. 9 | 58. 3 |
| 湛 江 | Zhanjiang | 50. 3 | 51. 7 | 51. 0 |
| 茂 名 | Maoming | 44. 8 | 44. 9 | 45. 7 |
| 惠 州 | Huizhou | 86. 1 | 91. 8 | 91. 9 |
| 汕 尾 | Shanwei | 24. 9 | 24. 0 | 24. 0 |
| 阳 江 | Yangjiang | 24. 5 | 24. 5 | 23. 6 |
| 东 莞 | Dongguan | 244. 9 | 238. 7 | 232. 3 |
| 中 山 | Zhongshan | 90. 8 | 89. 5 | 82. 9 |
| 潮 州 | Chaozhou | 21. 1 | 20. 6 | 19. 8 |
| 揭 阳 | Jieyang | 39. 1 | 41. 0 | 41. 8 |
| | | | | |
| 广 西 | **Guangxi** | 44. 2 | 44. 4 | 46. 3 |
| 北 海 | Beihai | 13. 8 | 14. 4 | 14. 7 |
| 防城港 | Fangchenggang | 11. 0 | 9. 7 | 10. 8 |
| 钦 州 | Qinzhou | 19. 4 | 20. 3 | 20. 8 |
| | | | | |
| 海 南 | **Hainan** | 60. 5 | 63. 3 | 61. 8 |
| 海 口 | Haikou | 49. 4 | 51. 3 | 49. 2 |
| 三 亚 | Sanya | 11. 1 | 12. 0 | 12. 6 |

注：本表各省数据为合计数。

Note: The data for the provinces are the totals.

# 主要统计指标解释

**1. 国内(或地区)生产总值** 指一个国家（或地区）所有常驻单位在一定时期内生产活动的最终成果。国内生产总值有三种表现形态，即价值形态、收入形态和产品形态。从价值形态看，它是所有常驻单位在一定时期内生产的全部货物和服务价值超过同期中间投入的全部非固定资产货物和服务价值的差额，即所有常驻单位的增加值之和；从收入形态看，它是所有常驻单位在一定时期内创造并分配给常驻单位和非常驻单位的初次收入分配之和；从产品形态看，它是所有常驻单位在一定时期内最终使用的货物和服务价值与货物和服务净出口价值之和。在实际核算中，国内生产总值有三种计算方法，即生产法、收入法和支出法。三种方法分别从不同的方面反映国内生产总值及其构成。

**2. 三次产业** 是根据社会生产活动历史发展的顺序对产业结构的划分，产品直接取自自然界的部门称为第一产业，对初级产品进行再加工的部门称为第二产业，为生产和消费提供各种服务的部门称为第三产业。它是世界上较为通用的产业结构分类，但各国的划分不尽一致。我国的三次产业划分如下。

第一产业：是指农、林、牧、渔业。

第二产业：是指采矿业，制造业，电力、燃气及水的生产和供应业，建筑业。

第三产业：是指除第一、第二产业以外的其他行业。第三产业包括：交通运输、仓储和邮政业，信息传输、计算机服务和软件业，批发和零售业，住宿和餐饮业，金融业，房地产业，租赁和商务服务业，科学研究、技术服务和地质勘查业，水利、环境和公共设施管理业，居民服务和其他服务业，教育，卫生、社会保障和社会福利业，文化、体育和娱乐业，公共管理和社会组织，国际组织。

**3. 增加值** 是指各行各业生产经营和劳务活动的最终成果，采用生产法和收入法两种方法计算。
生产法 是从货物和服务活动在生产过程中形成的总产品入手，剔除生产过程中投入的中间产品价值，得到新增价值的方法。

收入法 又称分配法。按收入法计算国内生产总值是从生产过程创造的收入的角度对常驻单位的生产活动成果进行核算；按照此法计算，增加值由劳动者报酬、固定资产折旧、生产税净额和营业盈余四个部分组成。

**4. 年末总人口** 是指每年 12 月 31 日 24 时一定地区范围内的有生命的个人的人口总和。

**5. 财政收入** 指国家财政参与社会产品分配所取得的收入，是实现国家职能的财力保证。财政收入所包括的内容几经变化，目前主要包括：

（1）各项税收 包括增值税、营业税、消费税、土地增值税、城市维护建设税、资源税、城市土地使用税、企业所得税、个人所得税、关税、证券交易印花税、车辆购置税、农牧业税和耕地占用税等；

（2）专项收入 包括排污费收入、城市水资源费收入、矿产资源补偿费收入、教育费附加收入等；

（3）其他收入 包括利息收入、基本建设贷款归还收入、基本建设收入、捐赠收入等；

（4）国有企业亏损补贴　此项为负收入，冲减财政收入。主要包括对工业企业、商业企业、粮食企业的补贴。

**6. 财政支出**　国家财政将筹集起来的资金进行分配使用，以满足经济建设和各项事业的需要。

**7. 基本建设支出**　指按国家有关规定，属于基本建设范围内的基本建设有偿使用、拨款、资本金支出以及经国家批准对专项和政策性基建投资贷款，在部门的基建投资额中统筹支付的贴息支出。

**8. 普通高等学校**　指按照国家规定的设置标准和审批程序批准举办的，通过全国普通高等学校统一招生考试，招收高中毕业生为主要培养对象，实施高等教育的全日制大学、独立设置的学院和高等专科学校、高等职业学校和其他机构。

大学、独立设置的学院主要实施本科层次以上教育，高等专科学校、高等职业学校实施专科层次教育，其他机构是承担国家普通招生计划任务不计校数的机构。包括普通高等学校分校和批准筹建的普通高等学校等。

**9. 卫生机构**　包括医疗机构、疾病预防控制中心（防疫站）、采供血机构、卫生监督及监测（检验）机构、医学科研和在职培训机构、健康教育所等。

**10. 医疗机构**　包括医院、社区卫生服务中心（站）、疗养院、卫生院、门诊部、诊所（卫生所、医务室）、妇幼保健院（所、站）、专科疾病防治院（所、站）、急救中心（站）和临床检验中心。医疗机构分为非营利性医疗机构和营利性医疗机构。

**11. 用水总量**　指分配给各类用户的包括输水损失在内的毛用水量之和，不包括海水直接利用量。

**12. 全社会固定资产投资**　是以货币形式表现的在一定时期内全社会建造和购置固定资产的工作量以及与此有关的费用的总称。该指标是反映固定资产投资规模、结构和发展速度的综合性指标，又是观察工程进度和考核投资效果的重要依据。全社会固定资产投资按登记注册类型可分为国有、集体、个体、联营、股份制、外商、港澳台商、其他等。

**13. 进出口总额**　指实际进出我国国境的货物总金额。包括对外贸易实际进出口货物，来料加工装配进出口货物，国家间、联合国及国际组织无偿援助物资和赠送品，华侨、港澳台同胞和外籍华人捐赠品，租赁期满归承租人所有的租赁货物，进料加工进出口货物，边境地方贸易及边境地区小额贸易进出口货物（边民互市贸易除外），中外合资企业、中外合作经营企业、外商独资经营企业进出口货物和公用物品，到、离岸价格在规定限额以上的进出口货样和广告品（无商业价值、无使用价值和免费提供出口的除外），从保税仓库提取在中国境内销售的进口货物，以及其他进出口货物。该指标可以观察一个国家在对外贸易方面的总规模。我国规定出口货物按离岸价格统计，进口货物按到岸价格统计。

**14. 商品经营单位所在地进、出口额**　指在所在地海关注册登记的有进出口经营权的企业实际进、出口额。

**15. 城镇家庭可支配收入**　指家庭成员得到可用于最终消费支出和其他非义务性支出以及储蓄的总和，即居民家庭可以用来自由支配的收入。它是家庭总收入扣除交纳的所得税、个人交纳的社会保障支出以及记账补贴后的收入。计算公式为

可支配收入＝家庭总收入－交纳所得税－个人交纳的社会保障支出－记账补贴

**16. 城镇家庭消费性支出**　指家庭用于日常生活的支出，包括食品、衣着、家庭设备用品及服

务、医疗保健、交通和通信、娱乐教育文化服务、居住、杂项商品和服务等八大类支出。

**17. 总收入** 指调查期内农村住户和住户成员从各种来源渠道得到的收入总和。按收入的性质划分为工资性收入、家庭经营收入、财产性收入和转移性收入。

**18. 纯收入** 指农村住户当年从各个来源得到的总收入相应地扣除所发生的费用后的收入总和。

计算方法

纯收入=总收入-税费支出-家庭经营费用支出-生产性固定资产折旧-赠送农村亲友支出

纯收入主要用于再生产投入和当年生活消费支出，也可用于储蓄和各种非义务性支出。"农民人均纯收入"按人口平均的纯收入水平，反映的是一个地区或一个农户农村居民的平均收入水平。

**19. 人口数** 指一定时点、一定地区范围内有生命的个人总和。

年度统计的年末人口数指每年 12 月 31 日 24 时的人口数。年度统计的全国人口总数内未包括香港、澳门特别行政区和台湾省以及海外华侨人数。

**20. 城镇人口** 城镇人口是指居住在城镇范围内的全部常住人口

**21. 就业人员** 指在 16 周岁及以上，从事一定社会劳动并取得劳动报酬或经营收入的人员。这一指标反映了一定时期内全部劳动力资源的实际利用情况，是研究我国基本国情国力的重要指标。

# Explanatory Notes on Main Statistical Indicators

**1. Gross Domestic Product (GDP)** refers to the final result of the primary distribution of the income created by all the resident units of a country (or a region) during a certain period of time. Gross domestic product is expressed in three different forms, i.e. value, income, and products respectively. The form of value refers to the total value of all products and services produced by all resident units during a certain period of time minus total value of intermediate input of materials and services of the nature of non-fixed assets or the summation of the value added of all resident units: the form of income includes all the income created by all resident units and distributed primarily to all resident and non-resident units; the form of products refers to the summation of the value of the products and services finally used and the net export value of products and services by all resident units during a given period of time. In the practice of national accounting, gross domestic product is calculated with three approaches, i.e. production approach, income approach, and expenditure approach, which reflect the gross domestic product and its composition from different aspects.

**2. Three Industries** Industrial structure is classified according to the sequence of historical development of social productive activities. Primary industry refers to the extraction of natural resources; secondary industry involves processing of primary products; and tertiary industry provides services of various kinds for production and consumption. The above classification is universal in the world although it varies to some extent from country to country. The three industries in China are divided as follows.

Primary industry: refers to farming, forestry, sideline production and fishery.

Secondary industry: refers to such industries as mining, manufacturing, production and supply of electric power, fuel gas and water, and construction.

Tertiary industry: refers to all the other industries not included in the primary or secondary industries. It includes such industries as communications and transportation, storage and postal service; information transmission, computer service and software; wholesale and retailing; accommodation and catering; financial service; real estate; charter business and commercial affairs service; scientific research, technological service and geological survey; water conservancy, environmental and other public facilities management; residents service and other service trades; education, health, social security and social welfare; culture, sports and entertainment business as well as public administration and social organizations, and international organizations.

**3. Added Value**    refers to the final result of production operation and labor activities of all trades and professions, which is calculated by using the methods of production and income.

Production Method: refers to the method whereby to get the newly added value by proceeding from the gross product of goods and service activities occurring in the course of production and then rejecting the value of intermediate product input in the course of production.

Income Method: is also called the distribution method. The calculation of the gross domestic product (GDP) by the income method is the accounting of the result of productive activities of permanent units from the angle of the income created in the course of production. According to this method, the added value is composed of the payment for laborers, depreciation for fixed assets, net tax on production and business surplus.

**4. Total Population by the End of the Year**    refers to the sum of living individuals within a particular range of area at 24:00 on December 31 of each year.

**5. Government Revenue**    refers to the income obtained by the government finance through participating in the distribution of social products. It is the financial guarantee to ensure government functioning. The contents of government revenue have changed several times. Now it includes the following main items:

(1) Various tax revenues, including value added tax, business tax, consumption tax, land value-added tax, tax on city maintenance and construction, resources tax, tax on use of urban land, enterprise income tax, personal income tax, tariff, stamp tax on security transactions, tax on purchase of motor vehicles, tax on agriculture and animal husbandry and tax on occupancy of cultivated land, etc.

(2) Special revenues, including revenues from the fee on sewage treatment, fee on urban water resources, fee for the compensation of mineral resources and extra-charges for education, etc.

(3) Other revenues, including revenues from interest, repayment of capital construction loan, capital construction projects, and donations and grants.

(4) Subsidies for the losses of State-owned enterprises. This is an item of negative revenue, counteracting revenues and consisting of subsidies to industrial, commercial and grain purchasing and supply enterprises.

**6. Government Expenditure**    refers to the distribution and use of the funds which the government finance has raised, so as to meet the needs of economic construction and various causes.

**7. Expenditure for Capital Construction**    It refers to the non-gratuitous use of, appropriation of funds for and capital outlay on capital construction in the area of capital construction. It also covers the loans on capital construction approved by the government for special purposes or policy purposes and the expenditure with discount paid in an overall way within the amount of the funds appropriated to the departments for capital construction.

**8. Regular Institutions of Higher Learning**   refer to educational establishments set up according to the government evaluation and approval procedures, enrolling graduates from senior secondary schools and providing higher education courses and training for senior professionals. They include full-time universities, colleges, institutions of higher professional education, institutions of higher vocational education and others.

Universities and colleges primarily provide undergraduate courses; institutions of higher professional education and institutions of higher vocational education   primarily provide professional trainings; and others refer to educational establishments, which are responsible for enrolling higher education students under the State Plan but not enumerated in the total number of schools, including: branch schools of universities and colleges, and universities and colleges that have been approved and under plan for construction.

**9. Health Care Institutions**   include: medical institutions, disease prevention and control centres (epidemic prevention stations), blood gathering and supplying institutions, health supervision and inspection (check up) institutions, medicinal scientific research and on-job training institutions, health education centres and so on.

**10. Medical Organizations**   include: hospitals, health service centres (stations) in communities, sanatoria, health centres, out-patient clinics, clinics (health stations and infirmaries), maternity and child care agencies (centres and stations), special disease prevention and curing agencies (centres and stations), first aid centres (stations) and clinical inspection centres. Medical organizations are grouped by two types: profit-making and non-profit-making medical organizations.

**11. Gross Amount of Water Used**   refers to gross water use distributed to users, including loss during transportation, broken down into use by agriculture, industry, living consumption and ecological protection.

**12. Total Investment in Fixed Assets in the Whole Country**   refers to the volume of activities in construction and purchases of fixed assets of the whole country and related fees, expressed in monetary terms during the reference period. It is a comprehensive indicator which shows the size, structure and growth of the investment in fixed assets, providing a basis for observing the progress of construction projects and evaluating results of investment. Total investment in fixed assets in the whole country includes, by type of ownership, the investment by State-owned units, collective-owned units, individuals, joint ownership units, share-holding units, as well as investments by entrepreneurs from foreign countries and from Hong Kong, Macao and Taiwan, and by other units.

**13. Total Imports and Exports at Customs**   refer to the real value of commodities imported and exported across the border of China. They include the actual imports and exports through foreign trade, imported and exported goods under the processing and assembling trades and materials, supplies and gifts as aid given gratis between governments and by the United Nations and other international organizations, and contributions donated by overseas Chinese compatriots in Hong Kong and Macao and Chinese with foreign citizenship, leasing commodities owned by tenant at the expiration of leasing period, the imported and exported commodities processed with imported materials, commodities trading in border areas (excluding mutual exchange goods), the imported and exported commodities and articles for public use of the Sino-foreign joint ventures, cooperative enterprises and ventures with sole foreign investment. Also included is the import or export of samples and advertising goods for which the CIF or FOB value is beyond the permitted ceiling (excluding goods of no trading or use value and free commodities for export), imported goods sold in China from bonded warehouses and other imported or exported goods. The indicator of the total imports and exports at customs can be used to observe the total size of external trade in a country. In accordance with the stipulation of the Chinese government, imports are calculated at CIF, while exports are calculated at FOB.

**14. Import-Export Value by Location of China's Foreign Trade Managing Units** refers to actual value of imports and exports carried out by corporations which have been registered by the local customs house and are vested with right to run import export business.

**15. Disposable Income of Urban Households** refers to the actual income at the disposal of members of the households which can be used for final consumption, other non-compulsory expenditure and savings. This equals to total income minus income tax, personal contribution to social security and subsidy for keeping diaries in being a sample household. The following formula is used:

Disposable income = total household income − income tax − personal contribution to social security-subsidy for keeping diaries for a sampled household

**16. Consumption Expenditure of Urban Households** refers to total expenditure of households for consumption in daily life, including expenditure on the eight categories of food; clothing; household appliances and services; health care and medical services; transport and communications; recreation, education and cultural services; housing; and miscellaneous goods and services.

**17. Total Income** refers to the sum of income earned from various sources by the rural households and their members during the reference period, and is classified as income from wages and salaries, household operations, properties and transfers.

**18. Net Income** refers to the total income of rural households from all sources minus all corresponding expenses. The formula for calculation is as follows:

Net income = total income − taxes and fees paid − household operation expenses − taxes and fees − depreciation of fixed assets for production − gifts to non-rural relatives

Net income is mainly used as input for reinvestment in production and as consumption expenditure of the year, and also used for savings and non-compulsory expenses of various forms. "Per capita net income of farmers" is the level of net income averaged by population, reflecting the average income level of rural households in a given area.

**19. Total Population** refers to the total number of people alive at a certain point of time within a given area.

The annual statistics on total population is taken at midnight, the 31st of December, not including residents in Taiwan province, Hong Kong and Macao and overseas Chinese.

**20. Urban Population** refers to all people residing in cities and towns.

**21. Employed Persons** refers to persons aged 16 and over who are engaged in gainful employment and thus receive remuneration payment or earn business income. This indicator reflects the actual utilization of total labour force during a certain period of time and is often used for the research on China's economic situation and national power.

# 11

# 世界海洋经济统计资料（部分）
# World's Marine Economic
# Statistics Data (Part)

# 11-1　世界海洋面积（2010年）
# World Ocean Area, 2010

| 区　域<br>Region | 海洋面积<br>（平方千米）<br>Ocean Area (km²) | 占世界海洋面积的比重（%）<br>Proportion in the World Ocean<br>Area (%) | 占地球表面面积的比重（%）<br>Proportion in the Earth's Surface<br>Area (%) |
|---|---|---|---|
| 合　计<br>Total | 361 000 000 | 100.0 | 70.8 |
| 太　平　洋<br>Pacific Ocean | 178 334 000 | 49.4 | 35.0 |
| 大　西　洋<br>Atlantic Ocean | 91 694 000 | 25.4 | 18.0 |
| 印　度　洋<br>Indian Ocean | 76 171 000 | 21.1 | 14.9 |
| 北　冰　洋<br>Arctic Ocean | 14 801 000 | 4.1 | 2.9 |

资料来源：《2011国际统计年鉴》。
Data Source: *International Statistical Yearbook 2011* .

# 11-2 主要沿海国家（地区）海岸线长度
## Length of Coastline of Major Coastal Countries (Areas)

单位：千米 (km)

| 国家或地区<br>Country or Area | 海岸线长度<br>Length of Coastline |
|---|---|
| 中国 China | 32 000 |
| 美国 United States | 22 680 |
| 日本 Japan | 30 000 |
| 德国 Germany | 1 300 |
| 英国 United Kingdom | 11 450 |
| 法国 France | 3 000 |
| 意大利 Italy | 7 000 |
| 加拿大 Canada | 20 000 |
| 澳大利亚 Australia | 20 125 |
| 俄罗斯 Russia | 34 000 |
| 波兰 Poland | 491 |
| 印度 India | 6 083 |
| 印度尼西亚 Indonesia | 35 000 |
| 菲律宾 Philippines | 18 533 |
| 泰国 Thailand | 3 219 |
| 马来西亚 Malaysia | 4 675 |
| 新加坡 Singapore | 193 |
| 缅甸 Myanmar | 3 060 |
| 孟加拉国 Bangladesh | 580 |
| 土耳其 Turkey | 7 200 |
| 韩国 Korea, Rep. | 2 413 |
| 埃及 Egypt | 2 450 |
| 墨西哥 Mexico | 9 330 |
| 巴西 Brazil | 7 400 |
| 阿根廷 Argentina | 4 989 |

# 11-3  主要沿海国家（地区）国土面积和人口
# Surface Area and Population of Major Coastal Countries (Areas)

| 国家或地区<br>Country or Area | 国土面积（万平方千米）<br>Area of Territory<br>(10 000 km²) | 年中人口（万人）<br>Mid-year Population<br>(10 000 persons) | 人口密度 （人/平方千米）<br>Population Density<br>(persons per km²) |
|---|---|---|---|
| 世界总计 **World Total** | 13 432.5 | 744 214 | 57 |
| 中国 China | 960.0 | 137 867 | 147 |
| 文莱 Brunei Darsm | 0.6 | 42 | 80 |
| 柬埔寨 Cambodia | 18.1 | 1 576 | 89 |
| 印度 India | 298.0 | 132 417 | 445 |
| 印度尼西亚 Indonesia | 191.1 | 26 112 | 144 |
| 日本 Japan | 37.8 | 12 699 | 348 |
| 韩国 Korea, Rep. | 10.0 | 5 125 | 526 |
| 马来西亚 Malaysia | 33.1 | 3 119 | 95 |
| 缅甸 Myanmar | 67.7 | 5 289 | 81 |
| 菲律宾 Philippines | 30.0 | 10 332 | 347 |
| 新加坡 Singapore | 0.1 | 561 | 7 909 |
| 泰国 Thailand | 51.3 | 6 886 | 135 |
| 越南 Viet Nam | 33.1 | 9 270 | 299 |
| 埃及 Egypt | 100.2 | 9 569 | 96 |
| 南非 South Africa | 121.9 | 5 591 | 46 |
| 加拿大 Canada | 998.5 | 3 629 | 4 |
| 墨西哥 Mexico | 196.4 | 12 754 | 66 |
| 美国 United States | 983.2 | 32 313 | 35 |
| 阿根廷 Argentina | 278.0 | 4 385 | 16 |
| 巴西 Brazil | 851.6 | 20 765 | 25 |
| 法国 France | 54.9 | 6 690 | 122 |
| 德国 Germany | 35.7 | 8 267 | 237 |
| 意大利 Italy | 30.1 | 6 060 | 206 |
| 俄罗斯 Russia | 1 709.8 | 14 434 | 9 |
| 西班牙 Spain | 50.6 | 4 644 | 93 |
| 土耳其 Turkey | 78.5 | 7 951 | 103 |
| 乌克兰 Ukraine | 60.4 | 4 500 | 78 |
| 英国 United Kingdom | 24.4 | 6 564 | 271 |
| 澳大利亚 Australia | 774.1 | 2 413 | 3 |
| 新西兰 New Zealand | 26.8 | 469 | 18 |

资料来源：世界银行WDI数据库。

Data Source: *World Bank WDI Database.*

# 11-4 主要沿海国家（地区）国内生产总值
## Gross Domestic Product of Major Coastal Countries (Areas)

| 国家或地区<br>Country or Area | 国内生产总值<br>（亿美元）<br>GDP<br>(100 million USD) | 人均国内生产总值<br>（美元）<br>GNI per Captia<br>(current USD) | 国内生产总值增长率<br>（%）<br>Growth Rate of GDP<br>(%) |
|---|---|---|---|
| 中国 China | 111 991 | 8 123 | 6.7 |
| 中国香港 Hong Kong, China | 3 209 | 43 681 | 2.1 |
| 文莱 Brunei Darsm | 114 | 26 939 | -2.5 |
| 柬埔寨 Cambodia | 200 | 1 270 | 6.9 |
| 印度 India | 22 635 | 1 709 | 7.1 |
| 印度尼西亚 Indonesia | 9 323 | 3 570 | 5.0 |
| 日本 Japan | 49 394 | 38 894 | 1.0 |
| 韩国 Korea, Rep. | 14 112 | 27 539 | 2.8 |
| 马来西亚 Malaysia | 2 964 | 9 503 | 4.2 |
| 菲律宾 Philippines | 3 049 | 2 951 | 6.9 |
| 新加坡 Singapore | 2 970 | 52 961 | 2.0 |
| 泰国 Thailand | 4 068 | 5 908 | 3.2 |
| 越南 Viet Nam | 2 026 | 2 186 | 6.2 |
| 埃及 Egypt | 3 363 | 3 514 | 4.3 |
| 南非 South Africa | 2 948 | 5 274 | 0.3 |
| 加拿大 Canada | 15 298 | 42 158 | 1.5 |
| 墨西哥 Mexico | 10 460 | 8 201 | 2.3 |
| 美国 United States | 185 691 | 57 467 | 1.6 |
| 阿根廷 Argentina | 5 459 | 12 449 | -2.3 |
| 巴西 Brazil | 17 962 | 8 650 | -3.6 |
| 法国 France | 24 655 | 36 855 | 1.2 |
| 德国 Germany | 34 668 | 41 936 | 1.9 |
| 意大利 Italy | 18 500 | 30 527 | 0.9 |
| 荷兰 Netherlands | 7 708 | 45 295 | 2.1 |
| 波兰 Poland | 4 695 | 12 372 | 2.7 |
| 俄罗斯 Russia | 12 832 | 8 748 | -0.2 |
| 西班牙 Spain | 12 321 | 26 528 | 3.2 |
| 土耳其 Turkey | 8 577 | 10 788 | 2.9 |
| 乌克兰 Ukraine | 933 | 2 186 | 2.3 |
| 英国 United Kingdom | 26 189 | 39 899 | 1.8 |
| 澳大利亚 Australia | 12 046 | 49 928 | 2.8 |

资料来源：世界银行WDI数据库。

Data Source: *World Bank WDI Database.*

## 11-5　主要沿海国家（地区）国内生产总值产业构成
# Industrial Composition of GDP of Major Coastal Countries (Areas) by Industry

| 国家或地区<br>Country or Area | 国内生产总值产业构成（%）<br>Industrial Structure of GDP (%) | | |
| --- | --- | --- | --- |
| | 第一产业<br>Primary Industry | 第二产业<br>Secondary Industry | 第三产业<br>Tertiary Industry |
| 世界 **World** | 3. 8 ① | 27. 1 ① | 69. 0 ① |
| 中国 China | 8. 6 | 39. 8 | 51. 6 |
| 中国香港 Hong Kong,China | 0. 1 ① | 7. 3 ① | 92. 4 ① |
| 文莱 Brunei Darsm | 1. 2 | 57. 3 | 41. 5 |
| 柬埔寨 Cambodia | 26. 7 | 31. 7 | 41. 6 |
| 印度 India | 17. 4 | 28. 8 | 53. 8 |
| 印度尼西亚 Indonesia | 13. 5 | 39. 3 | 43. 7 |
| 日本 Japan | 1. 1 ① | 28. 9 ① | 70. 0 ① |
| 韩国 Korea, Rep. | 2. 2 | 38. 6 | 59. 2 |
| 马来西亚 Malaysia | 8. 6 | 35. 7 | 55. 7 |
| 缅甸 Myanmar | 28. 2 | 29. 5 | 42. 3 |
| 菲律宾 Philippines | 9. 7 | 30. 8 | 59. 5 |
| 新加坡 Singapore | | 26. 2 | 73. 8 |
| 斯里兰卡 Sri Lanka | 8. 2 | 29. 6 | 62. 2 |
| 泰国 Thailand | 8. 3 | 35. 8 | 55. 8 |
| 越南 Viet Nam | 18. 1 | 36. 4 | 45. 5 |
| 埃及 Egypt | 11. 9 | 32. 9 | 55. 2 |
| 南非 South Africa | 2. 4 | 28. 9 | 68. 6 |
| 加拿大 Canada | 1. 8 ② | 28. 8 ② | 69. 3 ② |
| 墨西哥 Mexico | 3. 8 | 32. 7 | 63. 5 |
| 美国 United States | 1. 1 ① | 20. 0 ① | 78. 9 ① |
| 阿根廷 Argentina | 7. 6 | 26. 7 | 65. 8 |
| 巴西 Brazil | 5. 5 | 21. 2 | 73. 3 |
| 法国 France | 1. 5 | 19. 4 | 79. 2 |
| 德国 Germany | 0. 6 | 30. 5 | 68. 9 |
| 意大利 Italy | 2. 1 | 24. 1 | 73. 8 |
| 荷兰 Netherlands | 1. 8 | 19. 7 | 78. 5 |
| 俄罗斯 Russia | 4. 7 | 32. 4 | 62. 8 |
| 西班牙 Spain | 2. 6 | 23. 4 | 74. 1 |
| 土耳其 Turkey | 6. 9 | 32. 4 | 60. 7 |
| 英国 United Kingdom | 0. 6 | 19. 2 | 80. 2 |
| 澳大利亚 Australia | 2. 6 | 24. 3 | 73. 1 |
| 新西兰 New Zealand | 6. 8 ③ | 21. 8 ③ | 71. 4 ③ |

注：①2015年数据。②2013年数据。③2014年数据。

资料来源：世界银行WDI数据库。

Note: ①Data for 2015. ②Data for 2013. ③Data for 2014.

Data Source: *World Bank WDI Database.*

# 11-6 主要沿海国家（地区）就业人数
## Employment in the Major Coastal Countries (Areas)

单位：万人 (10 000 persons)

| 国家或地区<br>Country or Area | 2000 | 2005 | 2010 | 2013 | 2014 | 2015 |
|---|---|---|---|---|---|---|
| 中国 China | 72 085 | 74 647 | 76 105 | 76 977 | 77 253 | 77 451 |
| 中国香港 Hong Kong,China | 321 | 334 | 347 | 373 | 375 | 378 |
| 印度 India | 33 020 | 37 199 | 37 429 | | | |
| 印度尼西亚 Indonesia | 8 984 | 9 536 | 10 959 | 11 276 | 11 463 | 11 482 |
| 以色列 Israel | 222 | 249 | 294 | 345 | 356 | 364 |
| 日本 Japan | 6 446 | 6 356 | 6 298 | 6 311 | 6 351 | 6 376 |
| 韩国 Korea, Rep. | 2 116 | 2 286 | 2 383 | 2 507 | 2 560 | 2 594 |
| 马来西亚 Malaysia | 932 | 1 005 | 1 178 | 1 321 | 1 353 | 1 407 |
| 菲律宾 Philippines | 2 745 | 3 231 | 3 604 | 3 792 | 3 865 | 3 874 |
| 新加坡 Singapore | 209 | 165 | 306 | 206 | 210 | 215 |
| 斯里兰卡 Sri Lanka | 631 | 752 | 771 | 842 | 842 | 855 |
| 泰国 Thailand | 3 300 | 3 630 | 3 804 | 3 911 | 3 842 | 3 802 |
| 越南 Viet Nam | 3 837 | 4 253 | 4 949 | 5 221 | 5 274 | 5 291 |
| 埃及 Egypt | 1 720 | 1 934 | 2 383 | 2 397 | 2 430 | 2 478 |
| 南非 South Africa | 1 224 | 1 230 | 1 379 | 1 487 | 1 532 | 1 574 |
| 加拿大 Canada | 1 476 | 1 612 | 1 696 | 1 769 | 1 780 | 1 795 |
| 墨西哥 Mexico | 3 373 | 4 079 | 4 612 | 4 928 | 4 737 | 5 031 |
| 美国 United States | 13 689 | 14 173 | 13 906 | 14 393 | 14 631 | 14 883 |
| 阿根廷 Argentina | 826 | 964 | 1 516 | 1 094 | 1 569 | |
| 巴西 Brazil | 6 563 | 1 955 | 2 202 | 9 666 | 9 945 | 2 308 |
| 委内瑞拉 Venezuela | 896 | 1 073 | 1 207 | 1 295 | 1 319 | 1 321 |
| 法国 France | 2 312 | 2 498 | 2 573 | 2 578 | 2 640 | 2 642 |
| 德国 Germany | 3 632 | 3 636 | 3 799 | 3 953 | 3 987 | 4 021 |
| 意大利 Italy | 2 093 | 2 241 | 2 253 | 2 219 | 2 228 | 2 246 |
| 荷兰 Netherlands | 786 | 811 | 837 | 829 | 824 | 832 |
| 波兰 Poland | 1 452 | 1 412 | 1 547 | 1 557 | 1 586 | 1 608 |
| 俄罗斯 Russia | 6 507 | 6 817 | 6 980 | 7 139 | 7 154 | 7 232 |
| 西班牙 Spain | 1 544 | 1 921 | 1 872 | 1 714 | 1 734 | 1 787 |
| 土耳其 Turkey | 2 158 | 2 205 | 2 259 | 2 552 | 2 593 | 2 662 |
| 乌克兰 Ukraine | 2 018 | 2 068 | 2 027 | 2 040 | 1 807 | 1 644 |
| 英国 United Kingdom | 2 726 | 2 874 | 2 912 | 2 995 | 3 067 | 3 120 |
| 澳大利亚 Australia | 886 | 985 | 1 099 | 1 143 | 1 154 | 1 177 |
| 新西兰 New Zealand | 178 | 208 | 218 | 226 | 231 | 236 |

资料来源：联合国ILO数据库。

Data Source: *ILO Database.*

# 11-7  主要沿海国家（地区）鱼类产量（2015年）
# Fish Yields of Major Coastal Countries (Areas), 2015

单位：万吨 (10 000 tons)

| 国家或地区<br>Country or Area | 鱼类产量<br>Output of Total Fishes | 海域鱼类产量<br>Ocean Area |
|---|---|---|
| 中国 China | 4 104.1 | 1 220.8 |
| 印度 India | 876.8 | 285.0 |
| 印度尼西亚 Indonesia | 944.4 | 606.6 |
| 缅甸 Myanmar | 286.8 | 106.3 |
| 俄罗斯 Russia | 443.5 | 401.6 |
| 美国 United States | 434.2 | 414.6 |
| 越南 Viet Nam | 480.8 | 226.2 |
| 日本 Japan | 313.9 | 308.3 |
| 孟加拉国 Bangladesh | 345.4 | 65.1 |
| 菲律宾 Philippines | 263.2 | 219.2 |
| 泰国 Thailand | 182.4 | 125.7 |
| 马来西亚 Malaysia | 143.9 | 132.2 |
| 巴西 Brazil | 111.6 | 41.3 |
| 墨西哥 Mexico | 121.0 | 99.7 |
| 埃及 Egypt | 148.9 | 8.4 |
| 韩国 Korea, Rep. | 123.5 | 120.9 |
| 西班牙 Spain | 95.9 | 93.8 |
| 尼日利亚 Nigeria | 98.5 | 33.1 |
| 南非 South Africa | 55.7 | 55.5 |
| 英国 United Kingdom | 74.7 | 73.5 |
| 柬埔寨 Cambodia | 71.6 | 8.9 |
| 土耳其 Turkey | 61.7 | 48.3 |
| 阿根廷 Argentina | 51.2 | 49.0 |
| 加拿大 Canada | 55.1 | 51.4 |
| 斯里兰卡 Sri Lanka | 49.2 | 40.1 |
| 新西兰 New Zealand | 41.9 | 41.7 |
| 法国 France | 45.7 | 41.0 |
| 荷兰 Netherlands | 36.3 | 35.5 |

资料来源：联合国FAO数据库。

Data Source: *FAO Database*.

# 11-8  国家保护区面积和鱼类濒危物种
# Area of National Nature Reserves and Endangered Species of Fish

| 国家或地区<br>Country or Area | 国家保护区① National Protected | | 鱼类濒危物种<br>（种）<br>Endangered Species<br>of Fish<br>(number) |
|---|---|---|---|
| | 陆地保护区面积<br>占陆地面积比重<br>Terrestrial Protected Areas<br>(% of Total Land Area) | 海洋保护区面积<br>占领海面积比重<br>Marine Protected Areas<br>(% of Territorial Waters) | |
| 中国  China | 17.0 | 2.3 | 133 |
| 中国香港  Hong Kong, China | 41.8 | | 13 |
| 孟加拉国  Bangladesh | 4.6 | 2.5 | 27 |
| 文莱  Brunei Darsm | 44.1 | 1.5 | 12 |
| 柬埔寨  Cambodia | 26.0 | 0.5 | 47 |
| 印度  India | 5.4 | 2.1 | 222 |
| 印度尼西亚  Indonesia | 14.7 | 5.8 | 158 |
| 伊朗  Iran | 7.3 | 2.2 | 43 |
| 日本  Japan | 19.4 | 5.1 | 77 |
| 韩国  Korea, Rep. | 7.6 | 4.3 | 25 |
| 马来西亚  Malaysia | 18.4 | 2.3 | 83 |
| 菲律宾  Philippines | 11.0 | 2.5 | 87 |
| 新加坡  Singapore | 5.8 | 1.5 | 27 |
| 斯里兰卡  Sri Lanka | 23.2 | 1.3 | 54 |
| 泰国  Thailand | 18.8 | 5.2 | 106 |
| 越南  Viet Nam | 6.5 | 1.8 | 80 |
| 埃及  Egypt | 11.2 | 13.2 | 51 |
| 尼日利亚  Nigeria | 14.2 | 0.2 | 71 |
| 南非  South Africa | 8.9 | 13.4 | 107 |
| 加拿大  Canada | 9.4 | 1.4 | 43 |
| 墨西哥  Mexico | 12.9 | 19.0 | 179 |
| 美国  United States | 13.9 | 31.7 | 249 |
| 阿根廷  Argentina | 6.8 | 8.9 | 39 |
| 巴西  Brazil | 28.4 | 20.5 | 86 |
| 委内瑞拉  Venezuela | 53.9 | 16.8 | 43 |
| 法国  France | 25.3 | 62.9 | 52 |
| 德国  Germany | 37.4 | 64.8 | 24 |
| 意大利  Italy | 21.5 | 20.1 | 51 |
| 荷兰  Netherlands | 11.6 | 57.7 | 15 |
| 波兰  Poland | 30.0 | 52.7 | 8 |
| 俄罗斯  Russia | 11.4 | 11.5 | 39 |
| 西班牙  Spain | 28.0 | 7.5 | 78 |
| 土耳其  Turkey | 0.2 | 0.4 | 131 |
| 乌克兰  Ukraine | 4.0 | 10.7 | 24 |
| 英国  United Kingdom | 28.4 | 17.2 | 47 |
| 澳大利亚  Australia | 14.6 | 48.5 | 118 |
| 新西兰  New Zealand | 32.5 | 12.5 | 34 |

注：①2014年数据。
资料来源：世界银行WDI数据库。
Note: ①Data refer to 2014.
Data Source: *World Bank WDI Database.*

# 11-10 主要沿海国家（地区）捕捞产量
## Fishing Yields in the Major Coastal Countries (Areas)

单位：吨 (t)

| 国家或地区<br>Country or Area | 2014 | 2015 |
|---|---|---|
| 世界总计 World Total | 93 445 234 | 92 630 460 |
| 中国 China | 17 106 547 | 17 591 299 |
| 秘鲁 Peru | 3 573 371 | 4 824 050 |
| 印度尼西亚 Indonesia | 6 436 715 | 6 485 320 |
| 美国 United States | 4 975 947 | 5 038 791 |
| 印度 India | 4 982 088 | 4 843 388 |
| 俄罗斯 Russia | 4 259 055 | 4 457 138 |
| 日本 Japan | 3 641 494 [1] | 3 460 168 [1] |
| 缅甸 Myanmar | 1 970 550 [1] | 1 953 510 [1] |
| 智利 Chile | 2 175 486 | 1 786 633 |
| 越南 Viet Nam | 2 694 641 | 2 757 314 |
| 菲律宾 Philippines | 2 246 299 | 2 151 502 |
| 挪威 Norway | 2 301 697 | 2 293 698 |
| 泰国 Thailand | 1 670 035 | 1 693 050 |
| 韩国 Korea, Rep. | 1 736 346 | 1 648 993 |
| 孟加拉国 Bangladesh | 1 591 190 | 1 623 837 |
| 墨西哥 Mexico | 1 519 864 | 1 467 203 |
| 马来西亚 Malaysia | 1 464 646 | 1 491 974 |
| 冰岛 Iceland | 1 076 769 | 1 317 349 |
| 西班牙 Spain | 1 061 496 | 973 240 |
| 摩洛哥 Morocco | 1 365 149 | 1 364 643 |
| 中国台湾 Taiwan China | 1 068 415 | 987 873 |
| 加拿大 Canada | 862 365 | 851 119 |
| 巴西 Brazil | 767 026 | 700 000 |
| 阿根廷 Argentina | 829 935 | 814 300 |
| 南非 South Africa | 596 040 | 564 969 [1] |
| 尼日利亚 Nigeria | 759 828 | 710 331 |
| 英国 United Kingdom | 755 690 | 705 245 |
| 柬埔寨 Cambodia | 625 255 | 608 193 |
| 伊朗 Iran | 627 180 | 637 779 |
| 丹麦 Denmark | 745 146 | 869 066 |
| 斯里兰卡 Sri Lanka | 527 883 | 506 636 |
| 新西兰 New Zealand | 442 088 | 432 660 |
| 土耳其 Turkey | 302 214 | 431 909 |
| 法国 France | 496 304 | 485 342 |
| 埃及 Egypt | 344 791 | 344 112 |
| 荷兰 Netherlands | 371 367 | 384 476 |
| 委内瑞拉 Venezuela | 209 708 | 240 780 |
| 德国 Germany | 242 743 | 261 744 |

注：捕捞品种包括鱼类、甲壳类、软体类等水生动物。①为联合国粮农组织估算值。
资料来源：《渔业和水产养殖统计年鉴》，联合国粮农组织，2015年。
Note: The fished species include fish, crustacea, mollusc and aquatic animals.

　　① It is estimated by FAO from available sources of information or calculation.
Source: *Fishery and Aquaculture Statistical Yearbook, FAO, 2015.*

# 11-9 主要沿海国家（地区）风力发电量
## Wind-Power Capacities of Major Coastal Countries (Areas)

单位：百万千瓦·时                                                                (million kilowatt-hours)

| 国家或地区<br>Country or Area | 2007 | 2008 | 2009 | 2010 | 2011 | 2013 | 2014 |
|---|---|---|---|---|---|---|---|
| 中国 China | | 13 079 | 46 096 | 44 622 | 70 331 | 141 197 | 156 078 |
| 伊朗 Iran | 143 | 196 | 224 | | | 376 | 358 |
| 以色列 Israel | 1 | 9 | 9 | 8 | | 6 | 6 |
| 日本 Japan | 2 624 | 2 623 | 2 949 | 3 962 | 7 | 5 201 | 5 038 |
| 韩国 Korea, Rep | 376 | 436 | 685 | 817 | 863 | 1 149 | 1 146 |
| 马来西亚 Malaysia | | | | | | | |
| 巴基斯坦 Pakistan | | | | | | | 397 |
| 菲律宾 Philippines | 59 | 61 | 64 | 62 | 88 | 66 | 152 |
| 新加坡 Singapore | | | | | | | |
| 斯里兰卡 Sri Lanka | 2 | 3 | 3 | 53 | 92 | 236 | 273 |
| 泰国 Thailand | | | | 3 | 3 | 305 | 305 |
| 越南 Viet Nam | | | | | | 90 | 300 |
| 埃及 Egypt | 831 | 931 | 1 133 | 1 498 | 1 525 | 1 332 | 1 315 |
| 尼日利亚 Nigeria | | | | | | | |
| 南非 South Africa | 32 | 32 | 32 | 32 | 103 | 37 | 1 070 |
| 加拿大 Canada | 3 024 | 3 819 | 4 573 | 9 557 | 10 187 | 11 594 | 22 538 |
| 墨西哥 Mexico | 262 | 269 | 596 | 1 239 | 1 648 | 4 185 | 6 426 |
| 美国 United States | 34 603 | 55 696 | 74 226 | 95 148 | 120 854 | 169 713 | 183 892 |
| 阿根廷 Argentina | 61 | 42 | 36 | 25 | 26 | 461 | 730 |
| 巴西 Brazil | | | | | 2 705 | 6 579 | 12 211 |
| 委内瑞拉 Venezuela | | | | | | | |
| 法国 France | 4 052 | 5 689 | 7 891 | 9 969 | 12 052 | 16 033 | 17 249 |
| 德国 Germany | 39 713 | 40 574 | 38 639 | 37 793 | 48 883 | 51 708 | 57 357 |
| 意大利 Italy | 4 034 | 4 861 | 6 543 | 9 126 | 9 856 | 14 897 | 15 178 |
| 荷兰 Netherlands | 3 438 | 4 260 | 4 581 | 3 993 | 5 100 | 5 627 | 5 797 |
| 波兰 Poland | 522 | 837 | 1 077 | 1 664 | 3 205 | 6 004 | 7 676 |
| 俄罗斯 Russia | 7 | 5 | 4 | 4 | 5 | 5 | 96 |
| 西班牙 Spain | 27 509 | 32 203 | 37 773 | 44 165 | 42 918 | 53 903 | 52 013 |
| 土耳其 Turkey | 355 | 847 | 1 495 | 2 916 | 4 723 | 7 557 | 8 520 |
| 乌克兰 Ukraine | 45 | 45 | 43 | 50 | 89 | 639 | 1 130 |
| 英国 United Kingdom | 5 274 | 7 097 | 9 304 | 10 183 | 15 509 | 28 434 | 32 015 |
| 澳大利亚 Australia | 2 611 | 3 941 | 3 806 | 4 798 | 5 807 | 7 328 | 10 252 |
| 新西兰 New Zealand | 937 | 1 057 | 1 471 | 1 634 | 1 952 | 2 020 | 2 214 |

资料来源：联合国ESD数据库。

Data Source: UN ESD Database.

# 11-11 主要沿海国家（地区）水产养殖产量
## Aquaculture Production in the Major Coastal Countries (Areas)

单位：吨 (t)

| 国家或地区<br>Country or Area | 2014 | 2015 |
|---|---|---|
| 世界总计 **World Total** | 73 783 725 | 76 599 902 |
| 中国 China | 45 468 960 | 47 610 040 |
| 印度 India | 4 881 019 | 5 235 017 |
| 越南 Viet Nam | 3 397 064 | 3 438 378 |
| 印度尼西亚 Indonesia | 4 253 896 | 4 342 465 |
| 孟加拉国 Bangladesh | 1 956 925 | 2 060 408 |
| 挪威 Norway | 1 332 497 | 1 380 839 |
| 泰国 Thailand | 897 863 | 897 096 |
| 智利 Chile | 1 214 523 | 1 045 790 |
| 埃及 Egypt | 1 137 091 | 1 174 831 |
| 缅甸 Myanmar | 962 156 | 997 306 |
| 菲律宾 Philippines | 788 029 | 781 798 |
| 巴西 Brazil | 563 452 | 574 530 |
| 日本 Japan | 647 913 | 703 915 |
| 韩国 Korea, Rep. | 480 394 | 479 360 |
| 美国 United States | 425 870 | 425 973 |
| 中国台湾 Taiwan China | 340 415 | 313 372 |
| 伊朗 Iran | 320 174 | 346 118 |
| 马来西亚 Malaysia | 275 682 | 246 205 |
| 西班牙 Spain | 282 238 | 289 820 |
| 尼日利亚 Nigeria | 313 231 | 316 727 |
| 土耳其 Turkey | 234 302 | 238 964 |
| 法国 France | 204 000 | 206 500 |
| 英国 United Kingdom | 214 707 | 206 834 |
| 加拿大 Canada | 139 732 | 187 374 |
| 意大利 Italy | 162 550 | |
| 俄罗斯 Russia | 161 214 | 151 207 |
| 墨西哥 Mexico | 194 224 | 211 562 |

注：养殖品种包括鱼类、甲壳类、软体类等水生动物。

资料来源：《渔业和水产养殖统计年鉴》，联合国粮农组织，2015年。

Note: The cultivated varieties includes fish, crustacea, mollusc and other aquatic animals.

Source: *Fishery and Aquaculture Statistical Yearbook, FAO, 2015.*

## 11-12 主要沿海国家（地区）石油主要指标
### Main Oil Indicators of Major Coastal Countries (Areas)

| 国家或地区<br>Country or Area | 原油探明储量（亿桶）<br>Crude Oil Proved Reserves<br>(100 million Barrels) | 石油存量（万桶）[1]<br>Total Petroleum Stocks<br>(10 000 Barrels) |
|---|---|---|
| 中国 China | 250 | |
| 孟加拉国　Bangladesh | | |
| 文莱　Brunei Darsm | | |
| 印度　India | | |
| 印度尼西亚　Indonesia | | |
| 伊朗　Iran | 1 580 | |
| 以色列　Israel | | |
| 日本　Japan | | 57 600 |
| 韩国　Korea, Rep. | | 18 400 |
| 马来西亚　Malaysia | | |
| 缅甸　Myanmar | 150 | |
| 巴基斯坦　Pakistan | | |
| 菲律宾　Philippines | | |
| 泰国　Thailand | | |
| 越南　Viet Nam | | |
| 埃及　Egypt | | |
| 尼日利亚　Nigeria | 370 | |
| 南非　South Africa | | |
| 加拿大　Canada | 1 710 | 19 300 |
| 墨西哥　Mexico | 97 | 5 300 |
| 美国　United States | 350 | 185 600 |
| 阿根廷　Argentina | | |
| 巴西　Brazil | 160 | |
| 委内瑞拉　Venezuela | 3 000 | |
| 法国　France | 160 | 16 800 |
| 德国　Germany | | 28 900 |
| 意大利　Italy | | 11 900 |
| 荷兰　Netherlands | | 12 300 |
| 波兰　Poland | | 6 000 |
| 俄罗斯　Russia | 800 | |
| 西班牙　Spain | | 12 100 |
| 土耳其　Turkey | | 6 200 |
| 乌克兰　Ukraine | | |
| 英国　United Kingdom | | 7 900 |
| 澳大利亚　Australia | | 3 600 |
| 新西兰　New Zealand | 350 | 830 |

注：①2014年数据。
　　资料来源：美国能源署。
Note: ①Data refer to 2014.
Data Source: U. S.Energy Information Administration.

# 11-13 万美元国内生产总值能耗
# Energy Use per Ten Thousand USD of GDP

单位：吨标准油/万美元      (ton of oil equivalent per 10 000 USD)

| 国家或地区<br>Country or Area | 2011年不变价，PPP<br>(Constant 2011, PPP) | | | | |
|---|---|---|---|---|---|
| | 2010 | 2011 | 2012 | 2013 | 2014 |
| 世界 World | 1.37 | 1.34 | 1.32 | 1.31 | 1.27 |
| 中国 China | 1.96 | 1.94 | 1.89 | 1.89 | 1.75 |
| 中国香港 Hong Kong,China | 0.40 | 0.42 | 0.40 | 0.38 | 0.37 |
| 孟加拉国 Bangladesh | 0.82 | 0.80 | 0.79 | 0.76 | 0.75 |
| 文莱 Brunei Darsm | 1.15 | 1.32 | 1.31 | 1.05 | 1.13 |
| 柬埔寨 Cambodia | 1.47 | 1.43 | 1.39 | 1.34 | 1.33 |
| 印度 India | 1.26 | 1.23 | 1.22 | 1.18 | 1.18 |
| 印度尼西亚 Indonesia | 1.60 | 0.95 | 0.92 | 0.88 | 0.88 |
| 伊朗 Iran | 1.64 | 1.57 | 1.74 | 1.85 | 1.84 |
| 以色列 Israel | 1.03 | 0.97 | 0.99 | 0.95 | 0.87 |
| 日本 Japan | 1.13 | 1.05 | 1.01 | 1.00 | 0.93 |
| 韩国 Korea, Rep. | 1.66 | 1.67 | 1.65 | 1.61 | 1.58 |
| 马来西亚 Malaysia | 1.26 | 1.24 | 1.20 | 1.29 | 1.23 |
| 巴基斯坦 Pakistan | 1.16 | 1.13 | 1.10 | 1.06 | 1.06 |
| 菲律宾 Philippines | 0.77 | 0.74 | 0.74 | 0.72 | 0.72 |
| 新加坡 Singapore | 0.69 | 0.68 | 0.65 | 0.62 | 0.64 |
| 斯里兰卡 Sri Lanka | 0.57 | 0.56 | 0.55 | 0.48 | 0.48 |
| 泰国 Thailand | 1.30 | 1.29 | 1.29 | 1.33 | 1.33 |
| 越南 Viet Nam | 1.51 | 1.42 | 1.37 | 1.30 | |
| 埃及 Egypt | 0.87 | 0.90 | 0.91 | 0.88 | 0.82 |
| 尼日利亚 Nigeria | 1.47 | 1.48 | 1.50 | 1.42 | 1.35 |
| 南非 South Africa | 2.31 | 2.25 | 2.17 | 2.13 | 2.18 |
| 加拿大 Canada | 1.81 | 1.80 | 1.73 | 1.71 | 1.83 |
| 墨西哥 Mexico | 0.97 | 0.97 | 0.96 | 0.96 | 0.92 |
| 美国 United States | 1.45 | 1.41 | 1.35 | 1.35 | 1.34 |
| 巴西 Brazil | 0.93 | 0.91 | 0.93 | 0.94 | 0.97 |
| 委内瑞拉 Venezuela | 1.51 | 1.34 | 1.38 | 1.28 | |
| 法国 France | 1.10 | 1.03 | 1.03 | 1.03 | 0.97 |
| 德国 Germany | 0.98 | 0.90 | 0.90 | 0.92 | 0.87 |
| 意大利 Italy | 0.80 | 0.78 | 0.78 | 0.76 | 0.71 |
| 荷兰 Netherlands | 1.10 | 1.00 | 1.03 | 1.02 | 0.95 |
| 波兰 Poland | 1.23 | 1.18 | 1.12 | 1.11 | 1.02 |
| 俄罗斯 Russia | 2.23 | 2.24 | 2.22 | 2.16 | 1.96 |
| 西班牙 Spain | 0.83 | 0.83 | 0.85 | 0.80 | 0.79 |
| 土耳其 Turkey | 0.88 | 0.86 | 0.87 | 0.84 | 0.70 |
| 乌克兰 Ukraine | 3.68 | 3.34 | 3.23 | 3.06 | 2.98 |
| 英国 United Kingdom | 0.89 | 0.81 | 0.82 | 0.80 | 0.73 |
| 澳大利亚 Australia | 1.37 | 1.35 | 1.31 | 1.30 | 1.23 |
| 新西兰 New Zealand | 1.33 | 1.29 | 1.33 | 1.32 | 1.32 |

资料来源：世界银行WDI数据库。

Data Source: *World Bank WDI Database.*

# 11-14 主要沿海国家（地区）国际海运装货量和卸货量
## International Maritime Freight Loaded and Unloaded in the Major Coastal Countries (Areas)

单位：万吨 (10 000 t)

| 国家或地区<br>Country or Area | 国际海运装货量<br>International Ocean Shipping<br>Loading Capacity | | | 国际海运卸货量<br>International Ocean Shipping<br>Unloading Capacity | | |
|---|---|---|---|---|---|---|
| | 2000 | 2005 | 2015 | 2000 | 2005 | 2015 |
| 中国香港 Hong Kong,China | 6 770 | 8 918 | 10 596 | 10 693 | 14 095 | 15 068 |
| 孟加拉国 Bangladesh | 89 | 79 | 581 ① | 1 408 | | 4 820 ① |
| 文莱 Brunei Darussalam | 10 | 8 | | 102 | 168 | |
| 印度尼西亚 Indonesia | 14 153 | 27 372 | | 4 504 | 8 479 | |
| 伊朗 Iran | 3 065 | 3 446 | | 4 486 | 6 073 | |
| 以色列 Israel | 1 387 | 1 663 | 2 074 | 2 920 | 2 107 | 3 631 |
| 日本 Japan | 13 010 | | | 80 654 | | |
| 韩国 Korea Rep. | 15 078 | 24 250 | | 41 882 | 51 245 | |
| 马来西亚 Malaysia | 5 483 | 7 940 | | 6 922 | 10 391 | |
| 巴基斯坦 Pakistan | 617 | 1 126 | | 3 080 | 3 955 | |
| 新加坡 Singapore | 32 618 | 42 266 | | | | |
| 斯里兰卡 Sri Lanka | 919 | 1 315 | | | | |
| 埃及 Egypt | | 2 123 | | | 4 241 | |
| 南非 South Africa | 2 598 | | | | | |
| 美国 United States | 34 334 | 40 534 | | 83 352 | 94 160 | |
| 阿根廷 Argentina | 1 550 | | | | | 2 742 ① |
| 法国 France | 6 810 | 10 066 | 10 264 | 20 273 | 22 710 | 18 658 |
| 德国 Germany | 8 602 | 10 832 | 11 635 | 14 725 | 16 866 | 17 093 |
| 荷兰 Netherlands | 9 940 | 12 250 | | 32 507 | 36 424 | |
| 波兰 Poland | 3 152 | 3 835 | 3 100 | 1 582 | 1 642 | 3 994 |
| 俄罗斯 Russia | 828 | 910 | | 84 | 74 | |
| 西班牙 Spain | 5 627 | 8 195 | | 19 343 | 26 164 | |
| 乌克兰 Ukraine | 4 271 | 7 070 | 10 114 ① | 684 | 1 333 | 1 610 ① |
| 澳大利亚 Australia | 48 750 | 62 401 | 142 862 | 5 418 | 6 989 | 9 806 |
| 新西兰 New Zealand | 2 214 | 2 167 | 4 043 | 1 379 | 1 844 | 2 138 |

注：①2014年数据。

资料来源：联合国统计月报数据库。

Note: ①Data for 2014.

Data Source: *UN Monthly Bulletin of Statistics Database.*

# 11-15 世界主要外贸货物海运量及构成（2015年）
## World Major Maritime Freight Traffic in Foreign Trade, 2015

| 品 种<br>Sort | 海运量（百万吨）<br>Freight Traffic (million tons) | |
|---|---|---|
| | 2015 | 所占比例（%）<br>Percentage |
| 合 计<br>**Total** | 10 766 | 100. 0 |
| 原 油<br>Crude Oil | 1 872 | 17. 4 |
| 成品油<br>Refined Oil | 1 067 | 9. 9 |
| 燃 气<br>Fuel gas | 328 | 3. 0 |
| 铁矿石<br>Ironstone | 1 367 | 12. 7 |
| 煤 炭<br>Coal | 1 149 | 10. 7 |
| 谷 物<br>Corn | 441 | 4. 1 |
| 其他货物<br>Others | 4 542 | 42. 2 |

注：本表为估计数。
资料来源：Shipping Statistics and Market Review, January/February 2016, ISL.
Note: This table is estimated data.
Data Source: *Shipping Statistics and Market Review*, January/February 2016, ISL.

# 11-16 主要沿海国家（地区）国际旅游人数
# Number of International Tourists of Major Coastal Countries (Areas)

单位：万人 (10 000 persons)

| 国家或地区<br>Country or Area | 入境（过夜）旅游人数<br>Number of Inbound Tourists<br>(Overnight) | | | 出境旅游人数<br>Number of Outbound Tourists | | |
|---|---|---|---|---|---|---|
| | 2000 | 2010 | 2015 | 2000 | 2010 | 2015 |
| 世界总计 **World Total** | 67 731 | 95 497 | 120 006 | 82 219 | 112 855 | 136 045 |
| 中国 China | 3 123 | 5 566 | 5 689 | 1 047 | 5 739 | 11 689 |
| 中国香港 Hong Kong, China | 881 | 2 009 | 2 669 | 5 890 | 8 444 | 8 908 |
| 中国澳门 Macao, China | 520 | 1 193 | 1 431 | 14 | 75 | 147 |
| 孟加拉国 Bangladesh | 20 | 30 | | 113 | 191 | |
| 文莱 Brunei Darsm | 98 | 21 | 22 | | | |
| 柬埔寨 Cambodia | 47 | 251 | 478 | 4 | 51 | 119 |
| 印度 India | 265 | 578 | 1 328 | 442 | 1 299 | 2 038 |
| 印度尼西亚 Indonesia | 506 | 700 | 1 041 | 221 | 624 | 818 |
| 伊朗 Iran | 134 | 294 | 524 | 229 | | 662 |
| 以色列 Israel | 242 | 280 | 280 | 353 | 427 | 589 |
| 日本 Japan | 476 | 861 | 1 974 | 1 782 | 1 664 | 1 621 |
| 韩国 Korea, Rep. | 532 | 880 | 1 323 | 551 | 1 249 | 1 931 |
| 马来西亚 Malaysia | 1 022 | 2 458 | 2 572 | 3 053 | | |
| 缅甸 Myanmar | 42 | 79 | 468 | | | |
| 巴基斯坦 Pakistan | 56 | 91 | | | | |
| 菲律宾 Philippines | 199 | 352 | 536 | 167 | | |
| 新加坡 Singapore | 606 | 916 | 1 205 | 444 | 734 | 913 |
| 斯里兰卡 Sri Lanka | 40 | 65 | 180 | 52 | 112 | 136 |

| 国家或地区<br>Country or Area | 入境（过夜）旅游人数<br>Number of Inbound Tourists<br>(Overnight) | | | 出境旅游人数<br>Number of Outbound Tourists | | |
|---|---|---|---|---|---|---|
| | 2000 | 2010 | 2015 | 2000 | 2010 | 2015 |
| 泰国 Thailand | 958 | 1 594 | 2 992 | 191 | 545 | 679 |
| 越南 Viet Nam | 214 | 505 | 794 | | | |
| 埃及 Egypt | 512 | 1 405 | 914 | 296 | 462 | |
| 尼日利亚 Nigeria | 81 | 156 | 126 | | | |
| 南非 South Africa | 587 | 807 | 890 | 383 | 517 | |
| 加拿大 Canada | 1 963 | 1 622 | 1 797 | 1 918 | 2 868 | 3 227 |
| 墨西哥 Mexico | 2 064 | 2 329 | 3 209 | 1 108 | 1 433 | 1 960 |
| 美国 United States | 5 124 | 6 001 | 7 751 | 6 133 | 6 106 | 7 345 |
| 阿根廷 Argentina | 291 | 533 | 574 | 495 | 531 | 781 |
| 巴西 Brazil | 531 | 516 | 631 | 323 | 646 | 947 |
| 委内瑞拉 Venezuela | 47 | 53 | 79 | 95 | 148 | 154 |
| 法国 France | 7 719 | 7 665 | 8 445 | 1 989 | 2 504 | 2 665 |
| 德国 Germany | 1 898 | 2 688 | 3 497 | 8 051 | 8 587 | 8 374 |
| 意大利 Italy | 4 118 | 4 363 | 5 073 | 2 199 | 2 982 | 2 904 |
| 荷兰 Netherlands | 1 000 | 1 088 | 1 501 | 1 390 | 1 837 | 1 807 |
| 波兰 Poland | 1 740 | 1 247 | 1 672 | 5 668 | 4 276 | 4 330 |
| 俄罗斯 Russia | 2 117 | 2 228 | 3 373 | 1 837 | 3 932 | 3 455 |
| 西班牙 Spain | 4 640 | 5 268 | 6 822 | 410 | 1 238 | 1 441 |
| 土耳其 Turkey | 959 | 3 136 | 3 948 | 528 | 656 | 875 |
| 乌克兰 Ukraine | 643 | 2 120 | 1 243 | 1 342 | 1 718 | 2 314 |
| 英国 United Kingdom | 2 321 | 2 830 | 3 444 | 5 684 | 5 556 | 6 572 |
| 澳大利亚 Australia | 493 | 579 | 744 | 350 | 710 | 946 |
| 新西兰 New Zealand | 178 | 244 | 304 | 128 | 203 | 241 |

资料来源：世界银行WDI数据库。

Data source: *WDI database of World Bank.*

# 11-17 主要沿海国家（地区）国际旅游收入
## International Tourism Receipts of Major Coastal Countries (Areas)

单位：亿美元      (10 000 million USD)

| 国家或地区<br>Country or Area | 国际旅游收入<br>International Tourism Receipts | | | | | |
|---|---|---|---|---|---|---|
| | 2010 | 2011 | 2012 | 2013 | 2014 | 2015 |
| 世界总计 **World Total** | 10 987 | 12 495 | 12 972 | 13 811 | 14 340 | 14 370 |
| 中国 China | 458 | 533 | 549 | 564 | 569 | 1 141 |
| 中国香港 Hong Kong, China | 272 | 337 | 380 | 426 | 460 | 426 |
| 中国澳门 Macao, China | 227 | 390 | 445 | 523 | 516 | 320 |
| 孟加拉国 Bangladesh | 1 | 1 | 1 | 1 | 2 | 2 |
| 文莱 Brunei Darsm | | | | | | |
| 柬埔寨 Cambodia | 17 | 18 | 20 | 29 | 32 | 34 |
| 印度 India | 145 | 177 | 183 | 190 | 208 | 215 |
| 印度尼西亚 Indonesia | 76 | 90 | 95 | 103 | 116 | 121 |
| 伊朗 Iran | 26 | 26 | | | | |
| 以色列 Israel | 58 | 60 | 62 | 65 | 64 | 61 |
| 日本 Japan | 154 | 125 | 162 | 169 | 208 | 273 |
| 韩国 Korea, Rep. | 144 | 175 | 197 | 193 | 230 | 191 |
| 马来西亚 Malaysia | 182 | 196 | 203 | 210 | 226 | 176 |
| 缅甸 Myanmar | 1 | 3 | | 9 | 16 | 23 |
| 巴基斯坦 Pakistan | 10 | 11 | 10 | 9 | 10 | 9 |
| 菲律宾 Philippines | 34 | 40 | 49 | 56 | 61 | 64 |
| 新加坡 Singapore | 142 | 181 | 193 | 191 | 192 | 167 |
| 斯里兰卡 Sri Lanka | 10 | 14 | 18 | 25 | 33 | 40 |

| 国家或地区<br>Country or Area | 国际旅游收入<br>International Tourism Receipts | | | | | |
|---|---|---|---|---|---|---|
| | 2010 | 2011 | 2012 | 2013 | 2014 | 2015 |
| 泰国 Thailand | 238 | 309 | 377 | 460 | 421 | 485 |
| 越南 Viet Nam | 45 | 57 | 68 | 75 | 73 | 74 |
| 埃及 Egypt | 136 | 93 | 108 | 73 | 80 | 69 |
| 尼日利亚 Nigeria | 7 | 7 | 6 | | 6 | 5 |
| 南非 South Africa | 103 | 107 | 112 | 105 | 105 | 91 |
| 加拿大 Canada | 184 | 200 | 207 | 177 | 175 | 162 |
| 墨西哥 Mexico | 126 | 125 | 133 | 143 | 166 | 187 |
| 美国 United States | 1 680 | 1 845 | 2 001 | 2 148 | 2 208 | 2 462 |
| 阿根廷 Argentina | 56 | 61 | 57 | 50 | 52 | 50 |
| 巴西 Brazil | 55 | 68 | 69 | 70 | 74 | 63 |
| 委内瑞拉 Venezuela | 9 | 8 | 9 | | | 7 |
| 法国 France | 562 | 660 | 635 | 661 | 668 | 540 |
| 德国 Germany | 491 | 534 | 516 | 552 | 559 | 474 |
| 意大利 Italy | 384 | 454 | 430 | 462 | 456 | 394 |
| 荷兰 Netherlands | 117 | 210 | 205 | 227 | 147 | 193 |
| 波兰 Poland | 100 | 116 | 118 | 125 | 123 | 114 |
| 俄罗斯 Russia | 132 | 170 | 179 | 202 | 195 | 133 |
| 西班牙 Spain | 543 | 677 | 632 | 676 | 651 | 564 |
| 土耳其 Turkey | 263 | 301 | 323 | 349 | 374 | 354 |
| 乌克兰 Ukraine | 47 | 54 | 60 | 60 | 23 | 17 |
| 英国 United Kingdom | 401 | 459 | 460 | 494 | 628 | 607 |
| 澳大利亚 Australia | 311 | 342 | 341 | 334 | 341 | 313 |
| 新西兰 New Zealand | 65 | 55 | 55 | 75 | 84 | 91 |

资料来源：世界银行WDI数据库。
Data Source: *World Bank WDI Database.*

## 11-18　集装箱吞吐量居世界前20位的港口
## World Top 20 Seaports in Terms of the Number of Containers Handled

单位：万标准箱

(10 000 TEU)

| 港口<br>Seaport | 所属国家或地区<br>Country or Region | 吞吐量<br>Containers Handled |
|---|---|---|
| 上海<br>Shanghai | 中国<br>China | 3 713 |
| 新加坡<br>Singapore | 新加坡<br>Singapore | 3 090 |
| 深圳<br>Shenzhen | 中国<br>China | 2 398 |
| 宁波—舟山<br>Ningbo and Zhoushan | 中国<br>China | 2 156 |
| 香港<br>Hong Kong | 中国<br>China | 1 963 |
| 釜山<br>Pusan | 韩国<br>Korea, Rep. | 1 938 |
| 广州<br>Guangzhou | 中国<br>China | 1 866 |
| 青岛<br>Qingdao | 中国<br>China | 1 805 |
| 迪拜<br>Dubayy | 阿联酋<br>United Arab Emirates | 1 477 |
| 天津<br>Tianjin | 中国<br>China | 1 452 |
| 巴生<br>Kelang | 马来西亚<br>Malaysia | 1 317 |
| 鹿特丹<br>Rotterdam | 荷兰<br>Netherlands | 1 239 |
| 高雄<br>Gaoxiong | 中国台湾<br>Taiwan, China | 1 047 |
| 安特卫普<br>Antwerp | 比利时<br>Belgium | 1 006 |
| 厦门<br>Xiamen | 中国<br>China | 961 |
| 大连<br>Dalian | 中国<br>China | 958 |
| 汉堡<br>Hamburg | 德国<br>Germany | 900 |
| 洛杉矶<br>Los Angeles | 美国<br>United States | 886 |
| 丹戎帕拉帕斯<br>Tanjung Periuk | 马来西亚<br>Malaysia | 828 |
| 长滩<br>Long Beach | 美国<br>United States | 678 |

资料来源：上海航运交易所。
Data Source: *Shanghai Shipping Exchange.*

## 11-19　港口货物吞吐量居世界前20位的港口（2015年）
## World Top 20 Seaports in Terms of the Cargo Handled, 2015

单位：百万吨 (million t)

| 港　口<br>Seaport | 所属国家或地区<br>Country or Region | 吞吐量<br>Cargo Handled | 备　注<br>Remark |
|---|---|---|---|
| 上海<br>Shanghai | 中国　China | 717.4 | 内外贸货物<br>Domestic and Foreign Trade Cargo |
| 新加坡<br>Singapore | 新加坡　Singapore | 575.8 | 内外贸货物<br>Domestic and Foreign Trade Cargo |
| 天津<br>Tianjin | 中国　China | 540.5 | 内外贸货物<br>Domestic and Foreign Trade Cargo |
| 宁波<br>Ningbo | 中国　China | 510.0 | 内外贸货物<br>Domestic and Foreign Trade Cargo |
| 广州<br>Guangzhou | 中国　China | 500.5 | 内外贸货物<br>Domestic and Foreign Trade Cargo |
| 青岛<br>Qingdao | 中国　China | 484.5 | 内外贸货物<br>Domestic and Foreign Trade Cargo |
| 鹿特丹<br>Rotterdam | 荷兰　Netherlands | 466.4 | 内外贸货物<br>Domestic and Foreign Trade Cargo |
| 黑德兰港<br>Headland Harbour | 澳大利亚　Australia | 452.9 | 内外贸货物<br>Domestic and Foreign Trade Cargo |
| 大连<br>Dalian | 中国　China | 414.8 | 内外贸货物<br>Domestic and Foreign Trade Cargo |
| 釜山<br>Pusan | 韩国　Korea, Rep. | 347.7 | 内外贸货物<br>Domestic and Foreign Trade Cargo |
| 光阳<br>Gwangyang | 韩国　Korea, Rep. | 272.0 | 内外贸货物<br>Domestic and Foreign Trade Cargo |
| 南路易斯安娜<br>Southern Louisiana | 美国　United States | 265.6 | 内外贸货物<br>Domestic and Foreign Trade Cargo |
| 香港<br>Hong Kong | 中国　China | 256.5 | 内外贸货物<br>Domestic and Foreign Trade Cargo |
| 秦皇岛<br>Qinhuangdao | 中国　China | 253.1 | 内外贸货物<br>Domestic and Foreign Trade Cargo |
| 休斯敦<br>Houston | 美国　United States | 230.5 | 内外贸货物<br>Domestic and Foreign Trade Cargo |
| 巴生<br>Kelang | 马来西亚　Malaysia | 219.8 | 内外贸货物<br>Domestic and Foreign Trade Cargo |
| 深圳<br>Shenzhen | 中国　China | 217.1 | 内外贸货物<br>Domestic and Foreign Trade Cargo |
| 厦门<br>Xiamen | 中国　China | 210.2 | 内外贸货物<br>Domestic and Foreign Trade Cargo |
| 安特卫普<br>Antwerp | 比利时　Belgium | 208.4 | 内外贸货物<br>Domestic and Foreign Trade Cargo |
| 名古屋<br>Nagoya | 日本　Japan | 197.9 | 内外贸货物<br>Domestic and Foreign Trade Cargo |

资料来源：Shipping Statistics and Market Review, December 2016, ISL.
Data Source: *Shipping Statistics and Market Review, December 2016, ISL.*

# 11-20 海上商船拥有量居世界前20位的国家或地区（2015年）
## World Top 20 Countries or Areas in Terms of the Number of Maritime Merchant Ships Owned, 2015

| 国家或地区<br>Country or Area | 艘数<br>（艘）<br>Number of Vessels<br>(unit) | 总吨<br>Gross Ton<br>（万吨）<br>(10 000 tons) | 载重吨 Deadweight ton | |
|---|---|---|---|---|
| | | | 万吨<br>10 000 tons | 占世界%<br>Percentage in the World |
| 世界总计 World Total | 51 405 | 114 599 | 171 609 | 100. 0 |
| 巴拿马 Panama | 6 517 | 21 287 | 32 458 | 18. 9 |
| 利比里亚 Liberia | 3 036 | 12 866 | 20 096 | 11. 7 |
| 马绍尔群岛 Marshall Islands | 2 681 | 11 886 | 19 309 | 11. 3 |
| 中国香港 Hong Kong, China | 2 364 | 9 996 | 16 102 | 9. 4 |
| 新加坡 Singapore | 2 353 | 8 152 | 12 427 | 7. 2 |
| 马耳他 Malta | 1 957 | 6 225 | 9 450 | 5. 5 |
| 希腊 Greece | 983 | 4 120 | 7 311 | 4. 3 |
| 中国 China | 2 855 | 4 595 | 7 197 | 4. 2 |
| 巴哈马 Bahamas | 1 166 | 5 231 | 6 697 | 3. 9 |
| 英国 United Kingdom | 731 | 2 702 | 3 546 | 2. 1 |
| 塞浦路斯 Cyprus | 813 | 2 053 | 3 254 | 1. 9 |
| 日本 Japan | 2 633 | 2 109 | 3 093 | 1. 8 |
| 挪威 Norway | 774 | 1 436 | 1 809 | 1. 1 |
| 丹麦 Denmark | 461 | 1 517 | 1 718 | 1. 0 |
| 韩国 Korea, Rep. | 1 048 | 1 071 | 1 623 | 0. 9 |
| 意大利 Italy | 705 | 1 552 | 1 588 | 0. 9 |
| 印度 India | 834 | 906 | 1 551 | 0. 9 |
| 印度尼西亚 Indonesia | 2 721 | 1 077 | 1 499 | 0. 9 |
| 坦桑尼亚 Tanzania | 205 | 709 | 1 324 | 0. 8 |
| 安提瓜和巴布亚 Antigua and Papua | 1 026 | 882 | 1 138 | 0. 7 |

注：按船旗统计，统计范围为300总吨及以上船舶。统计截止日期为2016年1月1日。

资料来源：Shipping Statistics and Market Review, January/February 2016, ISL.

Note: According to the flag of the ship, the statistical range of 300 tons and above ships. The closing date of statistics was 1 Jan., 2016.

Data Source: Shipping Statistics and Market Review, January/February 2016, ISL.

# 11-21　集装箱船拥有量居世界前20位的国家或地区（2015年）
## World Top 20 Countries or Areas in Terms of the Number of Container Ships Owned, 2015

| 国家或地区<br>Country or Area | 艘数<br>（艘）<br>Number of<br>Vessels<br>(unit) | 载重吨 Deadweight ton | |
|---|---|---|---|
| | | 万标准箱<br>10 000 TEU | 占世界%<br>Percentage in the<br>World |
| 世界总计 World Total | 5 239 | 1 973 | 100. 0 |
| 利比里亚 Liberia | 943 | 374 | 19. 0 |
| 巴拿马 Panama | 653 | 312 | 15. 8 |
| 中国香港 Hong Kong, China | 462 | 243 | 12. 3 |
| 新加坡 Singapore | 500 | 200 | 10. 1 |
| 马耳他 Malta | 258 | 120 | 6. 1 |
| 马绍尔群岛 Marshall Islands | 281 | 112 | 5. 7 |
| 丹麦 Denmark | 117 | 98 | 5. 0 |
| 德国 Germany | 134 | 83 | 4. 2 |
| 英国 United Kingdom | 119 | 82 | 4. 2 |
| 中国 China | 186 | 49 | 2. 5 |
| 安提瓜和巴布亚 Antigua and Papua | 298 | 40 | 2. 0 |
| 塞浦路斯 Cyprus | 190 | 37 | 1. 9 |
| 葡萄牙 Portugal | 109 | 37 | 1. 9 |
| 美国 United States | 64 | 23 | 1. 1 |
| 法国 France | 24 | 20 | 1. 0 |
| 中国台湾 Taiwan, China | 37 | 14 | 0. 7 |
| 卢森堡 Luxembourg | 25 | 12 | 0. 6 |
| 巴哈马 Bahamas | 52 | 12 | 0. 6 |
| 印度尼西亚 Indonesia | 188 | 12 | 0. 6 |
| 韩国 Korea, Rep. | 88 | 10 | 0. 5 |

注: 1. 按船旗统计，统计截止日期为2016年1月1日。

　　2. 因统计口径不同，表中数据与其他出版物公布的数据略有差别。

资料来源：Shipping Statistics and Market Review, May/June 2016, ISL.

Note: 1. According to the flag of the ship, the closing date of statistics was 1 Jan., 2016.

　　2. Owing to different statistical requirements, the data given in the table may be somewhat different from those issued in other publications.

Data Source: Shipping Statistics and Market Review, May/June 2016, ISL.

## 11-22 海上油轮拥有量居世界前20位的国家或地区（2015年）
### Top 20 Countries or Areas in the World by the Possession of Ocean Going Oil Tankers, 2015

| 国家或地区<br>Country or Area | 艘数<br>（艘）<br>Number of<br>Vessels<br>(unit) | 总吨<br>Gross Ton<br>（千吨）<br>(1 000 tons) | 载重吨 Deadweight ton | |
|---|---|---|---|---|
| | | | 千吨<br>1 000 tons | 占世界%<br>Percentage in<br>the World |
| 世界总计 World Total | 14 039 | 365 044 | 600 130 | 100.0 |
| 马绍尔群岛 Marshall Islands | 1 140 | 55 257 | 89 677 | 14.9 |
| 利比里亚 Liberia | 936 | 43 420 | 75 774 | 12.6 |
| 巴拿马 Panama | 1 466 | 41 661 | 68 325 | 11.4 |
| 希腊 Greece | 444 | 26 093 | 47 183 | 79.0 |
| 巴哈马 Bahamas | 409 | 27 600 | 42 685 | 7.1 |
| 新加坡 Singapore | 1 019 | 24 663 | 41 779 | 7.0 |
| 中国香港 Hong Kong, China | 448 | 20 331 | 36 023 | 6.0 |
| 马耳他 Malta | 646 | 19 094 | 32 068 | 5.3 |
| 中国 China | 756 | 8 255 | 137 632 | 2.3 |
| 坦桑尼亚 Tanzania | 76 | 6 747 | 12 814 | 2.1 |
| 英国 United Kingdom | 237 | 7 785 | 12 177 | 2.0 |
| 挪威 Norway | 213 | 7 244 | 10 762 | 1.8 |
| 日本 Japan | 861 | 6 643 | 9 219 | 1.5 |
| 印度 India | 139 | 5 145 | 9 107 | 1.5 |
| 意大利 Italy | 242 | 4 179 | 6 880 | 1.1 |
| 印度尼西亚 Indonesia | 618 | 4 368 | 6 715 | 1.1 |
| 百慕大 Bermuda | 85 | 6 360 | 6 603 | 1.1 |
| 马来西亚 Malaysia | 195 | 4 482 | 5 869 | 1.0 |
| 比利时 Belgium | 47 | 3 603 | 5 577 | 0.9 |
| 科威特 Kuwait | 30 | 2 757 | 5 039 | 0.8 |

注：按船旗统计，统计截止日期为2016年1月1日。

资料来源：Total tanker fleet by ownership patterns, SSMR March 2016, ISL.

Note: According to the flag of the ship, the closing date of statistics was 1 Jan., 2016.

Data Source: Total tanker fleet by ownership patterns, SSMR March 2016, ISL.

## 11-23 海上散货船拥有量居世界前20位的国家或地区（2015年）
Top 20 Countries or Areas in the World by the Possession of Ocean Bulk Carriers, 2015

| 国家或地区<br>Country or Area | 艘数<br>（艘）<br>Number of<br>Vessels<br>(unit) | 总吨<br>（千吨）<br>(1 000 tons) | 载重吨 Deadweight ton | |
|---|---|---|---|---|
| | | | 千吨<br>1 000 tons | 占世界%<br>Percentage in<br>the World |
| 世界总计 **World Total** | 10 919 | 413 997 | 752 936 | 100. 0 |
| 巴拿马 Panama | 1 496 | 106 561 | 195 344 | 25. 9 |
| 中国香港 Hong Kong, China | 1 072 | 49 299 | 90 182 | 12. 0 |
| 马绍尔群岛 Marshall Islands | 1 056 | 46 422 | 85 155 | 11. 3 |
| 利比里亚 Liberia | 872 | 39 969 | 73 348 | 9. 7 |
| 新加坡 Singapore | 566 | 28 255 | 52 194 | 6. 9 |
| 中国 China | 1 039 | 27 353 | 46 692 | 6. 2 |
| 马耳他 Malta | 622 | 24 212 | 43 881 | 5. 8 |
| 希腊 Greece | 238 | 13 064 | 24 672 | 3. 3 |
| 塞浦路斯 Cyprus | 291 | 11 421 | 20 802 | 2. 8 |
| 日本 Japan | 448 | 9 905 | 18 452 | 2. 5 |
| 巴哈马 Bahamas | 264 | 9 161 | 16 107 | 2. 1 |
| 英国 United Kingdom | 100 | 6 162 | 11 561 | 1. 5 |
| 韩国 Korea, Rep. | 167 | 5 788 | 10 731 | 1. 4 |
| 意大利 Italy | 67 | 3 064 | 5 624 | 0. 7 |
| 印度 India | 102 | 2 687 | 4 818 | 0. 6 |
| 挪威 Norway | 67 | 2 452 | 4 307 | 0. 6 |
| 土耳其 Turkey | 87 | 2 372 | 4 104 | 0. 5 |
| 菲律宾 Philippines | 82 | 2 024 | 3 641 | 0. 5 |
| 印度尼西亚 Indonesia | 201 | 1 728 | 2 918 | 0. 4 |
| 中国台湾 Taiwan, China | 38 | 1 542 | 2 872 | 0. 4 |

注：按船旗统计，统计截止日期为2016年1月1日。
资料来源：Total tanker fleet by ownership patterns, SSMR March 2016, ISL.
Note: According to the flag of the ship, the closing date of statistics was 1 Jan., 2016.
Data Source: Total tanker fleet by ownership patterns, SSMR March 2016, ISL.